AF433862

ARGO

UNIVERSIS

IL CODICE DEL TEMPO

ASTROLOGIA MONDIALE 2.0

INDICE

PRIMA PARTE

Introduzione di Argo-Terra

Universis è un progetto di ricerca in pieno sviluppo, rappresenta il fulcro centrale dell'Astrologia Mondiale 2.0 che fornisce un approccio astrosociostorico completamente rinnovato.

Ha due ramificazioni:

- **Unichronos:** che rappresenta una nuova misurazione del Tempo oltre ad identificare le sue diverse Qualità temporali. Fornisce il primo calendario astrologico indipendente dalla cultura giudaico-cristiana. E' il passaggio dal tempo lineare al Tempo Ciclico che, in Universis, prende il nome di Tempo Sferico che è la loro unificazione. L'argomento viene ampiamente trattato nella pubblicazione *"Unichronos. La Datazione Astrologica in Universis"*[1] mentre, qui, viene solo accennato.

- **Clioversis:** rappresenta, invece, lo studio della Tradizione Antica, in chiave moderna, del Tempo Ciclico e dei Cicli Cosmici attraverso il modello della Chronosphaera che verrà successivamente presentato nei prossimi capitoli. Clioversis viene accennato nel libro *"Universis Post Scriptum. Appunti, pensieri, riflessioni"*[2] in cui sono stati inclusi alcuni argomenti che ho preferito trattare separatamente per poterli esporre in modo più ampio e completo possibile.

Universis (il modello d'indagine astrosociostorica), Unichronos (la datazione degli eventi) e Clioversis (la Ciclologia) rappresentano tre aree di conoscenza che sono autonome quanto interdipendenti dell'Astrologia Mondiale 2.0

Si intende presentare un modello non alternativo ma più articolato e unificante per lo studio degli eventi storici che attualmente sono considerati nell'ottica dei Cicli Planetari. Quest'ultimi sono utili ma non sufficienti per far emergere una struttura più articolata e complessa che il flusso del Tempo potrebbe offrirci se si prendesse in considerazione un nuovo punto di partenza che possa far evolvere e ampliare lo studio basato sui Cicli Planetari.

La domanda, a questo punto, diventa:

"Esiste una rappresentazione, un modello, una struttura che possa rappresentarlo? Se si, come identificarla? Quali ipotesi possono essere avanzate?"

Per poter indagare in nuove direzioni, spesso è utile ritornare al punto d'origine, alle basi su cui è stata costruita una disciplina, dove tutto ha avuto inizio e provare nuove combinazioni.

Nel caso dell'astrologia, il viaggio a ritroso nel Tempo ci riporta alle sue fondamenta: la *matematica* e la *geometria* guidate entrambe dalla curiosità e dalla speculazione umana.

Entrambe sono discipline con cui i Padri dell'astrologia hanno dato vita al modello che si è evoluto nel Tempo e che oggi utilizziamo grazie alle loro intuizioni, ai loro studi e osservazioni.

Affrontare gli argomenti matematici e geometrici ci porta alla riflessione sui "modelli". Cercheremo di capire che cosa sono, a che cosa servono e perché servono.

Ci avvalleremo della Teoria delle congiunzioni di Giove-Saturno giunta a noi dai Tempi Antichi quasi inalterata per evidenziare un modello Ciclico che da sempre è considerato il generatore dei grandi cambiamenti nella Storia umana. Dalle origini dell'astrologia, dal suo passato, estrapoleremo anche il contributo primordiale dei Quattro Elementi che oggi sembrano avere un ruolo marginale e secondario ma che diventano primari in Universis. Vedremo, in una nuova prospettiva, la componente quaternaria e ternaria astrologica.

Il libro è stato suddiviso in due parti.

Nella prima, verranno esaminate le componenti teoriche, nella seconda vedremo come applicarle in un contesto storico con degli esempi specifici che aiuteranno a comprendere il suo funzionamento.

Matematica, geometria e i Quattro Elementi ci ricollegano alla Tradizione e alla Storia astrologica per poter dare un senso di continuità tra passato e presente affinché si possano avanzare nuove ipotesi di ricerca futura nel legame tra gli eventi celesti e gli eventi umani ancor più comprensivi in prospettiva dell'Astrologia Mondiale 2.0

Universis verrà presentato in 5 Livelli di sviluppo (per il suo funzionamento) e di applicazione (per la sua capacità di analisi).

Cinque Livelli differenti usando esclusivamente un'unica struttura, un unico modello. Cambia il contesto ma non cambia la sua rappresentazione che rimane identica.

Entreremo in contatto con il concetto che in fisica viene chiamato *"tempo immaginario"*, analizzeremo il *"Tempo Sferico"*, analizzeremo il concetto storico-sociologico di *"path dipendence"*, inseriremo il contributo fondamentale dei Cicli Planetari fatto dal lavoro straordinario del compianto astrologo francese André Barbault, lavoro che verrà integrato in Universis portandolo a un nuovo livello. A tal proposito, seguiranno delle specifiche pubblicazioni sull'argomento servendoci anche delle tecniche classiche dell'astrologia.

Vedremo i Cicli delle Triplicità che si snodano e che si intrecciano l'un l'altro senza soluzione di continuità creando linee, figure, geometrie che si propagano nell'oceano del Tempo.

Successivamente, si affronterà anche la problematica del Grande Anno, usando un nuovo punto di partenza.

La parte finale è dedicata alle Appendici per alcuni approfondimenti tematici.

Universis è un progetto di ricerca che si basa sull'interdisciplinarità: matematica, geometria, filosofia della scienza, fisica moderna, scienza cognitiva, storia, astronomia, sociologia, cosmologia, Tradizione Antica, passeremo da Empedocle a Stephen Hawking con il contributo di molti altri autori presenti nella sezione bibliografica.

Utilizzare esclusivamente materiale astrologico significherebbe non avere la possibilità di introdurre argomenti, concetti, modelli che potrebbero essere mezzi e catalizzatori di una nuova conoscenza che permetterebbe di creare quel 'spostamento del focus mentale' che viene richiesto verso nuove direzioni e per vedere ciò che prima non poteva essere visto se non solo intuito o percepito come mancanza di un qualcosa ma senza avere gli strumenti per poterlo indagare e correlare.

Esiste oggi un ramo della conoscenza che si chiama Cibernetica. Essa è un chiaro esempio di come l'interazione disciplinare possa produrre nuova conoscenza.

La Cibernetica, infatti, è un vasto programma di ricerca interdisciplinare che abbraccia competenze di più settori scientifici o di più discipline di studio, rivolto allo studio matematico unitario degli organismi viventi e, più in generale, di sistemi, sia naturali che artificiali.

Cibernetica e Universis, cosa li collega?

La Cibernetica ci insegna che la fusione delle conoscenze interdisciplinare produce nuove informazioni che non sarebbero accessibili se non venissero messe in relazioni con altre discipline.

Universis è una sintesi composta dalle conoscenze di diversi ambiti che, unificate in chiave astrologica, permettono di elaborare una nuova concezione della realtà storica. Vengono prese informazioni per allestire una nuova percezione dell'evoluzione umana affinché si possa produrre uno "spostamento mentale" e accogliere il Nuovo Spirito del Tempo che è in arrivo con l'inizio della Triplicità d'Aria, un periodo di 200(i) anni utile per la formulazione di nuove idee.

"Universis 2020-2218: Evento Rinascimento 2.0"[3] rappresenta il risultato finale di come sono state applicate le nozioni di questo libro. Rappresenta la prima esposizione astrosociostorica di Universis non solo nello studio degli eventi passati ma anche nella sua capacità previsionale di probabili eventi futuri basati sul passato grazie al Ciclo delle Triplicità. Aiuterà a comprendere come opera concretamente l'Astrologia Mondiale 2.0 nella correlazione storica tra gli eventi celesti e gli eventi umani, Ciclo dopo Ciclo, Elemento dopo Elemento.

Argo

---

[1] Unichronos. La Datazione Astrologica in Universis, Argo, KPD, 2020.
[2] Universis Post Scriptum. Appunti, pensieri, riflessioni, Argo, KDP, 2020
[3] Universis 2020-2218: Evento Rinascimento 2.0, Argo, KPD, 2020

Introduzione di Argo-Acqua

Un giorno vidi su Internet, un video che mi colpì molto per la sua bellezza. Osservavo la danza celeste di Venere con grande emozione e meraviglia la perfezione geometrica della sua traiettoria. La sua danza con il nostro pianeta in 32 anni disegnava nel cielo uno schema semplice quanto armonico.

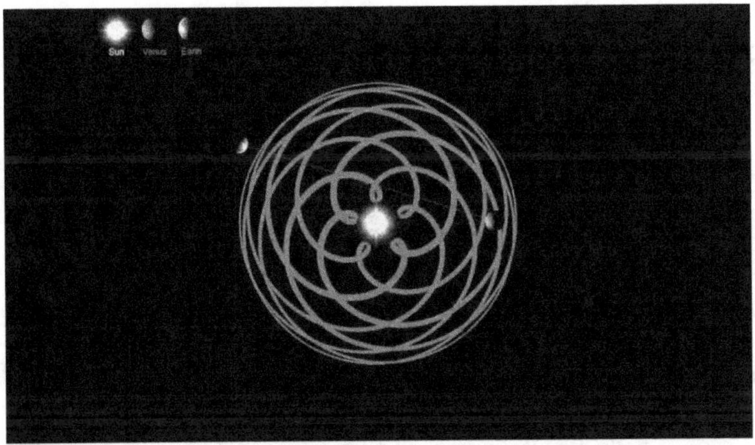

Non ho idea di quanto possa corrispondere alla realtà questa simulazione, tuttavia, le mie riflessioni fluttuavano tra schemi e modelli. Mi chiedevo se dietro a questa meraviglia del creato ci fosse uno schema più ampio e più grande, un modello universale che aiutasse a comprendere un disegno nascosto dietro a tutto ciò che ci è visibile ma che non notiamo pur avendolo davanti a noi. Mi chiedevo e mi domandavo, senza essere in grado di darmi una risposta.

Da allora sono passati anni ma non ho cessato di farmi domande. La percezione che ci fosse uno schema invisibile, sotto traccia, mi ha sempre accompagnato. Periodicamente le domande ritornavano sempre con lo stesso esito finale. Anno dopo anno, ricerca dopo ricerca.

Ho sempre pensato che una grande teoria scientifica o un'importante equazione matematica fosse un'opera d'arte, quasi che il ricercatore avesse l'intento di creare *bellezza* più che cercare la *verità* nei suoi studi.

Pensiamo solo per un attimo all'equazione d'"Identità di Eulero" che è stata valutata, quasi all'unanimità, come l'equazione più attraente di tutte.

"Quando vedo una bellissima costruzione matematica, o un'argomentazione inattesa e magnificamente intricata con elementi logici che si incastrano in modo preciso in una dimostrazione, provo la stessa sensazione di quando osservo qualche forma di arte che mi colpisce", spiega il matematico Colin Adams, del Williams College di Williamstown, nel Massachusetts.

Alla 'bellezza' non si può essere indifferenti. Una Teoria di successo, dimostra la storia del pensiero e della filosofia scientifica, esprime armonia e ha un valore estetico che prende vita nella sua semplicità.
Essa crea un'emozione.
Nel libro "Verità e bellezza. Le ragioni dell'estetica nella scienza"[1] S. Chandrasekar si esprime così:

"[…] Abbiamo quindi delle prove che una teoria sviluppata da uno scienziato dotato di una sensibilità estetica eccezionalmente ben sviluppata può risultare vera anche se non sembrava tale al tempo della sua formulazione. Come scrisse molto tempo fa Keats, "ciò che l'immaginazione coglie come bellezza dev'essere verità, sia essa esistita o no in precedenza […]". L'autrice racconta che "[…] Keplero fu così colpito dall'armonia della natura quale gli fu rivelata dalla scoperta delle leggi dei moti planetari da scrivere nella Harmonice mundi: «Ora, ci si potrebbe chiedere in che modo questa facoltà che non ha parte nel pensiero concettuale e non può avere perciò alcuna conoscenza anteriore di rapporti armonici, possa essere capace di riconoscere ciò che è dato nel mondo esterno […]. Rispondo a questo che tutte le idee pure, o modelli archetipi di armonia, come quelli di cui stiamo parlando, sono intrinsecamente presenti in coloro che sono capaci di apprenderle, ma non sono ricevute dapprima nella mente in virtù di un processo concettuale, essendo piuttosto il prodotto di una sorta di intuizione istintiva ed essendo innate in quegli individui».[…]"

Perché son qui a scrivere della bellezza estetica e non di Universis in questa introduzione? Perché tutto è partito da qui: dal senso di armonia e semplicità geometrica della danza di Venere. Questo momento posso definirlo il "punto zero" da cui nasce questo progetto.

Alla fine, il senso di meraviglia nato da Venere, la prima Stella del mattino, ha messo in *relazione* parti separate tra loro, ha permesso di dar vita ad una struttura che unisse la teoria astrologica alla forma geometrica per renderla esplicativa dandole una forma semplice, armonica, estetica nonché 'bella' di quel fenomeno chiamato Tempo.

L'Universo, ci dicono gli astrofisici, è emerso da un'esplosione di materia e, la materia emersa, sembra obbedire a un principio generale di aggregazione non ancora ben definito.

"[...] Il teorema di Noether"- scrive Corrado Ruscica in L'Universo Infante[2] – *" ha portato i teorici ad esplorare l'idea della simmetria nelle leggi della natura in maniera più profonda il che ha determinato un apprezzamento ancora più radicale che la simmetria determina per le regole del cosmo. Oggi, i fisici considerano la simmetria di una particolare teoria tra le prime cose da guardare essendo alla base del giudizio estetico che definisce la semplicità e l'eleganza, appunto, delle equazioni matematiche. Sicuramente, non bisogna essere un fisico per vedere la bellezza del cosmo e delle sue leggi fisiche. La simmetria è lì, insita nelle formule matematiche che sono visibili a tutti, se uno ci riesce e sa come fare [...]."*

Le orbite planetarie disegnano un ipotetico cerchio, lo zodiaco è un cerchio, la lettura di un tema natale, su cui un astrologo lavora, è un cerchio che rimane in sottofondo nell'interpretazione.

Dopo la *bellezza* armonica vista prima per Venere, il passo successivo è stato il *cerchio*. La sua caratteristica è la sua componente simmetrica, ossia, la sua forma geometrica piacevole e bella da guardare che non cambia da qualsiasi punto la si osservi. Tuttavia, questa sua semplicità simmetrica ci dona degli indizi verso situazioni più complesse perché il cerchio è la rappresentazione bidimensionale di una figura tridimensionale: la *Sfera*.

Potremmo affermare, per quello che è stato detto finora, che la bellezza estetica dell'Universo è data dall'eleganza della sua simmetria.

Avevo una comprensione prettamente intellettuale di questa affermazione fino a quando non l'ho compresa in termini di geometria armonica la cui bellezza dona un'emozione e mi ha aperto nuovi orizzonti di consapevolezza.

Universis è un evento *"serendipity"*: un puro caso, si cercava una cosa e se ne è trovata un'altra. Infatti, con l'approssimarsi dell'evento celeste del 2020 con la congiunzione Giove-Saturno in Acquario, che darà origine al nuovo ciclo di Triplicità d'Aria, ho iniziato ad interessarmi e a far ricerche sul significato storico della congiunzione. Le ricerche sono state frenetiche e intense. Tutto si è sviluppato velocemente quasi avessi trovato un flusso di corrente che mi trasportava velocemente verso la meta finale. Dopo anni di ricerche e dopo anni di domande senza risposta, forse si stava alzando il velo invisibile. Mi son ritrovato in un territorio nuovo, non conosciuto con nuove possibilità e nuove alternative che hanno prodotto nuove domande ma il nuovo paesaggio mi offriva anche una nuova visione del mondo.

Tutti gli elementi che avevo accumulato negli anni precedenti avevano trovato un loro ordine, una sequenza, una loro struttura che li contenesse in un'unica forma che fosse in grado di fornire una comprensione maggiore degli eventi storici in chiave astrologica.

Ti accompagnerò in questo processo di apprendimento, partiremo in questo viaggio iniziando dal suo livello più semplice per arrivare al suo livello più complesso affinché tu possa avere, alla fine, un'idea chiara quanto semplice del modello concettuale chiamato *"Universis"* attraverso uno spostamento del focus mentale.

Studieremo il cammino nei secoli della congiunzione Giove-Saturno e le sue basi storiche, analizzeremo i 4 Elementi, passeremo attraverso i Livelli da 1 a 5 della sua struttura concettuale e geometrica, avrai una prospettiva differente nell'osservare gli eventi storici del Tempo. Analizzeremo il Tempo Lineare, Circolare e quello che ho chiamato il *"Tempo Sferico"*. Collegheremo Universis agli studi lungimiranti dei Cicli Planetari del compianto André Barbault che saranno incorporati nel nuovo modello per poter osservare la dinamica di sviluppo della linea temporale attraverso gli eventi storici. Alla fine di questo viaggio, avrai una comprensione più estesa, ampliata e aumentata attraverso il modello di analisi storica Universis, il nuovo modello per un'Astrologia Mondiale 2.0

Si tratta di indicazioni guida dedicate alla definizioni fondamentali della teoria in continuo sviluppo.

Universis nasce a Torino il 2 settembre 2018 alle ore 11.30

Argo

[1] Verità e bellezza. Le ragioni dell'estetica nella scienza, S. Chandrasekar, Garzanti, 1990
[2] L'Universo Infante, Corrado Ruscica, Macro eBook, 2013

Astrologia Mondiale 2.0

Si è più volte accennato all'Astrologia Mondiale 2.0, vediamo di comprendere meglio il suo significato in contesto Universis.

Il XX° secolo è stato un periodo storico che ha dato origine a numerosi e veloci cambiamenti nella condizione umana. Ha prodotto una nuova visione del mondo e della nostra realtà, diversi campi della conoscenza si sono evoluti e hanno acquisito nuove competenze e nuovi strumenti d'indagine.

Così è avvenuto anche per l'astrologia mondiale che ha conosciuto una nuova fase di rinnovamento grazie ad André Barbault (1921-2019) che ci ha lasciato l'eredità dei Cicli Planetari e dell'Indice Ciclico Planetario quali strumenti di indagine.

Per facilitare la comprensione di questo cambiamento è utile dotarsi di uno strumento concettuale che possa permettere l'individuazione storica di questi passaggi avvenuti all'interno della disciplina.

Perché? Perché parlare di astrologia mondiale significa parlare di una visione di corrispondenze e di correlazioni tra la sfera celeste e gli eventi umani che, nel Tempo, sono cambiate attraverso l'uso di nuovi metodi e di nuove tecniche d'indagine.

Diventa fondamentale, quindi, saper riconoscere in quale fase storica ci troviamo quando si parla di astrologia mondiale e quali mutamenti ha subito e quali strumenti ha utilizzato nel corso del Tempo.

Per poter comprendere al meglio questo sviluppo su una linea temporale, l'ingegneria software, ci offre un concetto che ci aiuterà a delineare l'evoluzione della disciplina. L'ingegneria si propone una serie di obiettivi legati all'evoluzione dello sviluppo del prodotto informatico.

Il termine 2.0, infatti, è utilizzato per lo sviluppo di nuove versioni nelle quali la notazione puntata indica l'indice di sviluppo e la successiva distribuzione (release) di un particolare software. In questo caso la locuzione pone l'accento sulle differenze. Partendo da questo presupposto, possiamo identificare tre periodi storici e si parlerà di:

– <u>Astrologia Mondiale</u>: intesa come disciplina delle origini, la sua Storia e cultura dall'Alba dei Tempi fino all'inizio del XX° secolo;

– <u>Astrologia Mondiale 1.0</u>: intesa come disciplina odierna, per così come è conosciuta e praticata, dall'inizio del 1900 ad oggi attraverso le ricerche e gli studi di André Barbault e di altri ricercatori;

– <u>Astrologia Mondiale 2.0</u>: intesa come disciplina rinnovata e futura del XXI° secolo che integra le versioni precedenti in un livello superiore. Un candidato, alla nuova versione, è il modello Universis.

Così come la versione 1.0 ha tralasciato alcuni aspetti della Tradizione Antica, così, la versione 2.0, tralascia determinate concezioni delle due versioni precedenti. Ogni versione, evolvendosi, non solo ha tralasciato alcune conoscenze ma ne ha introdotte delle nuove.

Parlare di *"Astrologia Mondiale"*, di *"Astrologia Mondiale 1.0"* e di *"Astrologia Mondiale 2.0"* sono contesti e argomenti diversi. L'uso di una di queste tre termini, serve per identificare l'area di pensiero in cui ci troviamo. Serve a identificare il contesto culturale in cui si opera facendo riferimento a periodi storici ben identificati della disciplina.

Quando si parla di 1.0 e/o di 2.0 non si parla esclusivamente di una eredità storica condivisa, bensì, di un paradigma differente, di una logica d'indagine che si discosta dalla precedente e che, nello stesso tempo, la ingloba. Parlare di Universis equivale parlare dell'Astrologia Mondiale 2.0 Equiparare la versione originaria e la 1 alla 2, però, significherebbe non comprendere le differenze sostanziali che le contraddistinguono correndo il rischio di intrecciare contenuti non appropriati che tenderebbero a rendere confusa tale diversità di metodo nato con il passaggio storico.

Ad esempio, quando si parla della *Teoria della congiunzione Giove-Saturno*, occorre comprendere se si sta parlando quella delle origini o quella della versione 2.0 perché anche se i presupposti base sono simili, viene a cambiare il metodo d'indagine in quanto vengono eliminate determinate informazioni della teoria precedente a favore dell'inserimento di nuovi concetti che articolano diversamente il suo sviluppo. Un giorno avremo sicuramente la versione 3.0 in virtù delle nuove conoscenze e delle nuove sintesi disciplinari che i futuri astrologi e astrologhe riusciranno a compiere nelle loro ricerche.

Fatta questa premessa iniziale, si comprenderà che l'utilizzo della locuzione 2.0 ha una finalità storica di differenziazione e non tanto di un atto rivoluzionario che si discosta dalla Tradizione dei padri dell'astrologia antica. Anzi, serve per valorizzare il retaggio del passato in termini di continuità in cui l'attuale versione di 2.0 ha le proprie radici ben piantate nel terreno della Storia dalla quale non sarebbe potuta nascere senza le conoscenze acquisite nei Tempi Antichi e dai Primi Uomini.

Per concludere, l'Astrologia Mondiale 2.0 si avvale di:

– **Universis**, che definisce il protocollo d'indagine delle dinamiche astrosociostoriche;

– **Unichronos**, che definisce la formulazione della nuova datazione astrologica;

– **Clioversis**, che definisce lo studio di sintesi tra la Tradizione Antica e la Visione Moderna del Tempo. Affonda le sue radici nella Ciclologia.

Il Tempo Immaginario.

L'astrologo è un viaggiatore del Tempo? La mia risposta è *"Si"*.

Egli viaggia a cavallo delle sue effemeridi e si sposta ora avanti e ora indietro nel Tempo, osserva eventi celesti del passato quanto quelli del futuro passando attraverso il suo presente.

Nel suo viaggiare, egli immagina quello che sarebbe accaduto, quello che accade oggi e quello che potrebbe verificarsi in futuro.

Calcola rotte, calcola gradi, calcola il Tempo e lo Spazio in cui si muove, quella che è da sempre chiamata la volta, la *sfera celeste*.

L'astrologo vive continuamente in un Tempo immaginario dal quale estrapola le sue previsioni, dal quale visualizza il vissuto di un tema natale di un singolo individuo o degli eventi storici. Lui scorre attraverso il Tempo e lo fa immaginandolo in una versione immaginaria perché gli *'eventi'* non sono ancora reali ma sono *'immaginati'*, traccia probabili linee temporali fino a quando non ha un riscontro o storico o con il consultante.

L'astrologo vive da millenni questa dimensione del Tempo, si immerge continuamente nelle correnti temporali del passato, del presente e del futuro. Lo fa a suo piacimento e quando vuole.

Lo fa, *immaginando*.

La scienza fisica ci fornisce una risorsa concettuale: l'"immaginario", vediamo di capire di cosa si tratta e perché usarlo in Universis nel momento in cui si parla di Tempo. Sarà una guida nella comprensione dei 5 Livelli, aiuterà a comprendere il sistema della numerazione dei Cicli e, non per ultimo, la rappresentazione del Tempo Sferico, ossia, l'unificazione del Tempo Lineare con il Tempo Ciclico.

Il termine *"immaginario"*, usato in senso tecnico e non metaforico, si riferisce, quindi, a un concetto matematico, formulato per la prima volta sul finire del XVI secolo, di "numero immaginario", ovvero è la radice quadrata di un numero negativo.

Il *Tempo Immaginario* è usato anche in cosmologia, serve in alcuni modelli teorici dell'Universo.

Il concetto è un semplice strumento matematico, una costruzione astratta, utile sia per portare avanti calcoli altrimenti impossibili sia per essere usato come base per altre costruzioni matematiche, ancora più astratte.

Usare il *Tempo Immaginario* significa provare a sostituire la variabile temporale presente in una teoria e in particolare nelle sue equazioni, con un numero immaginario, con l'idea che possa far nascere qualcosa di interessante per le grandezze reali a cui, alla fine, si è interessati.

E' proprio quello che lo scienziato Stephen Hawking ha usato per supportare matematicamente la sua ipotesi sulla condizione iniziale "senza bordo" dell'Universo, in uno spazio curvo, sferico, utilizzando come analogia la sfera terrestre.

Il concetto lo ha reso noto nel suo libro "Dal big bang ai buchi neri. Breve storia del Tempo"[1], best-seller di divulgazione scientifica.

E' un'astrazione matematica che permette di mettere in relazione due eventi casualmente non connessi o non connessi temporalmente.

Il *Tempo Immaginario* consiste nel rappresentare il Tempo con un numero complesso: parte reale e parte immaginario.

Inoltre, combinando la relatività generale e il principio di indeterminazione, lo Spazio e il Tempo possono essere considerati *finiti* ma *illimitati*.

La teoria quantistica necessariamente impone quelli che sono chiamati numeri immaginari. Così si può avere un intervallo di Tempo Immaginario fra due eventi, invece dei normali intervalli di Tempo reali. Nello Spazio e nel Tempo immaginari l'Universo può essere chiuso su se stesso senza limiti né confini. Proprio come la superficie della Terra, che permette una visualizzazione sferica senza inizio e senza fine dello spazio-tempo.

La proposta di Hawking consente di concettualizzare un Universo non più in forma conica col vertice a punta a rappresentare il Big Bang, ma permette di immaginare un cono con il vertice arrotondato che non coincide più con alcun inizio.

Il *Tempo reale* è il presente, il *Tempo Immaginario* è l'idea che scorre tra un passato e un presente dove il passato è ciò che non è più e il futuro è ciò che non è ancora ed entrambi sono quindi ciò che non è.

Il *Tempo Immaginario* si sviluppa in una diversa direzione rispetto al Tempo classico (quello che noi sperimentiamo), come se fosse una dimensione spaziale: In esso è possibile muoversi avanti e indietro nel Tempo così come si può fare nello Spazio.

Quale utilizzo può avere il *Tempo Immaginario* della fisica in un modello astrologico come Universis?

C'è da dire che è utile il _concetto_ che esprime non tanto l'_applicazione_ matematica. Nel campo delle scienze fisiche ha un ruolo importante nella formulazione delle teorie, viene usato per descrivere tutta una serie di fenomeni. Il suo valore non è solo pratico (matematico) ma anche teorico (nozione).

La sue caratteristiche permettono di essere trasportate anche in ambienti diversi ed essere utilizzata in base alla sua coerenza interna.

Vediamo di elencare la sua utilità in Universis:

1 - Diversifica il _tempo reale_ di un Ciclo di Triplicità con il suo _Tempo Immaginario._

Ad esempio, se consideriamo tre Cicli degli Elementi che come Tempo reale/effettivo hanno 795 anni, 805 e 780, avremo come _Tempo Immaginario_ per i tre Cicli pari a 800(i) anni che non è altro che un arrotondamento ma non una media. Come è stato detto in precedenza, usare il _Tempo Immaginario_ significa provare a sostituire la variabile temporale in una teoria, con un numero immaginario, con l'idea che possa far nascere qualcosa di interessante per le grandezze reali a cui, alla fine, siamo interessati. In Universis, la nozione avrà il significato di suddividere numericamente il flusso temporale in: _reale_ e _immaginario_, ossia, una data certa e una data approssimativa.

2 - Precisione di linguaggio e di ambiente in cui si applica.

L'uso del concetto _Immaginario_ permette di identificare l'ambiente in cui operiamo e, allo stesso tempo, permette di non far uso delle indicazioni: "all'incirca, indicativamente". Ci fornisce una serie di numeri che si possono organizzare con facilità all'interno di un modello. In Universis si farà uso di un indicatore accanto alle date/numeri in questo formato:

-(r) per indicare un valore reale;

-(i) per indicare un valore immaginario.

I due indicatori daranno informazioni in merito al contesto in cui stiamo operando se "reale" o "immaginario" del modello.

3 - Nozioni estese alla geometria.

Il concetto di _Tempo Immaginario_ non si applica solo al Tempo ma anche allo Spazio. Si comprenderà meglio le funzionalità e le proprietà del modello geometrico che si è adottato nello studio delle congiunzioni Giove-Saturno quando verrà introdotto l'argomento del _Tempo Sferico._ Lo Spazio quanto il Tempo possono essere considerati _finiti_ ma _illimitati_ e la migliore rappresentazione è il cerchio sul piano bidimensionale e la sfera sul piano tridimensionale. Entrambe sono ampiamente usate in Universis.

4 - Connessione temporale.

Possibilità di mettere in relazione due o più eventi casualmente non connessi o non connessi a livello temporale. Questo diventerà evidente quando collegheremo un Ciclo di Triplicità con un altro evidenziando il legame e la relazione tra Cicli distanti nel Tempo ma collegati tra loro per risonanza di Elemento. Il concetto viene maggiormente compreso nel capito "Universis: path e phat dipendence".

5 - Nuovi concetti.

Fornisce nuovi concetti che verranno applicati nel modello Universis che aprono nuovi scenari di ricerca del suo utilizzo soprattutto nel contesto geometrico di rappresentazione.

Per approfondire questi argomenti si può consultare l'"APPENDICE: il Tempo Immaginario" dove vengono riportate, sinteticamente, diverse argomentazioni di Stephen Hawing e di altre fonti. Conoscere il significato dell'argomento permette una migliore comprensione del perché viene trasferito un concetto della fisica all'astrologia e su quale scala lo si può applicare.

Quando ci troviamo una datazione contrassegnata da (r) rispetto ad una indicata come (i) ci troviamo con due corrispondenze differenti.

Ad esempio, possiamo considerare la durata di un Ciclo di Triplicità con, ad esempio, 752 anni effettivi, quindi saranno contrassegnati come (r).

Ma per comodità vengono arrotondati a 800 anni e saranno contrassegnati da (i).

In Universis si farà uso del significato e del simbolo (i) come vedremo successivamente per poter distinguere immediatamente l'ambiente in cui ci si trova senza doverlo descrivere e argomentare di volta in volta.

Sia (r) che (i) hanno una valenza di simbolo, portatore di contenuti non espressi ma ben identificati nella loro natura e significato nel momento in cui si è a conoscenza della sua funzione.

Il Tempo immaginario è un'astrazione, si, che permette di immaginare attraverso una rappresentazione, la presenza di uno schema.

S. Hawking ci avvisa che i modelli della fisica non sono un modello realistico ma rappresentano semplicemente *"un modello matematico"* e quindi *"non ha senso chiedersi se corrisponde alla realtà"* (S. Hawking,

The Objections of an Unashamed Positivist, Cambridge University Press 1997, p. 169).

Quando si incontrano (r) e (i) in Universis si stanno indicando due informazioni diverse che aiutano a comprendere velocemente, senza nessuna descrizione aggiuntiva, su che tipo di numero/data si sta prendendo in considerazione, se su base reale o immaginaria.

Va ricordato, quindi, che il riferimento (i) non è una media ma un arrotondamento che permette di operare su numeri interi reali.

L'utilizzo serve per semplificare la lettura, renderla sintetica, scorrevole e per dare l'immediatezza del concetto, per evitare l'aggiunta di argomentazioni.

---

[1] Dal big bang ai buchi neri. Breve storia del Tempo, S. Hawking, BUR, 2015

PRIMA PARTE

1.1 Universis: un modello di informazioni.

L'astrologia è un'arte simbolica e tecnica che indica la connessione tra il Cielo e la Terra all'interno di uno Spazio-Tempo Cosmico e individuale. E' forse il più Antico materiale di studio nella storia dell'umanità. La conoscenza astrologica è il frutto di migliaia di anni di interscambio tra culture diverse (mesopotamica, egiziana, indiana, greca, latina, araba) che hanno prodotto *'informazioni'* in un flusso continuo nel miglioramento della conoscenza applicata agli astri.

Carlo Rovelli, è un fisico teorico e divulgatore, ha lavorato in Italia e negli Stati Uniti. Attualmente lavora in Francia. La sua principale attività scientifica è nell'ambito della Teoria della Gravità Quantistica a Loop (*loop quantum gravity*), di cui è uno dei fondatori.

Si è occupato anche di Storia e di Filosofia della Scienza, della nascita del pensiero scientifico e in particolare della posizione di Anassimandro nello sviluppo della riflessione scientifica dell'umanità.[1]

Si prenderà spunto su diverse argomentazioni del fisico italiano per poter descrivere Universis che, nella sua forma più semplice per descriverlo, è indicarlo come un *modello di informazioni*, informazioni che producono relazioni, relazioni che producono correlazioni temporali.

Tra cosa? Tra eventi distanti nel Tempo (quando=data) e nello Spazio (dove=segni) astrologico creando connessioni e legami altrimenti non visibili. Poter osservare nuovi legami significa avere a disposizione una nuova informazione che può essere studiata.

Universis è un modello geometrico che struttura e organizza l'informazione all'interno di uno spazio finito che racchiude l'infinito, in un *loop*.

Dato che lo spazio è una trama di relazioni, si possono identificare modelli che lo possono rappresentare. Vedremo meglio questa idea di spazio quando verranno introdotti gli argomenti del fisico Stephen Hawking e altre nozioni relative alla gravità quantistica dei loop, teoria in pieno sviluppo e concorrente alla teoria delle stringhe, imputate entrambe a realizzare una "Teoria Unificata" della scienza moderna in cui fisici stanno attualmente concentrando tutti i loro sforzi.

Universis è un modello di sintesi interdisciplinare, è composto di "pezzi" coerenti ma distinti, intende sviluppare una descrizione coerente della dinamica storica-celeste sulla base di quello che abbiamo appreso fin qui in termini di conoscenza astrologica combinata con altre conoscenze umane. Non si stanno introducendo argomenti che sono frutto di nozioni mentali, si tratta, bensì, di argomenti di altre discipline di studio che vengono tradotti e applicati alla disciplina astrologica. E' un processo di sintesi, "sintesi" che verrà compresa grazie a H. Gardner, cognitivista, nel capitolo conclusivo.

Carlo Rovelli in "La realtà non è come ci appare"[2] ci ricorda che *"[...] Il mondo delle cose esistenti è ridotto al mondo delle relazioni possibili [...]"*. Per comprendere la realtà, occorre tener conto che essa è strettamente legata da una rete di relazioni, di informazione di scambio reciproco che ci circondano. Universis trasferisce questo concetto sul piano dell'immagine-geometrica. Lo farà attraverso la Teoria della congiunzione Giove-Saturno per evidenziare un aspetto sottostante che la anima: i Quattro Elementi.

Saranno quest'ultimi che ci faranno da guida alla costruzione delle relazioni e delle correlazioni storiche basate sulla periodicità delle congiunzioni planetarie per rendere visibili i legami temporali tra i Cicli degli Elementi.

Per descrivere questa dinamica celeste, che ci porterà nella descrizione degli eventi storici, si farà ampio uso degli argomenti della gravità quantistica dei loop usando come fonte il fisico Carlo Rovelli con le sue pubblicazioni. In questo modo si trasferiranno (*transfer*) alcuni concetti dalla fisica nel contesto astrologico attuando un processo di scambio interdisciplinare per definire Universis come un modello di informazioni prodotte dalle relazioni, avente una sua logica e coerenza interna.

Ci sono argomenti e concetti nella scienza fisica che, se opportunamente tradotti, possono essere applicati anche in altri contesti così come già avviene in diversi campi. Uno tra questi è possibile far entrare anche l'astrologia mondiale se utilizza modelli appropriati che possono accogliere la conoscenza di un'altra disciplina e trarne vantaggio nello studio delle dinamiche celesti e delle dinamiche terrestri che prendono vita nella Storia.

Ma partiamo dall'inizio e vediamo quali contributi ci possono offrire le pubblicazioni di Carlo Rovelli.

Ne "La realtà non è come ci appare" ci fa una breve sintesi di come la meccanica quantistica abbia rilevato tre aspetti del mondo:
- primo aspetto: la granularità, ossia, oltre un certo limite, lo spazio non è più divisibile.
- secondo aspetto: l'indeterminismo, ossia, *"Il futuro non è determinato univocamente dal passato."*
- terso aspetto: la relazione, ossia, gli eventi *"[...] sono sempre interazioni. Tutti gli eventi di un sistema occorrono in relazione a un altro sistema."*
Tutto questo ci insegna a *"[...] non pensare in termini di 'cose' che stanno in questo o in quello stato, bensì in termini di 'processi'. Un processo è il passaggio da un'interazione all'altra [...]",* che può essere previsto solo in termini di probabilità.
Possiamo dedurre che un periodo storico, evidenziato da un Ciclo di Triplicità, si relaziona con un altro periodo storico dello stesso Elemento ed è solo nel concetto di "relazione" che si evidenzia questo legame.
La relazione che si crea, collega due periodi storici apparentemente scollegati, separati. Il collegamento con il periodo storico precedente permette di comprendere eventi che si diramano dal passato verso il futuro passando dal presente su scale evolutive differenti. Ogni periodo di Tempo è profondamente radicato nel precedente, contenendolo e superandolo, ma non eliminandolo. Questo concetto verrà approfondito nel capitolo *"Universis: path e phat dipendence"* ma ora rimaniamo nel campo della fisica.
Universis permette di costruire e di sviluppare un modello di rappresentazione della Storia, offre una struttura concettuale per pensare alla Storia su una scala temporale più ampia rispetto al Ciclo Planetario, tessendo così una rete di interconnessioni storiche relazionandole tra loro con un unico filo conduttore: il Ciclo degli Elementi.
Mark Buchanan, fisico e divulgatore scientifico, ex redattore della rivista scientifica Nature, ci ricorda che tutto interagisce attraverso un complesso di reti che sono controllate da principi[3]. Non sono visibili ma sono comuni a tutti gli aspetti della realtà che, sebbene sembrino separate e indipendenti, rivelano una profonda reciprocità.
Questo processo produce nuova "informazione", nuovi dati, una nuova prospettiva della visione storica.
Ma quando parliamo di "informazione", di cosa stiamo parlando?

Il concetto è stato chiarito dal matematico Claude Shannon nel 1948: *"[...] l'informazione è una misura del numero di alternative possibili per qualcosa".*[4]

La nozione di informazione è utile per capire il mondo perché i sistemi fisici comunicano tra di loro.

Chi ha capito per primo che la nozione di 'informazione' è fondamentale per comprendere la realtà quantistica è stato John Wheeler, padre della gravità quantistica. Wheeler ha coniato il termine "It from bit", ossia *"tutto è informazione".*

A scala ridotta, lo spazio non è continuo ma è un tessuto composto da elementi che sono finiti e interconnessi.

"[...] Un sistema fisico si manifesta solo e sempre interagendo con un altro. Quindi, la descrizione di un sistema fisico è sempre data rispetto a un altro sistema fisico, quello con cui il primo interagisce. Qualunque descrizione dello stato di un sistema fisico è dunque sempre una descrizione dell'informazione che un sistema fisico ha di un altro sistema fisico, cioè della correlazione fra sistemi [...]"[5].

Tradotto in versione Universis abbiamo che un Ciclo di Triplicità si manifesta interagendo con lo stesso Elemento della Triplicità che l'ha preceduto. Ad esempio, la Triplicità Fuoco sarà collegata al Ciclo di Fuoco precedente instaurando una relazione e un passaggio di informazioni passando dal penultimo all'ultimo Ciclo che è in corso. Il penultimo sarà collegato al precedente e via così. Si crea una correlazione di eventi che tendono a svilupparsi all'interno dello stesso Elemento nel corso del Tempo, Ciclo dopo Ciclo di Triplicità.

Eventi non uguali ma differenti che conservano la stessa continuità temporale su un livello differente. Stabilita la relazione, si passa a valutare le informazioni tra i Cicli precedenti dello stesso Elemento e si cerca di organizzarle in modo tale da poter prevedere l'effetto della loro dinamica in corso o futura.

Cerchiamo di comprendere meglio questo passaggio introducendo due postulati che spiegano in gran parte l'intera struttura matematica della meccanica quantistica, ossia:

- *"l'informazione rilevante in ogni sistema fisico è finita"* ossia esiste un numero finito di possibilità.

- *"si può sempre ottenere nuova informazione su un sistema fisico [...]"*[6] ossia, c'è sempre qualcosa di imprevedibile che ci permette di ottenere nuova informazione.

Il modello Universis non è che un modo per riassumere e sintetizzare le interazioni passate tra due e più Cicli di Triplicità uguali per Elemento producendo nuove informazioni che non possono essere infinite in quanto l'evento storico passato si è espresso in modalità circoscritte che permettono la loro identificazione nel flusso della Storia considerata per Triplicità. Le nuove informazioni che si rendono disponibili comportano che *"[...] parte dell'informazione precedente deve diventare irrilevante, cioè non deve avere alcun effetto sulle predizioni future. Per questo, in meccanica quantistica, quando interagiamo con un sistema in generale non solo acquistiamo qualcosa ma allo stesso tempo "cancelliamo" una parte dell'informazione sul sistema stesso [...]."*[7]

Quando si analizza una Triplicità rispetto ai sui Cicli precedenti, non tutte le informazioni passate vengono trasferite nel futuro per essere indagate come eventi probabili di previsione storica. Nello stesso tempo acquistiamo dei punti di riferimento storici che si potrebbero ripresentare. Quello che è utile in termini di informazioni è l''atmosfera', il 'clima' che si instaura nelle vicende storiche che viene chiamo *'il Nuovo Spirito del Tempo'.* Quest'ultimo, non è altro che la Qualità del Tempo espresso dalle caratteristiche dei Quattro Elementi, ognuno con la loro caratteristica, identità e Legge.

Universis non è un modello concepito per operare in isolamento, opera in collaborazione con i Cicli Planetari che permettono di rintracciare aspetti significativi su una scala ridotta rispetto alla scala temporale di maggior ampiezza di Universis. Il Micro e il Macro si combinano insieme.

L'intento, infatti, è quello di rendere accessibile una visione che evidenzia una rete di informazioni reciproca nel Ciclo delle Triplicità strutturata dai Quattro Elementi alleati con i Cicli Planetari, uniti e non separati, in un interscambio continuo, con un continuo passaggio dal Macro al Micro degli eventi storici.

Entrare in contatto con una visione storica ad ampio raggio, non solo in decenni ma attraverso i secoli, mette l'astrologo ricercatore davanti a una difficoltà di partenza: *"[...] Maggiore è l'intervallo di tempo che separa i due eventi, maggiore è la difficoltà di individuare la relazione fra gli eventi stessi [...]"* scrive il neurobiologo e psicologo Dean Buonomano in

"Il tuo cervello è una macchina del tempo"[8]. Tuttavia, secondo lo scienziato americano, la nostra mente rimane modellata *"dall'ordine degli eventi e dagli intervalli che li separano"*.

In Universis, il nostro modo di concepire il flusso storico subisce una modifica: si passa dalla linearità delle *date* storiche alla *relazione* degli eventi storici distanti e non continui nel Tempo. La continuità non è fornita dalla sequenza di date storiche ma viene fornita dalla continuità di un Ciclo di un Elemento preso in considerazione. Il collegamento produce informazioni che portano nuove evidenze storiche che hanno grandi probabilità di ripetersi nel Tempo.

Non viene studiato l'*'evento storico'* tipico dell'interpretazione dei Cicli Planetari, bensì, viene evidenziata la *'storia dell'evento'* attraverso il Ciclo degli Elementi.

Questa nozione verrà compresa quando si parlerà espressamente nei capitoli dedicati ai vari livelli di Universis e, soprattutto con il concetto di *"path/phat dipendence"* che ci porterà a parlare di *'connessione e di condizione del flusso temporale'*.

E' un modo differente per pensare e per orientarsi nella complessità nella Storia attraverso una differente chiave di lettura. Sapere come 'pensare in complessità' fa aumentare le domande, in virtù del fatto che gli eventi storici quanto gli eventi celesti sono strettamente legati "in" e "da" una rete di relazioni, di informazione reciproche che tessono e avvolgono gli eventi. Questa è anche la natura dei Cicli dentro i Cicli: un flusso continuo e continuamente variabile.

Universis non è un'idealizzazione o una nozione mentale ma è un modo per organizzare la fluttuante informazione, è un modello che spinge a pensare alla Storia non come qualcosa che cambia solo nel Tempo ma che cambia anche in relazione degli eventi sulla base del Ciclo delle Triplicità.

Universis è un modo per organizzare questa 'informazione' e che l'informazione può essere usata come strumento concettuale così come avviene nella scienza in quanto è un concetto accettato dalla fisica, segnala Carlo Rovelli nelle sue varie pubblicazioni.

In "Che cos'è il tempo? Che cos'è lo spazio?"[9] l'autore riporta che *"[...] La scienza è un modo di pensare che consiste nell'essere capaci di cambiare idea sulla realtà, nel non fidarsi delle idee acquisite, nel rimettere in discussione continuamente i propri schemi. La scienza base, prima di essere un'esplorazione del mondo, è un'esplorazione del pensiero stesso. E' un'esplorazione di possibili modi di pensare [...]".*

John D. Barrow in "L'infinito"[10] scrive *"[...] Se il tempo è una curva chiusa invece che una linea retta, la storia non ha necessariamente fine né inizio [...]".*

Le parole di Barrow derivano dalla relatività generale con il concetto di curvatura del Tempo e dello Spazio che comporta una visione dell'Universo come la superficie della Terra: finito ma senza confine. Lo stesso concetto viene condiviso da Carlo Rovelli in "La realtà non è come ci appare".

Universis è un modello con una struttura finita quanto infinita che entra in una dinamica di loop temporale come vedremo nei prossimi capitoli.

Spesso si cerca qualcosa di "nuovo", qualcosa che non c'era prima, sia in termini teorici che di applicazione pratica. Si pensa che solo quando si dispongono nuove informazioni si possa scoprire qualcosa di nuovo.

Ma la storia dell'astrologia, quanto quella delle scienze fisiche, ci dice ben altro: quello che hanno fatto entrambe è stato di costruire una nuova visione del mondo su teorie già esistenti, hanno semplicemente sintetizzato la conoscenza in vasti campi del sapere umano e trovato, poi, il modo per combinarle e ripensarle in modo migliore. Hanno ridisposto le informazioni, già acquisite, in un ordine diverso permettendo, così, a far emergere nuove informazione sulla base di quelle vecchie.

Universis procede in questa direzione, acquisendo informazioni, producendo nuove fonti di riflessioni attraverso l'interdisciplinarità combinando i vari tasselli in una sequenza diversa per produrre nuove informazioni.

"[...] Di quali dati nuovi disponeva Copernico? Nessuno. Gli stessi di Tolomeo. Quali dati nuovi aveva Newton? Quasi nessuno. I suoi ingredienti veri sono le leggi di Keplero e i risultati di Galileo. Quali dati aveva Einstein per trovare la relatività generale? Nessuno. I suoi ingredienti sono la relatività ristretta e la teoria di Newton [...]" riassume così il fisico quantistico Carlo Rovelli gli argomenti trattati nei sui testi "La realtà non è come ci appare" e in "Che cos'è il tempo? Che cos'è lo spazio?".

Universis è un modello geometrico che struttura e organizza *l'informazione storica* all'interno di uno spazio finito che racchiude l'infinito, in un loop temporale che prende vita dal Ciclo degli Elementi.

Universis è un modello che si avvale della interdisciplinarità, traduce e trasferite gli argomenti di altre discipline all'interno dell'astrologia, intende sviluppare una descrizione coerente delle dinamiche storiche-celesti sulla base di quello che abbiamo appreso fin qui in termini di conoscenza, unifica il Macrocosmo con il Microcosmo, crea un ponte di collegamento tra i Cicli Planetari e i Cicli degli Elementi nella comprensione dell'Antico legame che unisce l'Uomo al Cielo.

---

[1] fonte: Wikipedia
[2][4][5][6][7] La realtà non è come ci appare, Carlo Rovelli, Ed. Raffaello, 2014
[3] Nexus. Perché la natura, la società, l'economia, la comunicazione funzionano allo stesso modo M. Buchanan, Mondadori, 2004
[8] Il tuo cervello è una macchina del tempo, Dean Buonomano, Boringhieri, 2018
[9] Che cos'è il tempo? Che cos'è lo spazio?, C. Rovelli, Di Renzo Editore, 2016
[10] L'infinito. Breve guida ai confini dello spazio e del tempo, J. D. Barrow, Mondadori, 2006

1.2 Teoria delle congiunzioni Giove-Saturno: cenni storici.

La formulazione della *Teoria delle Congiunzioni* risale alla tradizione araba, una teoria che per secoli travaglierà la società, la politica, la religione, gli ambienti intellettuali e gli stessi astrologi.

I principali autori, in lingua araba, si devono considerare: l'astrologo ebreo, di origine egiziana, Mashallah (762-815), il famoso filosofo musulmano al-Kindi (801 circa - 866 circa) e il suo discepolo Albumasar (787 – 866).

La sua formulazione originaria era basata su una concezione naturalistica e deterministica della Storia, evidenziava le ferree leggi della natura. Faceva dipendere, infatti, da cause naturali, gli astri, i grandi eventi della Storia: la nascita e la fine degli imperi, dei popoli e delle civiltà, nonché l'avvento e il tramonto delle religioni.

La Teoria si basa sulle congiunzioni Giove-Saturno che avvengono all'incirca ogni 20 anni e si susseguono, nello zodiaco, in un ordine ben preciso. Si passa dalle Quattro Triplicità (Fuoco, Terra, Aria, Acqua) all'altra.

Il cambiamento di Elemento in una serie (ogni 200(i) anni) è noto come *Trigonalis* e, dai Tempi Antichi, è considerato come il segno distintivo di un epocale cambiamento sociale e politico. Viene chiamato, invece, *Specialis* il Ciclo minore della durata di 20 anni all'interno dello stesso Elemento (esempio: Aria) ma in un segno (Gemelli, Bilancia o Acquario) differente.

Gli elementi fondamentali della teoria sono:
- la congiunzione Giove-Saturno;
- la Triplicità degli Elementi;
- l'equinozio di primavera;
- il calcolo delle carte celesti;
- la congiunzione Saturno-Marte;
- le eclissi.

L'uso a fini politici della Teoria non ha evitato all'astrologia mondiale di essere soggetta, come tutta l'astrologia, al duro attacco da parte dei filosofi e dei teologi nel corso dei secoli e nelle diverse epoche, fin dalla sua nascita.

Essa, con le sue previsioni, infrangeva i dogmi religiosi come il libero arbitrio con il concetto della predestinazione, arrecava danno alle dinastie che si sentivano minacciate dalle previsioni del loro declino e, quindi, la Teoria delle Congiunzioni veniva ostacolata e combattuta.

Affronteremo i cenni storici riportando una sintesi degli studi dell'astrologo classico Benjamin N. Dykes in *"Astrology of the World vol.II: Revolutions & History"*[1], di Stefano Buscherini in *"La Teoria delle congiunzioni Giove-Saturno tra Tardo Antico e Alto Medioevo"*[2] del Dipartimento di Storia presso l'Università di Bologna, di Graziella Federici Vescovini *con "La storia astrologica universale: l'oroscopo delle religioni tra Medioevo e Rinascimento"*[3] del Dipartimento di Scienze dell'Educazione dell'Università di Firenze e, non per ultimo *"La piccola introduzione alla scienza degli astri"*[4] dello stesso Albumasar tradotto da Franco Martarello.

Con gli autori ci faremo strada nei sentieri della Storia che ha coinvolto la Teoria delle Congiunzioni conosciuta anche come il 'Libro delle Dinastie e delle Religioni', verrà sintetizzato il pensiero degli autori, vedremo l'impatto significativo della Teoria che ha avuto non solo nel campo astrologico ma anche a livello storico attraverso i secoli arrivando fino a noi, quasi inalterata dalla sua nascita.

La storia ha inizio con al-Kindi che diede una solida base fisica e teologica all'astrologia del Tempo. Secondo la sua teoria, le congiunzioni planetarie nei segni rappresentavano una sorta di 'oroscopo del mondo'. Non avevano un significato nella vita di un individuo ma riguardavano i grandi eventi della Storia Universale, soprattutto l'avvicendarsi di regni e di religioni. Egli fu il primo a formularla, fu scritta in una lettera quando riportò la durata dell'impero arabo.

Il Medioevo si appoggiò all'opera di al-Kindi con i suoi trattati di astro-meteorologia ma la Teoria delle Congiunzioni fu conosciuta in Europa attraverso l'opera di Albumasar, l'erede di varie culture: quella sasanide, aristotelica, tolemaica, indiana, iraniana e dei testi antichi arabi, scrive F. Martorello nella prefazione a *"La piccola introduzione alla scienza degli astri"*[5] di Albumasar.

Confluiscono in lui le conoscenze dei suoi predecessori: Mashallah e dello stesso al-Kindi. Può essere considerato colui che riorganizzò tutta la Teoria delle Congiunzioni grazie agli studi che erano stati fatti in precedenza dando una struttura semplice ma completa all'intera Teoria.

La periodicità del Ciclo Giove-Saturno permetteva di assumerli come punto di riferimento non solo per la lettura dei grandi eventi naturali (terremoti, maremoti, siccità, pestilenze) ma anche per la costruzione di un'astrologia storica. I due pianeti fornivano uno schema semplice nella scansione degli eventi umani.

Ogni annata cosmica veniva divisa in 4 stagioni o Triangoli in base alla sequenza degli Elementi: Fuoco, Terra, Aria, Acqua e ogni singolo Triangolo aveva la durata 197 anni. L'annata cosmica incominciava con una congiunzione nel primo Triangolo, quello di Fuoco, e finiva con una congiunzione nell'ultimo Elemento, quello dell'Acqua riporta lo studioso Peuckert nel libro *"L'Astrologia"*[6].

Mashallah e Albumasar, collegandosi all'Almagesto di Tolomeo rielaborarono una tecnica ancor più raffinata e complessa. Contaminarono le conoscenze di quel tempo, basate su Tolomeo, con le tecniche astrologiche orientali, indiane e persiane.

Tolomeo consacrava diversi capitoli del Tetrabiblos all'analisi delle eclissi, considerandole di basilare importanza nell'astrologia mondiale e furono riprese da Albumasar.

Mashallah cercò di integrare la teoria sasanide dei Cicli del Tempo del mondo all'interno dell'astrologia mondiale di Tolomeo senza contraddirla, ma completandola. Egli mise in relazione i due pianeti con le diverse regioni della terra, introducendo, di fatto, anche una geografia astrologica. Mashallah non introdusse il calcolo delle Triplicità pur conoscendole, come farà Albumasar e così non scandiva i periodi delle congiunzioni massime, maggiori, medie e piccole come farà il suo successore, secondo i periodi delle Triplicità che per Albumasar erano di 20, 120, 240, 960 anni. Pertanto la definizione di massima, maggiore, media e piccola variavano a seconda che si trattava di una congiunzione di Saturno e Giove all'interno della stessa Triplicità, oppure al passaggio in una nuova Triplicità, secondo i periodi stabiliti da Albumasar.

Nell'astrologia di Mashallah, invece, si faceva uso dei segni per la definizione temporale di un evento, così come veniva fatto da al-Kindi.

Mashallah ricostruisce, così, la Storia del mondo attraverso 16 oroscopi eretti all'equinozio di primavera dell'anno in cui avveniva la congiunzione Giove-Saturno. Solo uno di essi non rispettava questa regola: l'oroscopo della nascita di Gesù.

L'opera dell'astrologo arabo fu la prima testimonianza dell'uso della Teoria non solo come strumento di previsionale ma anche strumento per i vari passaggi dei millenni all'interno di un grande Anno Cosmico.

Albumasar inserì nella Teoria anche le congiunzioni Marte-Saturno nate con al-Kindi e l'uso dell'oroscopo dell'ascesa al trono del sovrano come strumento fondamentale della Teoria delle Congiunzioni.

Egli volle aggregare in un unico sistema la tradizione tolemaica e quella sasanide, dando un aspetto uniforme e un'organizzazione all'intera dottrina delle Congiunzioni.

"[...] I collegamenti al Tetrabiblos non sono semplici citazioni ma sottolineano probabilmente il desiderio di Albumasar di concepire la propria opera come un testo di riferimento per l'astrologia storica come precedentemente era stata l'opera di Tolomeo [...]" riporta Stefano Buscherini in "La teoria della congiunzione Giove-Saturno tra Tardo Antico e Alto Medioevo".

Sul piano tecnico recupererà alcuni elementi riconducibili alla tradizione babilonese, egiziana e persiana. Modificherà l'impianto dell'astronomia-astrologia di Tolomeo con problematiche religiose dell'Islam, con le dottrine aristoteliche, neoplatoniche e stoiche. Raffinò una nuova nozione tecnica: la *"mammareth"* ossia la *sovreminenza* che consisteva nell'osservare chi, tra Giove e Saturno, era sovreminente, ossia dominate sulla congiunzione della Triplicità. Concetto che era già stato espresso nei testi di Tolomeo quando descriveva tutte le congiunzioni in generale.

Tramite le eclissi tolemaiche e le congiunzioni sasanide, Albumasar cercò di dare un ordine al Tempo e alla Storia che aveva al suo centro la spiegazione della nascita e della caduta dei regni.

E' Albumasar a sviluppare una Storia del Mondo con i suoi eventi annuali, ventennali, secolari e millenari con il sorgere dei regni, degli imperi, dello spopolamento delle terre per i diluvi e la nascita delle religioni.

Il comparire o anche lo scomparire di questi grandi eventi universali è ricondotto ai transiti dei pianeti maggiori, i più lenti, Saturno e Giove quando si congiungono con quelli più veloci: Marte, Mercurio e Venere e così, approssimativamente, scandiscono il passare di un anno, di un ventennio, di un secolo e di un millennio. L'oroscopo degli eventi mondiali, che descrive la Storia del mondo, è basato sulle "congiunzioni". Per questo motivo la teoria fu anche chiamata *"congiunzionista"*.

La teoria è complessa perché unisce la successione delle Triplicità degli Elementi con la successione delle congiunzioni di Giove e di Saturno. Albumasar portò diverse innovazioni rispetto alla teoria più semplice di Mashallah che non aveva fornito i calcoli complessi dovuti al passare delle Triplicità da una all'altra, in quanto si basava più semplicemente sulle rivoluzioni e le congiunzioni planetarie.

Quando i transiti delle grandi congiunzioni di Saturno e Giove in tutte e Quattro le Triplicità si sono compiuti e i pianeti tornano al grado 0 dell'Ariete nella Triplicità di Fuoco, abbiamo la *'congiunzione massima'* o *fortis* come l'ha chiamò il grande astrologo, matematico e filosofo Abramo Savosarda nella sua opera di astrologia mondiale, il *Liber revelatoris*, vissuto nella prima metà del XII secolo.

Per Albumasar, come per Mashallah, il cambio di Triplicità implicava il passaggio di potere da una dinastia all'altra. Egli strutturò un'ampia serie di regole per permettere di prevedere vari aspetti del cambiamento e il modo in cui il passaggio poteva avvenire. Altri potenti strumenti astrologici, come le congiunzioni Marte-Saturno e le eclissi, vennero usati per la conoscenza degli eventi che interessano il sovrano, il governo oltre a fornire indicazioni sulla durata dei regni o delle religioni.

Quando la Teoria delle Congiunzioni arrivò in Europa nei secoli successivi, creò numerosi commenti e interpretazioni, coinvolse anche i dotti e i sapienti delle tre grandi religioni in quanto interessati a anticipare il futuro delle profezie che essa annunciava a discapito della loro sopravvivenza. Una di queste era l'arrivo della sesta religione.

"[...] I teologi musulmani non si curavano molto delle scienze (astrologiche) che parevano non aver rapporti con il contenuto religioso dell'Islam [...] nei suoi scritti non fa menzione ad eventuali impedimenti religiosi verso l'astrologia [...] le cose man mano cambiarono e i teologi cominciarono a vedere nell'astrologia una minaccia al ferreo monoteismo islamico [...]". [7]

Nel *Libro delle religioni e delle dinastie*, Albumasar espone diversi livelli di analisi attraverso tecniche ben definite che andavano dal tema d'ingresso, ossia l'ingresso del Sole in Ariete, alle eclissi e altro ancora.

L'oroscopo delle religioni rappresentava la parte più inquietante e pericolosa della Teoria congiunzionista, fu oggetto di autorevoli indagini che favorirono la sua diffusione in epoca del primo e del secondo Rinascimento così come è stato esposto nella pubblicazione *"Universis 2020-2218: Evento Rinascimento 2.0"*.

Gli ebrei, i cristiani, gli islamici temevano l'arrivo della *'sesta religione'* che avrebbe portato la loro decadenza.

In merito, Eugenio Garin, in "Lo zodiaco della vita. La polemica sull'astrologia dal Trecento al Cinquecento"[8], riporta lo scritto di Ruggero Bacone della sua opera "Opus Maius" dove riportava le stesse parole di Albumasar: *"[...] e poiché sono sei i pianeti con cui può congiungersi [Giove] sostengono che sei devono essere nel mondo le religioni principali [...]. Se si congiunge con Saturno, significa i libri sacri e cioè il giudaismo [...]. Se Giove si congiunge con Marte dicono che significa la 'legge' Caldea che insegna ad adorare il fuoco [...]. Se con il Sole, significa la 'legge' Egizia che vuole che si adori la milizia celeste [...]. Se con Venere dicono che significa la 'legge' dei Saraceni [...]. Se con Mercurio la 'legge' mercuriale, quale è la Cristiana [...] finché verrà a turbarla, ultima, la 'legge' della Luna [...]"*.[2]

L'impatto della Teoria delle Congiunzioni fu forte e significativa in Europa avendo risvolti fortemente religiosi. Fu studiata, elaborata, discussa dagli astrologi quanto temuta e bandita dalla Chiesa in quanto portatrice del messaggio inquietante che *"ad ogni religione se ne sostituisce un'altra, contraria a quella che l'ha preceduta"*.

La Teoria dell'influenza degli astri, per spiegare la Storia degli eventi religiosi e la nascita delle religioni, era un argomento proibito, condannato, da non professarsi. L'impatto più significativo si ebbe tra la fine del Trecento e gli inizi del secondo Rinascimento con l'opera del cardinale Pietro d'Ailly (1350-1420) che sarà uno dei bersagli delle critiche più virulente di Giovanni Pico della Mirandola nel suo trattato contro l'astrologia divinatrice. Ricordiamo le condanne del 1270 e del 1277 del Vescovo di Parigi Etienne Tempier e da tutte le autorità dottrinali latine del XIII secolo.

Di contro, la Teoria delle Congiunzioni fu accettata fino alla fine del XVII secolo da parte del mondo astrologico. È evidente in tutte le discussioni che si ebbero tra Quattrocento e Cinquecento, che la Teoria congiunzionista dell'oroscopo delle religioni aveva complicato molto la possibilità di una conciliazione tra la verità astronomica e quella rivelata nella Bibbia, nonostante l'ardito tentativo di Pietro d'Ailly di unire astrologia e religione.

Possiamo definire la Teoria delle Congiunzioni, ma anche la divulgazione dello studio della natività di Cristo, come uno degli elementi base che crearono l'opposizione della Chiesa nei confronti dell'astrologia, scontro che perdura ancora ai nostri giorni. Tale è stato il suo impatto da creare una frattura vedendo l'astrologia come una minaccia alla propria esistenza in virtù delle sue profezie con l'arrivo della sesta religione del mondo. Da qui, il timore dell'Anticristo per i cristiani, la caduta della religione di Maometto per i musulmani e la caduta di Israele per gli Ebrei.

Tuttavia, per Bacone, l'astrologia era utile perché permetteva alla cristianità di prepararsi e di premunirsi contro l'evento profetizzato. Occorreva affermare la superiorità della fede cristiana e progettarne la vittoria nel Tempo contro il fatale avvicendarsi delle religioni.

L'oroscopo delle religioni, accolto come una sorta di involontario "cavallo di Troia" all'interno del mondo cristiano, non mancherà di esercitare, per lungo tempo, il suo inquietante fascino e di mietere i suoi successi.

La previsione degli eventi epocali basati sulla Teoria delle Congiunzioni, trovò terreno fertile nella cultura europea tra il 1400 e il 1600, coinvolgendo astronomi come Tycho Brahe e filosofi come Tommaso Campanella così come influì nelle sfere religiose.

La Teoria aveva un forte impatto politico, religioso e sociale in quanto minacciava l'intero apparato di potere di quei tempi storici. Andava, pertanto, combattuta e, con essa, tutto l'apparato astrologico.

Albumasar, dunque, fu l'astrologo più famoso nel mondo arabo latino fino all'età moderna.

Il *De magnis coniunctionibus* è l'opera matura redatta tra l'861 e l'866. Riprende e rielabora le idee centrali del trattato maggiore *l'Introductorium maius in astronomiam*.

Tradotto nella prima metà del secolo XII da Giovanni Ispano, costituì un testo di insegnamento e di base di astronomia nelle Facoltà di arti, filosofia e medicina delle Università europee del XIV secolo fino alla metà del XV. In quel periodo i fondamenti dell'astrologia tolemaica, passati attraverso i commenti degli astrologi arabi, erano i principi basilari dell'insegnamento della medicina e della filosofia naturale.

Si comprende, in questo modo, quanto abbia influito nel corso dei secoli successivi la Teoria delle Congiunzioni nell'ambito politico, religioso o sociale e la minaccia che rappresentava per le diverse istituzioni dell'epoca oltre che a suscitare grande interesse nell'ambiente astrologico. Si comprende anche come l'astrologia stessa venne bandita in virtù del suo potenziale pericolo all'ordine del Tempo tra bolle papali e scomuniche di eresia senza dimenticare l'aspetto "divinatorio".

La Teoria delle Congiunzioni passò, come abbiamo visto, dagli Arabi all'occidente nel primo e nel secondo Rinascimento. Trovò i suoi sostenitori quanto i suoi critici. Va ricordato Pedro Ciruelo (1470-1548) quale uno dei rappresentanti di quell'astrologia che reagì all'influsso arabo assumendo entrambi i ruoli: sia di critico quanto di sostenitore.

Lo fa nel suo trattato di *"Astrologia Cristiana"*[9] che rappresenta uno degli ultimi testi in cui si parla in modo approfondito della Teoria delle Congiunzioni. Egli rimproverò ad Albumasar di aver costruito una sequenza errata per due motivi: per l'inesattezza delle sue tavole astronomiche e per aver proposto un ciclo regolare fondato sui *moti medi* e non reali. Pur accettando la Teoria nei suoi tratti fondamentali non lesinò critiche. Le stesse osservazioni e altre ancora vengono riportate anche dall'astrologo dei nostri giorni che ha tradotto i testi antichi, Benjamin N. Dykes in *"Astrology of the World vol.II: Revolutions & History"*. Ma ritorniamo alle argomentazioni di Ciruelo.

Albumasar considerava, infatti, solo le congiunzioni medie e pertanto il prolungarsi delle congiunzioni nella medesima triplicità non era di 240 anni, come egli affermava, ma meno di 200 anni.

Nel testo dell'astrologo arabo, secondo Ciruelo, c'erano molti altri errori e diverse affermazioni espresse senza una reale motivazione. In proposito, i teologi parigini, esaminato bene il libro di Albumasar, lo soprannominarono *"archidivinator"*, condannando non solo il libro ma anche l'autore stesso per le sue affermazioni.

L'opera di Albumasar contaminò tutto il Rinascimento tramite le traduzioni latine di Giovanni di Siviglia e di Ermanno di Carinzia.

Con l'arrivo dell'umanesimo ci fu il recupero dei testi Antichi soprattutto quelli greci che erano poco conosciuti in Europa e l'astrologia entrò nella fase riflessiva grazie a Marsilio Ficino. Egli condannerà il determinismo di un certo tipo di astrologia e promuoverà l'idea di un uomo libero dagli eventi annunciati dal Cielo. Fu una fase storica quella del 500 in cui si cercò di ritornare alle origini con i testi di Tolomeo depurati dagli influssi arabi e medievali che ne avevano modificato profondamente il contenuto originario. L'interesse verso la Teoria delle Congiunzioni, via via, si affievolì a favore delle nuove posizioni non deterministiche della disciplina anche per replicare alle accuse, diffuse e insidiose, che l'astrologia tendeva a negare il libero arbitrio oltre a predire l'arrivo della sesta religione a danno delle altre.

Sisto V, anche per le questioni politiche e religiose viste in precedenza, emanò la bolla *"Coeli et terae"* contro le arti divinatorie nel 1586, seguito dal papa Urbano VIII con *"Inscrutabilis"*.

La rivoluzione astronomica e l'affermarsi della meccanica newtoniana decretò la decadenza dell'astrologia portandola al suo lungo silenzio dopo il fervore del Rinascimento e, con essa, anche la Teoria delle Congiunzioni Giove-Saturno si persero le tracce nel Tempo.

Non si hanno notizie da secoli, da quando emerse durante il periodo del Ciclo d'Aria del 1226-1424.

Oggi ricompare attraverso alcune recenti pubblicazioni che ne ripercorrono la storia e il pensiero direttamente dalle fonti originali.

Tutto questo, accade a ridosso della nuova Triplicità con l'inizio del Ciclo d'Aria del 2020-2218 che, come vedremo, è in relazione con il precedente avvenuto 800(i) anni prima.

Universis, riprende la Teoria delle Congiunzioni apportando alcune modifiche ed evolvendola verso una nuova prospettiva come vedremo nel prossimo capitolo.

[1] Astrology of the World vol.II: Revolutions & History, Benjamin N. Dykes, The Cazimi Press , 2014

[2] La Teoria delle con-giunzioni Giove-Saturno tra Tardo Antico e Alto Medioevo, Stefano Buscherini, online http://amsdottorato.unibo.it/, 2007

[3] La storia astrologica universale: l'oroscopo delle religioni tra Medioevo e Rinascimento, Graziella Federici Vescovini, online www.academia.edu, 2015

[4][5][7] La piccola introduzione alla scienza degli astri, Albumasar tradotto da Franco Martarello, Agorà, 2018

[6] L'Astrologia, Will E. Peuckert, Mediterranee, 1983

[8] Lo zodiaco della vita. la polemica sull'astrologia dal Trecento al Cinquecento , Eugenio Garin, Laterza, 1976

[9] fonte: http://www.cieloeterra.it/testi.ciruelo/ciruelo.html

1.3 La Teoria delle Congiunzioni Giove-Saturno in Universis.

In astrologia, tutto inizia con le strutture e, i modelli che creano, costituiscono spiegazioni semplificate quanto articolate del significato simbolico delle quattro dimensioni astrologiche: pianeti, case, cicli, zodiaco. Tutti insieme rappresentano modelli strutturalmente organizzati e finalizzati alla comprensione del *'messaggio celeste'*.
In questo senso, il Ciclo Giove-Saturno diventa un chiaro esempio di una struttura organizzata che prende vita da una serie di congiunzioni che si ripetono nel Tempo. Analizzare la loro sequenza ci mette in contatto con una dimensione temporale completamente differente del trascorrere del Tempo ordinario: ci sono processi e relazioni che interagiscono e si passano *informazioni*. Quest'ultime si possono osservare solo nel lungo e non nel breve-medio periodo.
Carlo Rovelli, fisico teorico impegnato allo sviluppo della Teoria quantistica dei Loop, ne "L'ordine del tempo"[1] ci ricorda quanto *"[...] la struttura temporale del mondo sia diversa dall'immagine ingenua che ne abbiamo [...] è adatta alla nostra realtà quotidiana ma non è adatta per comprendere il mondo nelle sue pieghe minute o nella sua vastità [...]"*.
Prendere in considerazione il Ciclo delle congiunzioni di Giove-Saturno ci mette in contatto con una scala temporale che abbraccia non solo i decenni ma anche i secoli e i millenni. Ma non solo, ci permette di creare delle correlazioni tra differenti epoche storiche perché il nostro panorama temporale si allarga. Ci permette di selezionare 'frazioni' di Tempo attraverso la corrispondenza Ciclica degli Elementi che prendono vita dalla sequenza Giove-Saturno.
In merito allo schema ciclico dei due pianeti, abbiamo:
– un periodo di 20 anni, che è l'intervallo tra una congiunzione e l'altra;
– un periodo di 60 anni, che è il completamento delle congiunzioni nei tre segni della medesima Triplicità;
– il Ciclo dei 60 anni che si ripete diverse volte nella stessa Triplicità per un periodo di 200(i) anni;
– terminato il Ciclo dei 200(i) anni, si congiungeranno nella Triplicità successiva;

– una volta che il Ciclo ha descritto tutte e Quattro le Triplicità, ricomincia una nuova sequenza. L'arco di Tempo che impiega per ritornare nello stesso Elemento è di 800(i) anni.

Inoltre, la Tradizione ricorda che le congiunzioni si dividono in:

– Grandi: quando hanno un arco di Tempo millenario e quando i due pianeti tornano a congiungersi nello stesso grado di un segno, inaugurando l'inizio di un nuovo Ciclo di congiunzioni;

– Medie: se indicano il passaggio di Triplicità (circa 200(i) anni);

– Piccole: quando avvengono all'interno di una Triplicità (circa ogni 20 anni) e il loro significato dipende dalla congiunzione Media.

I Cicli connettono un insieme di processi, evidenziano delle sequenze ritmiche e costanti nel Tempo, producono nuove *informazioni* e nuove *relazioni* solo se vengono considerati con ampi riferimenti temporali e se si ha un modello che le possa evidenziare.

Giove e Saturno, nel loro peregrinare nei Cieli, diventano un punto di riferimento per strutturare un Ciclo costante basato sugli Elementi. Questo permette di evidenziare nuove *informazioni* sulla natura stessa del Ciclo dei due pianeti.

"[...] La nozione scientifica di informazione è stata chiarita da Claude Shannon, matematico e ingegnere, nel 1948: l'informazione è una misura del numero di alternative possibili per qualcosa. La descrizione di un sistema, alla fine dei conti, non è che un modo di riassumere tutte le interazioni passate con quel sistema e di cercare di organizzarle in maniera tale da poter prevedere quale possa essere l'effetto di interazioni future [...]" riporta Carlo Rovelli in "La realtà non è come ci appare".[2]

Passato, presente, futuro sono contesti temporali che possiamo strutturare e, il Ciclo delle congiunzioni di Giove-Saturno, ci permette di farlo in virtù della sua regolarità ritmica. Ci permette di utilizzare l'altro Ciclo che prende vita: quello degli Elementi con cui potremo mettere in relazione diversi periodi storici tra di loro 'saltando' interi archi temporali per individuare correlazioni significative in termini previsionali.

Con Universis il passato ci parlerà del futuro.

Lo vedremo meglio quando si affermerà che il Ciclo d'Aria del 2020-2218 sarà collegato al Ciclo d'Aria del 1226-1424 che a sua volta fu collegato al Ciclo precedente del 392-570 e.c. (era comune). Tutti sono collegati tra di loro in base allo stesso Elemento di appartenenza.

Questa dinamica, nella scienza fisica, avviene in qualunque momento e in qualunque luogo perché è presente una struttura di rete interconnessa.

André Barbault in "Il pronostico sperimentale in astrologia"[3] affermava che occorre un metodo che integri la previsione astrologica nel quadro di una legge di interdipendenze: *"[...] Una teoria moderna dell'astrologia, oltre ad una spiegazione ipotetica dell'integrazione dei ritmi planetari con la materia viva (spiegazione che dipende dalla fisica e dalla biologia), deve essere in grado di produrre ipotesi sul possibile funzionamento di questi processi, e soprattutto trarre conseguenze quanto al modello astrologico raccomandato [...]".*

Le riflessioni e gli studi dell'astrologo francese sono incentrati sull'analisi dei *Cicli Planetari* ma in Universis si evidenzieranno i *Cicli degli Elementi* che descrivono un ambiente d'indagine astrosociostorico differente e che faranno uso, inevitabilmente, di un linguaggio differente.

Ancora una volta, Barbault, ci aiuta a ricordare che *"[...] esistono molti modi di ragionare. Ogni metodo è una derivazione di uno specifico modo di affrontare la realtà: quella stessa realtà che tutti hanno sotto gli occhi ma di cui notano solo precisi aspetti piuttosto che altri, per perseguire i propri fini. Il metodo, in quanto parte di una visione, ad essa ed alle sue conseguenze appartiene. Dal metodo si può quindi rilevare il paradigma interpretativo della realtà; ogni cosa mostra le sue tracce [...]".*[4]

Con l'uso del Ciclo degli Elementi si riorganizza anche la struttura del linguaggio e della conoscenza, ciò comporta anche una rivalutazione dei concetti, l'uso di una nuova terminologia che Universis richiederà nel descrivere il suo modello interpretativo degli eventi storici.

Le parole di Barbault ci pongono inevitabilmente anche una domanda: perché i padri della Teoria della congiunzione Giove-Saturno non hanno preso in considerazione la sovra-struttura che prende vita dal loro Ciclo?

E' una sorpresa, infatti, scoprire che in passato non seguivano il Ciclo degli Elementi per verificare la loro influenza sulla Storia. Prima di tutto, possiamo dire che gli astrologi del passato non disponevano di un database di eventi storici. Quest'ultimo era limitato e circoscritto agli eventi religiosi del Tempo e alla successione dei sovrani e dei regni. Stiamo parlando di autori vissuti nel IX secolo.

Nei secoli successivi si incominciò a studiarla ma non a svilupparla ulteriormente come abbiamo visto nel capitolo precedente.

Poi, possiamo anche dire che non avevano a disposizione un software che fosse in grado di tracciare delle effemeridi precise come le abbiamo noi oggi. Sappiamo, infatti, che i loro calcoli erano approssimativi e, spesso, errati. Possiamo anche dire che la loro attenzione era focalizzata su altre dinamiche che prendevano in considerazione altri argomenti che sembravano, ai loro occhi, più significativi come quello di voler unificare la Teoria delle Congiunzioni con quella dell'Anno Cosmico.

Universis mette in primo piano ciò che era ritenuto secondario: gli Elementi.

Per farlo:

- *si basa sulle congiunzioni reali di Giove-Saturno e non su quelle medie;*
- *si basa sullo zodiaco tropicale e non su quello siderale.*

L'esatto contrario di come avveniva in passato e, tra l'altro, sono diversi gli autori che non si sono trovati d'accordo sul metodo tradizionale, primo tra tutti, Pedro Ciruelo nel XVI secolo che criticò la teoria pur accettandola come è stato visto nel capitolo precedente.

Non per ultimo l'approccio *"[...] si allontana dall'idea della infallibilità del responso astrologico della tradizione araba [...]"* per citare gli autori Germana Ernst e Guido Giglioni" in "Il linguaggio dei cieli, astri e simboli del rinascimento".[5]

In Universis, il Ciclo Planetario viene strutturato all'interno del Ciclo degli Elementi che faranno da cornice alla dinamica planetaria sottostante e che li attiva in termini simbolici.

Il susseguirsi degli Elementi segnala che il Cielo andrà a creare, via via, una nuova 'idea', una nuova 'immagine', che concepirà una nuova 'visione del mondo' e che lo farà attraverso il passaggio secolare delle Triplicità. Ogni Elemento ha una sua Qualità del Tempo, ha una sua caratteristica, ha una sua identità, ha una sua Legge di dominio che si farà sentire dal Macrocosmo al Microcosmo, dal Cielo all'Uomo e alla Storia.

Ogni Triplicità, in Universis, ha un suo *'Spirito del Tempo'* che sarà anche veicolato dai Cicli Planetari in quanto gerarchicamente inferiori al Ciclo degli Elementi. Saranno loro a dare una direzione al Tempo Storico nonché un significato più complesso ai transiti.

In accordo con la Tradizione, anche in Universis il Segno zodiacale che darà il via alla nuova Triplicità (congiunzione media), sarà colui che darà l'intera tonalità al Ciclo dell'Elemento interessato (congiunzioni piccole) e verrà considerato come il segno dominate.

L'analisi della carta astrologica eretta per uno dei momenti cruciali visti in precedenza, ci permetterà di comprendere l'essenza dello *Spirito del Tempo* che sarà concepito in quel momento storico.

Di recente abbiamo sperimentato il Ciclo di Terra 1842-2020 iniziato nel segno del Capricorno (Saturno dominate su Giove, in termini sia di Elemento che di Segno), ma dal 21.12.2020 ritornerà, dopo 800(i) anni, il Ciclo d'Aria con il segno dominate dell'Acquario (Giove dominate su Saturno in termini di Elemento ma non per Segno) fino al 2218 quando lascerà le consegne al nuovo Spirito del Tempo che nascerà dall'Elemento Acqua.

Le Triplicità contribuiscono a definire un periodo storico in termini culturali, economici, politici, sociali e spirituali ben differenti.

Se prendiamo in considerazione l'intero Ciclo di Triplicità, avremo quattro fasi storiche caratterizzate da uno Spirito del Tempo che avrà un'essenza completamente differente. Avremo infatti:

- l'Epoca del Fuoco (esempio 1603-1841) come la fase storica che potremmo chiamare l'*"Età Esplorativa"* visto che abbiamo un Elemento d'azione e attivo;

- l'Epoca della Terra (1842-2020) come la fase dell'*"Età Materiale"*;

- l'Epoca dell'Aria (2020-2218) che potremmo definire come l'*"Età Mentale"* così come avvenne nel suo Ciclo precedente del 1226-1424, fase storica che ha visto nascere l'Umanesimo e il primo Rinascimento;

- l'Epoca dell'Acqua (2219-2456) come la fase storica dell'*"Età Spirituale"*.

La Teoria delle congiunzioni Giove-Saturno viene considerata nell'ottica dello studio del Ciclo degli Elementi in quanto l'intento è quello di valorizzare lo schema sottostante della Teoria.

Le fasi successive dello sviluppo di Universis si concentreranno nell'articolazione e nella combinazione tra i Cicli degli Elementi, che prendono vita con il ciclo Giove-Saturno nonché le tecniche classiche con i Cicli Planetari di Giove, Saturno, Urano, Nettuno e Plutone.

Al momento Universis non è ancora giunto a un livello di sviluppo avanzato per poter integrare tutti gli aspetti in un'unità armonica.

Questa è una fase di ricerca in cui viene data la priorità alla formulazione di una base teorica per il suo utilizzo pratico. Viene richiesto uno *'spostamento mentale'*, un focus differente, un approccio che si inserisce in un contesto 2.0 che ha il suo fondamento nella *matematica* e nella *geometria*.

Avanzeremo, poi, nel campo della fisica, delle scienze cognitive, della storia, della sociologia, della filosofia, della psicologia per attingere nuove conoscenze da applicare a Universis procedendo attraverso il *'transfer'* disciplinare per poterlo adattare all'astrologia.

L'interdisciplinarità è la caratteristica su cui si baserà l'intero progetto di ricerca. Questo comporta anche una conseguenza: la nascita di nuovi termini linguistici e concetti differenti.

Universis si applica principalmente su un livello 'macro', organizza e struttura intervalli di Tempo.

Se questo rappresenta il suo punto di forza possiamo identificare anche il suo punto debole, ossia, la visione 'micro' negli archi di Tempo degli eventi rappresentati dai Cicli Planetari che, di contro, evidenziano tutta la loro forza come ha dimostrato l'astrologo francese André Barbault.

Quando si parla di Universis, occorre sempre tener distinti due ambienti di ricerca:

- uno è basato sul **Ciclo degli Elementi** che trae origine dalle congiunzioni Giove-Saturno ma che non prende informazioni dal Ciclo stesso se non per la cadenza degli Elementi;

- l'altro è basato propriamente sul **Ciclo Giove-Saturno** in termini di significato planetario/aspetto/segno.

Questi due ambienti, aree, non vanno né confusi né sovrapposti. Occorre procedere prima in senso di *separazione* e successivamente in senso di *unificazione* dei significati in base alle scale e ai livelli di significato su cui si vuole operare.

Si tratta di processi differenti che usano scale temporali diverse all'interno di una interdipendenza globale circolare, quella che riguarda non solo il passaggio delle Triplicità ma anche all'interno della stessa Triplicità.

Una volta compreso che un periodo temporale è caratterizzato da un certo Elemento con la sua identità ben definita, caratteristiche, qualità, aspetto del Ciclo, fasi interne del Ciclo, dominate del Ciclo (per segno e per Elemento) si potrà procedere all'analisi del Ciclo Giove-Saturno subordinato al Ciclo degli Elementi.

Terminata questa fase, occorrerebbe integrare gli altri Cicli Planetari più importanti (ad esempio, Urano-Nettuno e così via).

Per comprendere l'importanza delle relazioni temporali, tra periodi storici lontani nel Tempo è sufficiente pensare che in base alla suddivisione degli Elementi, lo schema viene evidenziato velocemente rispetto alla sequenza dei Cicli Planetari. Quando si afferma che il Ciclo Aria del 2020 è collegato al Ciclo precedente del 1226, lo si osserva direttamente nella sequenza temporale tornando indietro di solo 3 Elementi nel Tempo. Considerando, invece i Cicli Planetari, significa affermare che ci sono ben 42 congiunzioni di Giove-Saturno tra il 1226 e il 2020. E' difficile poter osservare una correlazione, un legame e una relazione tra eventi che sembrano così lontani e slegati nel Tempo rispetto una visione che promuove Universis che evidenzia una sequenza Ciclica in un arco temporale che permette di effettuare delle analisi di collegamento.

Se osserviamo la Storia con i Cicli Planetari ci dobbiamo spostare di ben 42 unità temporali rispetto alle 3 unità composte dagli Elementi.

E' una questione di prospettiva che può essere colta attraverso un modello strutturato che contiene in sé sia aspetti Macro (gli Elementi) quanto gli aspetti Micro (i Pianeti).

L'obiettivo è quello di evidenziare una dinamica macro-temporale assente nell'attuale panorama dell'astrologia mondiale, di evidenziare la presenza di un modello latente che permette di strutturare un insieme di *informazioni* a più ampio respiro. Infine, quello di offrire attraverso la Teoria delle congiunzioni Giove-Saturno, un nuovo orizzonte di ricerca che può essere sviluppato solo con l'ausilio della interdisciplinarità. Inevitabili le ripercussioni di natura filosofica e metafisica che finiscono per abbracciare il Tempo e lo Spazio.

Entrando in contatto con i grandi Cicli temporali, inevitabilmente si finisce per incontrare un altro grande tema: *"[...] La teoria dell'Anno Cosmico si basa sull'idea che un grande intervallo di tempo misuri le età del mondo. Ogni cultura ha attribuito valori diversi a questo intervallo e ha costruito su di esso la storia del mondo. Gli astrologi antichi, soprattutto quelli arabi, hanno scandito poi questo periodo con le congiunzioni di Giove e Saturno [...]"* leggiamo in "La teoria delle congiunzioni Giove-Saturno tra Tardo Antico e Alto Medioevo"[6] di Stefano Buscherini.

Ritorneremo e affronteremo anche l'argomento dell'Anno Cosmico o Grande Anno, in quanto costituisco anche loro una tappa di ricerca e di sviluppo nei diversi livelli di analisi temporale operata da Universis.

[1] L'ordine del tempo, C. Rovelli, Adelphi, 2017
[2] La realtà non è come ci appare, C. Rovelli, Cortina Raffaello, 2014
[3][4] Il pronostico sperimentale in astrologia, A. Barbault, Mursia, 1979
[5] Il linguaggio dei cieli, astri e simboli del rinascimento, Germana Ernst e Guido Giglioni, Carrocci, 2012
[6] La teoria delle congiunzioni Giove-Saturno tra Tardo Antico e Alto Medioevo, Stefano Buscherini

1.4 Teoria e Modelli nella Scienza.

"L'astrologia rappresenta uno dei più grandiosi tentativi dello spirito umano per dare una rappresentazione d'insieme del mondo" affermava nel 1922 Ernst Cassirer (1874-1945) filosofo tedesco.

Il mondo costituisce un gigantesco organismo le cui parti sono collegate tra loro mediante uno scambio continuo, sostiene Will-Erich Peuckert in "L'Astrologia"[1].

L'astrofisico Stephen Hawking ci ricorda che *"Non abbiamo mai una visione della realtà che sia indipendente da un modello"*.

Il modello è tutto, ci fa da guida, ci permette di dare senso e significato non solo al nostro ambiente ma anche alla nostra conoscenza.

Un modello, con le sue strutture e caratteristiche, permette di indagare l'ignoto a partire da ciò che conosciamo, un modello che il più delle volte emerge, si rivela, prende forma in funzione allo stato di coscienza della persona che sta indagando ad una sua eventuale presenza e che cerca di identificarlo cercando le sue tracce invisibili tra le cose visibili.

Nella ricerca è utile, spesso, provare a separare ciò che è unito per poi ri-unire in una nuova sequenza tutte le componenti per vedere se la nuova disposizione può offrire delle *informazioni* aggiuntive.

Universis si colloca in questa prospettiva, ha diviso fino a spogliare completamente la conoscenza astrologica per identificare i mattoni base che la costituiscono e che la tengono in piedi: la *geometria* e la *matematica*.

Entrambe sono discipline che i Primi Uomini e i Padri dell'astrologia hanno usato per dar vita al modello zodiacale che si è evoluto nel Tempo e che oggi utilizziamo senza porci le domande degli Antenati. Tutto è alquanto scontato e dato per certo.

Ma cos'è un 'modello' c'è da chiedersi a questo punto in un contesto astrologico e perché affrontare argomenti che sembrano così lontani dalla disciplina?

Tutti noi, costruiamo modelli. Lo facciamo nella nostra vita quotidiana, ci facciamo un'idea (teoria) e, in base al significato che gli attribuiamo, ci creiamo una realtà (modello) o, almeno, un'interpretazione di essa.

Universis è una teoria che si avvale di un 'modello'. Occorre, quindi, comprendere la sua funzionalità. Le persone che non conoscono i metodi scientifici, possono avere credenze simili sulla definizione di *teoria* e di *modello* ma hanno significative differenze nel trovarsi d'accordo su quali siano i fattori più importanti nella gerarchia degli elementi di una ricerca. Diventa utile, quindi, identificare il loro significato nell'ambito scientifico per avere maggiore chiarezza sulla loro funzionalità. Questo anche perché in Universis si fa ampiamente uso sia della *teoria* quanto del *modello* nella descrizione dei 5 Livelli di analisi che vedono, via via, aumentare il suo livello di astrazione nello studio delle corrispondenze celesti con gli eventi storici attraverso il Ciclo degli Elementi.

Per affrontare questo argomento saranno utili le riflessioni di Stephen Hawking, di Leonard Mlodinow e, in particolare, di John G. Wacker con il suo articolo *"A definition of theory: research guidelines for different theory-building research methods in operations management"*[2] in cui vengono esposti gli indicatori che permettono di dar vita a una *"buona teoria"*, passo dopo passo.

L'autore inizia a definire un modello come una visione semplificata di un particolare fenomeno, troppo grande, troppo piccolo o troppo complicato per essere analizzato nel dettaglio da cui, poi, nasce una teoria e viceversa.

Con l'avvento della meccanica quantistica si è riconosciuto che gli eventi, i fenomeni, non possono essere predetti con un'accuratezza assoluta perché rimane sempre un certo grado di 'indeterminazione', ci ricorda Stephen Hawking nel libro "La Grande Storia del Tempo. Guida ai misteri del cosmo"[3].

Per questo motivo, non possono esistere modelli né giusti né sbagliati, ma solo modelli più o meno appropriati. In fisica, la costruzione di un modello, è il centro di ogni attività scientifica.

"[...] Se due teorie o modelli predicono con esattezza gli stessi eventi non si può affermare che uno sia più reale dell'altro, si è invece liberi di usare il modello più conveniente [...]"[4], affermano Stephen Hawking e Leonard Mlodinow.

È necessario però specificare che un modello, quanto una teoria, non è mai corretta o completa in modo assoluto.

S. Hawking e L. Mlodinow ne "Il Grande Disegno"[5] sono concordi nell'affermare che *"[...] una teoria fisica o descrizione del mondo è un modello unito a un insieme di regole che connettono gli elementi del modello [...]"*.

Si comprende, quindi, che una teoria è una serie ordinata di affermazioni riguardanti un modello o struttura, la quale conserva la sua validità anche in un'ampia gamma di situazioni e che può non solo identificarli ma può anche spiegarli. Spesso accade che una nuova teoria sia in realtà solo un'estensione di una teoria precedente.

All'inizio, il modello che si vuole rappresentare o una linea teorica che va a sostenere il modello o che intende crearlo, esiste solo nella nostra mente e che non ha nessun'altra realtà. Occorre procedere alla costruzione e alla sua descrizione per poter rispondere alle domande: *cosa, come, quando* e *perché.*

In fisica, si definisce una *'buona teoria'* quando è unica, duratura, generale, semplice, coerente, feconda (capacità di generare nuovi modelli), rischiosa (capacità di essere altamente falsificabile nelle sue previsioni).

Nella "Grande Storia del Tempo. Guida ai misteri del cosmo"[6] possiamo trovare elementi utili a chiarire questo aspetto. L'astrofisico Hawking afferma che: *"[...] Una teoria, per essere una buona teoria scientifica, deve soddisfare due requisiti:*

- deve descrivere accuratamente un ampio insieme di osservazioni empiriche sulla base di un modello che contenga solo pochi elementi arbitrari;

- deve formulare predizioni ben definite sui risultati di future osservazioni [...]".

Karl Popper (1902-1994), filosofo della scienza, sottolinea che una 'buona teoria' è quella che produce un alto numero di predizioni suscettibili, in linea di principio, di essere confutate o falsificate dall'osservazione.

Altre qualità vengono aggiunge alla teoria/modello che viene ritenuto soddisfacente se:

- è elegante;

- è in accordo con tutte le osservazioni esistenti e le spiega;

- fa predizioni particolareggiate su osservazioni future che possono confutare il modello se non sono confermate.

L'*"eleganza"* è tenuta in gran conto dagli scienziati perché scopo delle leggi di natura è di condensare in modo economico un certo numero di casi particolari in una semplice formula. L'*eleganza* si riferisce alla forma di una teoria ma è strettamente connessa all'assenza di elementi modificabili in quanto una teoria piena di fattori arbitrari non è molto elegante affermano gli autori ne "Il Grande Disegno"[6].

L'aspetto dell'*eleganza* verrà ripresa nei capitoli 'La basi astrologiche: la matematica e la geometria' e ne 'Il pensiero geometrico'. Individui come Keplero, Galileo Galilei, il matematico Colin Adams e S. Chandrasekar nel libro "Verità e bellezza. Le ragioni dell'estetica nella scienza"[7], per citare alcuni esempi, ne sottolineano l'importanza. Una caratteristica quella estetica poco scientifica si direbbe ma che in realtà riveste un ruolo fondamentale nell'accettazione di un modello e di una teoria. Ci sono ampi testi di letteratura scientifica che parlano di questo argomento.

Nella ricerca delle leggi che governano l'Universo sono state formulate diverse teorie o modelli: la teoria dei quattro elementi, il modello tolemaico, il modello copernicano, il modello di Newton, la teoria della relatività, quella dei quanti, quella del big bang, quella delle stringhe e via dicendo. Con l'avvento di ciascuna teoria, la nostra concezione della realtà è cambiata.

John G. Wacker in *"A definition of theory: research guidelines for different theory-building research methods in operations management"* [8] del Department of Management, Iowa State University ci aiuta a comprendere come gli accademici vedono le teorie come:

1. definizioni di termini;
2. un dominio in cui il teoria si applica;
3. un insieme di relazioni di variabili;
4. affermazioni specifiche di previsioni specifiche.

Queste componenti sono essenziali nella costruzione di una *buona teoria* perché l'obiettivo principale è quello di rispondere alle domande sul *come, quando, dove e perché* di un evento.

Tramite lo studio di John G. Wacker si cercherà di spiegare alcune componenti teoriche e strutturali di Universis, si comprenderà la necessità di aver suddiviso il modello in 5 Livelli, partendo da uno stadio semplice per poi arrivare a quello più complesso. Questo capitolo ha il compito di chiarire il contesto in cui viene formulata l'ipotesi di ricerca di Universis che si inserisce perfettamente nella modalità scientifica nello studio dei fenomeni.

La scienza fa uso di modelli, l'astrologia pure.

Tramite i modelli si possono rappresentare delle realtà in cui possiamo identificare nuove aree di conoscenza, scientifica o filosofica o astrologica che sia.

John G. Wacker identifica delle linee guida per una teoria che dovrà avere caratteristiche di:

- **Generalità**: ossia più aree in cui può essere applicata. Se una teoria può essere applicata in diversi contesti la teoria è ritenuta migliore poiché può essere applicata in modo più esteso. Le teorie che hanno questa natura hanno più importanza rispetto a quelle che si possono applicare solo in determinati contesti di ricerca. In Universis potremo vedere questa caratteristica nell'analisi dei diversi fenomeni presi in considerazione.

- **Fecondità**: si dice che una teoria è feconda quando la sua formulazione espande l'area di indagine originando modelli e ipotesi migliori di analisi di un fenomeno. Il rasoio di Ockham, inoltre, ci ricorda che la nozione più semplice è la spiegazione migliore e, quindi, lo è anche la sua teoria. Allo stesso tempo impedisce alle teorie di diventare troppo complesse e, quindi, incomprensibili. Universis permette di indagare diverse aree utilizzando sempre un unico modello che assume significati diversi in virtù dei suoi 5 Livelli di analisi, come si vedrà successivamente.

- **Coerenza interna**: significa che la teoria ha identificato delle relazioni e riesce a fornire una spiegazione adeguata. Più una teoria riesce a spiegare logicamente le dinamiche di un evento e riesce, nello stesso tempo, a predire l'evento futuro, migliore è la teoria rispetto ad un'altra che non riesce a farlo. Universis fa propria questa caratteristica.

- **Rischio empirico**: visto già in precedenza, ossia, più è alto il numero di previsioni che una teoria è in grado di produrre, più è alto il suo grado per essere confutata. In Universis la base empirica è fornita dagli eventi astrostorici che vengono rappresentati attraverso dei modelli che possono essere smentiti. Il suo rischio di falsificazione è molto alto.

- **Astrazione**: il livello di astrazione della teoria significa che è indipendente dal Tempo e dallo Spazio. Raggiunge questa indipendenza includendo più relazioni. Universis ha la proprietà di essere applicato in qualsiasi condizione di Tempo e di Spazio in quanto il suo Livello 1, la sua struttura base, rimane inalterata nei livelli successivi.

Per chiarire questa caratteristica fondamentale su cui si basa Universis, occorre approfondire la caratteristica che John G. Wacker ha chiamato *"astrazione".*

L'autore, segnala che la struttura di astrazione di un modello è classificata in: *alta, media* e *bassa*.

Teorie con un alto livello di astrazione sono quelle teorie generali che possono avere alla portata un numero quasi illimitato di applicazioni in diversi ambienti di indagine.

Teorie con un medio livello di astrazione tendono a spiegare, invece, un insiemi di fenomeni che servono da materiale per costruire una teoria che ha un raggio d'azione più limitato in ambienti più specifici connessi tra di loro.

Infine, le teorie con un basso livello di astrazione rappresentano delle generalizzazioni di portata molto limitata e che servono ad identificare semplici relazioni tra fenomeni.

Questi tre livelli sono punti su un unico continuum di astrazione dice John G. Wacker.

Quando ci troviamo a un basso livello di astrazione, la teoria può essere applicata direttamente a un caso specifico con facilità. Tuttavia, *"[...] l'utilità del basso livello di astrazione di una teoria è limitata per essere usata per gli accademici e i professionisti perché nella maggior parte dei casi, la teoria non può essere applicata in quanto le definizioni e il dominio sono così stretti che la teoria si applica solo a poche istanze [...]"*[9].

Queste teorie, nell'esposizione di John G. Wacker, possono essere usate per costruire teorie che abbiano un livello medio di astrazione che, a loro volta, possono condurre a teorie con un elevato livello di astrazione finale. Raggiunto questo stadio, una teoria ha un'ampia gamma di applicazioni in ambienti diversi.

Di conseguenza, un obiettivo importante della costruzione della teoria è quello di far avanzare la teoria/modello dal livello di astrazione più basso per portarlo a quello medio e, successivamente, se risulta possibile, a un livello più alto di astrazione.

Questa progressione da va dal basso, verso il medio e verso l'alto si chiama *"arrampicata"* della teoria.

La nuova teoria genera anche nuove definizioni che devono dimostrare perché le definizioni attuali non sono più adeguate. Lo sviluppo delle nuove definizioni permette di non essere confuse con quelle precedenti e, questo processo, origina anche un nuovo linguaggio e una nuova terminologia che la teoria porta con sé.

Questi argomenti diventano esplicativi e si chiariscono sempre di più procedendo verso l'evoluzione del modello Universis. Si comprenderà il valore di ogni singolo livello di astrazione, dal più basso identificato nel Livello 1 al livello più alto rappresentato dal Livello 5 nonché l'uso di una nuova terminologia che accompagnerà questo processo di costruzione teorica.

Per riassumere, possiamo dire che la ricerca della costruzione di una teoria/modello occorre definire con cura i concetti, identificare un dominio/ambiente in cui si applica, spiegare *come* e *perché* le relazioni esistono e quindi predire l'evento di fenomeni oltre ad aver spiegato quelli precedenti sulle nuove basi teoriche.

Inoltre, sarà in grado di spiegare *"chi, cosa, quando, dove"* certi fenomeni, eventi, si verificheranno.

L'obiettivo finale di una teoria è quello di costruire un corpo integrato di conoscenza da applicare in diversi ambienti e in diverse situazioni.

Ritorniamo per un attimo agli autori Stephen Hawking e Leonard Mlodinow con i testi de "La Grande Storia del Tempo" e "Il Grande Disegno".

Gli autori ci ricordano che una teoria è soltanto un modello e un insieme di regole che mettono in relazione dei fenomeni con cui creiamo e rappresentiamo la nostra realtà.

Oggi gli scienziati descrivono l'Universo nei termini di due teorie fondamentali: la relatività generale e la meccanica quantistica. Uno degli sforzi della fisica odierna è quello della ricerca di una nuova teoria che le includa entrambe:

"[...] Quando combiniamo le due teorie sembra affacciarsi una nuova possibilità mai emersa prima: che lo spazio e il tempo possono formare insieme uno spazio-tempo quadrimensionale finito, senza singolarità o confini, simile alla superficie della Terra ma con un maggior numero di dimensioni. Essa spiegherebbe l'uniformità dell'Universo su larga scala e le deviazioni che si riscontrano su scala ridotta [...]".

Il fine ultimo della scienza è quello di fornire una singola teoria che sia in grado di descrivere l'intero Universo. Vista la difficoltà di trovare la Teoria M[10], si scompone il problema in varie parti e si creano diverse teorie parziali.

Le informazioni racchiuse nello zodiaco potrebbero, se codificate in un sistema di riferimento che tenga conto anche delle nuove scoperte in campo fisico, biologico, cosmologico, svelarci qualcosa di molto interessante oltre a rivedere le informazioni offerte dalla matematica e dalla geometria. Abbiamo visto fin qui, cosa sia la teoria e il modello nel contesto della scienza. Vedremo, nel prossimo capitolo, il suo significato nel contesto dell'astrologia precisamente nel contesto dell'astrologia mondiale in cui si cercherà di individuare una struttura che possa contenere e raccogliere le dinamiche degli eventi celesti con le vicende umane nel corso del Tempo.

---

[1] L'Astrologia, Will-Erich Peuckert, Mediterranee, 1980
[2][8][9] A definition of theory: research guidelines for different theory-building research methods in operations management, John G. Wacker, online Journal of Operations Management 16 (1998) 361–385
[3][4] La Grande Storia del Tempo. Guida ai misteri del cosmo, S. Hawking e L. Mlodinow, BUR, 2015
[5][6] Il Grande Disegno, S. Hawking e L. Mlodinow, Mondadori, 2017
[7] Verità e bellezza. Le ragioni dell'estetica nella scienza, Subrahmanyan Chandrasekhar, Garzanti, 1990
[10] In fisica teorica la teoria M (dall'inglese M-theory) è una possibile teoria del tutto.
Il significato della lettera "M", che accompagna il nome della teoria, è stato oggetto di discussioni alla cui base è l'indecisione su di esso del suo stesso promotore, il fisico teorico Edward Witten. In origine, la lettera "M" stava per membrana (abbreviato in "brana"). Il fisico optò per un generico "teoria M" perché era il più scettico tra i suoi colleghi riguardo alla natura di tali membrane. Witten lasciò così il significato della "M" alla libera interpretazione del lettore, che poteva scegliere fra "magia", "mistero", "matrice" o (teoria) "madre". Fonte: Wikipedia

1.5 Teoria e Modelli in Astrologia.

"[...] Il centro dell'astrologia sono le nozioni di tempo, di spazio e di ordine [...]" scrive W. E. Peuckert in "L'astrologia"[1].
Ma cosa significa tutto questo? Cerchiamo di capirlo in questo capitolo.
Fin dai suoi inizi, l'astrologia ha incontrato strutture di riferimento che hanno creato modelli d'interpretazione:
- quella dello Zodiaco che struttura i Segni;
- quella di Dominio che struttura le Case;
- quella Planetaria che struttura i Pianeti/Aspetti;
- quella dei Cicli che struttura il Tempo/Ere;
Queste quattro strutture fondamentali, basate sulla matematica e la geometria, hanno permesso la costruzione di modelli per studiare il Tempo e lo Spazio astrologico. Il focus centrale della disciplina astrale è, dunque, *'strutturato per quattro'*.
Sapersi orientare significa avere a disposizione un modello che permette di riconoscere un fenomeno, di identificarlo e di interpretarlo.
La caratteristica della *struttura* astrologica è la sua periodicità di natura ciclica che si realizza all'interno di una figura rappresentata dal 'cerchio' che dona omogeneità e coerenza a tutte le quattro componenti oltre a saper offrire una visione d'insieme.
La *struttura* permette di realizzare l'analisi astrologica che è finalizzata a comprendere la natura dell'evento celeste che si realizza nel suo ritmo Ciclico in rapporto all'Uomo.
Nel contesto dell'astrologia genetliaca, ossia lo studio del tema natale individuale, la struttura con i suoi modelli sono applicati nella stessa modalità da secoli. Hanno subito poche variazioni da quando i Padri fondatori e gli astrologi del passato hanno posto le prime basi interpretative. Non si avverte la necessità di modificare la struttura base, viene applicata senza, forse, conoscere la sua origine storica del *'perché'* e del per *'come'* sia così e non in un altro modo. Porsi la domanda a questo livello sugli argomenti che trattano *modelli* e *struttura*, non è utile, anzi, può sembrare anche fuori luogo.
Tuttavia, nel contesto dell'astrologia mondiale, tali domande investono l'astrologo che si confronta con gli eventi storici ad ampio respiro temporale nel cercar di dare un ordine al percorso evolutivo dell'umanità.

Lo fa cercando un legame, una relazione tra l'evento celeste e l'evento storico, esplorando interi archi di Tempo, dal Ciclo annuale al Ciclo millenario. Cerca di tessere la sua tela così come fa un ragno per 'imprigionare' la contemporaneità di un sussulto celeste con quello terrestre.

In passato, lo si è fatto principalmente con la Teoria della congiunzione Giove-Saturno che non ha mai smesso di suscitare interesse nel corso dei secoli e che, attraverso i secoli, ci è arrivata quasi completamente inalterata dalle sue origini arabe. Studiata, indagata, applicata ma mai più rielaborata. La si è ritenuta completa ed esaustiva con i suoi pregi e difetti. Semplicemente, non aveva più nulla da dire, così sembrava.

La riformulazione che avverrà in Universis aiuterà a comprendere che non solo la Teoria congiunzionista ha ancora molto da offrire ma che può essere anche ulteriormente sviluppata e rinnovata con le conoscenze acquisita dall'uomo moderno.

Ciò avverrà così come è sempre avvenuto in passato, ossia, partendo dai mattoni fondamentali su cui poggia l'intero edificio astrologico: la *matematica* e la *geometria*.

L'astrologia mondiale ha fatto passi da gigante grazie all'astrologo francese André Barbault, vero pioniere a riformulare lo studio e la ricerca in quest'ambito della disciplina. Non a caso, è riconosciuto universalmente come il fondatore della nuova astrologia mondiale avvenuta con il contributo degli studi dei Cicli Planetari e nell'individuazione dell'Indice Ciclico Planetario. Questi strumenti hanno permesso previsioni e analisi molto efficienti nel corso degli anni.

Non si può non partire da lui per il grande contributo che ha saputo donare alla conoscenza astrologica sia mondiale che genetliaca.

Barbault è stato un punto fermo nel settore della ricerca pura e ci ha lasciato in eredità un ampio materiale per comprendere cosa sia una *teoria* e cosa sia un *modello* nell'ambito astrologico. Nei suoi studi, ha tracciato una linea guida indispensabile quando ci si confronta con fenomeni ad ampio respiro come la Storia in quanto, la finalità dell'astrologia mondiale, è la previsione che ha le sue radici nella comprensione delle vicende del passato.

I suoi studi si sono concentrati sulle grandi congiunzioni in quanto *"[...] ogni inizio o rinascita del cielo genera un inizio o una rinascita sulla Terra [...]"* affermava in "L'astrologia e l'avvenire del Mondo"[2]. Da qui, l'uso dei

Cicli Planetari utilizzati da Barbault che sono lo strumento più sicuro e affidabile anche se, la molteplicità delle correlazioni e l'ampio numero dei Cicli, possono non solo produrre interferenze ma anche un'ambivalenza nelle interpretazioni sia che si tratti delle congiunzioni sia che si tratti delle opposizioni planetarie riconosce l'autore. Quindi *"[...] conviene esaminare i rapporti degli astri e della storia e mettere in evidenza la riproduzione dei sincronismi. Solo dopo aver confrontato i precedenti astronomici e storici dello stesso tipo, evidenziando in seguito i parallelismi tra le evoluzioni storiche e i movimenti planetari allineati secondo una stessa cadenza e ritmati da una stessa periodicità, saremo in grado di stabilire, tra queste due serie di fenomeni, una relazione che, dall'apparizione di un fenomeno celeste, ci permetta di dedurre la probabile insorgenza di un fenomeno storico corrispondente [...]".* [3]

Questo modo di procedere è definito *"correlazione"*, ci troviamo in un contesto in cui la ripetizione concatenante di un ordine ritmato risulta essere fondamentale.

La 'correlazione', ci segnala l'autore, permette di seguire l'evoluzione di un evento celeste che dal passato si sposta verso il futuro. Nello stesso tempo, permette di dimostrare che *"[...] il dato astrale incriminato è realmente all'origine dell'avvenimento, dell'incontro riuscito tra previsione e storia [...]".* [4]

Questo è possibile perché esiste un'unità ritmica del Tempo che deriva dal movimento dei pianeti che si ripete ciclicamente.

Grazie ai Cicli Planetari, Barbault ha evidenziato come questo fenomeno corrisponda al percorso continuo di un processo storico che si snoda lungo diverse fasi, dall'inizio alla fine. Esprime questo concetto attraverso l'utilizzo degli aspetti planetari che iniziano e che finiscono con la congiunzione.

"[...] Non basta formulare un pronostico giusto: bisogna anche sapere con quali sistemi lo si è ottenuto, il suo interesse scientifico consiste nello studio della maniera in cui lo abbiamo raggiunto e delle possibilità di mettere nuovamente alla prova i dati sui quali esso si basa. Soltanto così il pronostico può entrare nel laboratorio d'analisi e divenire sperimentale [...]" scrive l'astrologo francese nel "Il pronostico sperimentale in astrologia"[5].

L'aspetto della correlazione dei dati è fondamentale in quanto permette di trovare la ripetizione di un fenomeno legandolo al passato, al presente e al futuro unificandoli in un insieme, ciò che sembra separato entra in relazione con una struttura unificata.

Questo perché *"[...] soltanto in funzione di tale continuità un'evoluzione lineare autorizza certe estrapolazioni che dal passato e dal presente ci portano al futuro, dal noto all'ignoto, l'interprete dev'essere capace di far risultare le tendenze di domani, ricavandole dalle cause di ieri e di oggi. Quando si guarda al cielo, non vi è alcuna differenza nella natura tra i fenomeni che vi si sono verificati ieri e quelli che si debbono produrre domani poiché, quest'ultimi, sono prevedibili in anticipo [...]"*.[6]

La correlazione, infatti, *"[...] che è stata giudicata sufficiente per quanto riguarda un passato già conosciuto, deve continuare ad esserlo anche nel futuro sconosciuto [...]"*.[7]

Il vantaggio che ci offre è la possibilità di riscontrare un ordine cronologico degli eventi, di stabilire un calendario di eventi significativi che esprimono delle tendenze seppur all'interno di un quadro generale sommario e non completo ma che tramite lo studio e l'analisi dei Cicli Planetari abbiamo a disposizione un' *"unità ritmica con delle misure astronomiche"*[8] afferma Barbault in quanto è meglio accontentarsi di un risultato limitato che rispecchia la realtà che non avere risultati strabilianti su basi irrealistiche con tutta una serie di correzioni ad hoc per giustificare una correlazione. Da questo punto di vista, l'autore è abbastanza chiaro *"[...] Il pronostico astrologico deve annunciare chiaramente e con precisione un avvenimento o un clima. Niente divinazione ma un'operazione di calcolo e di osservazione che porta ad una conclusione logica. Niente di meraviglioso né di pittoresco, di teatrale o di altre fantasie: tutto deve essere ridotto all'essenziale [...]"*.[9]

I Cicli Planetari contribuiscono a creare un ordine ritmato, un modello entro il quale si hanno le manifestazioni storiche, un ordine e un ritmo celeste che creano ripetizioni di eventi sottolinea Barbault e, quindi *"[...] è su una linea continua nel tempo che occorre eseguire la verifica della serie [...]"*[10] storica con la relativa corrispondenza celeste.

L'astrologo francese dà ampie argomentazioni su come si dovrebbe procedere nella ricerca, fornisce linee guida, protocolli di investigazione frutto di anni di ricerca, di verifiche, di scoperte, di fallimenti e di successi. Da questo punto di vista, il suo contributo è straordinario e ricco d'insegnamento. Non si può non attingere, quindi, a piene mani dal suo libro "I Cicli Planetari", così come è difficile non riportare le sue riflessioni per così come le ha espresse senza doverne intendere il significato e stravolgere il messaggio originario.

Capitolo dopo capitolo, stiamo creando un *'ambiente mentale'* per definire un'area di indagine, quella di Universis. Niente è casuale, ogni argomento è stato scelto con una motivazione valida, con una finalità ben precisa e con uno scopo ben identificato: creare un adeguato spostamento mentale per poter comprendere Universis.

E' come essere entrati in una stanza vuota e, via via, si aggiungono oggetti nell'ambiente. Ognuno di essi è fondamentale, ogni capitolo aggiunge qualcosa e gli argomenti trattati non servono per abbellire o per aggiungere pagine inutili. Servono per creare una base comune di conoscenza rivolta verso Universis per comprendere *perché-come-cosa* serve tutto questo e come opera.

Sia che si parli di filosofia, di matematica, di geometria, di fisica, di metodologia, lo si fa per creare un *'ambiente mentale'* che possa produrre non solo uno spostamento concettuale verso una nuova direzione e visione ma anche per creare una 'base comune culturale' che ci permetta di intendere le stesse cose con lo stesso significato.

Tendenzialmente, siamo portati a *studiare* l'astrologia ma ben poche volte ci dedichiamo alla *ricerca* astrologica, applichiamo ma non facciamo astrologia, non ci confrontiamo con essa e con i suoi dilemmi e misteri così come facevano i nostri Antenati dalla notte dei Tempi.

Gli studi di André Barbault, da questo punto di vista, possono aiutare nella comprensione di cosa sia ipotizzare una *teoria*, un *modello*, una *struttura*, tematiche, queste, che emergono preponderantemente nel momento in cui ci confrontiamo con fenomeni che operano su una vasta scala temporale come la Storia umana. Il passaggio dal micro al macro non comporta solo un cambiamento di ambiente ma anche una modalità d'approccio differente. Per fare questo passaggio, occorre modificare il punto della propria prospettiva d'osservazione.

Quando il panorama si amplia, occorre strutturalo diversamente per dargli un senso e un significato che possa aiutarci a comprenderlo oltre a capire dove ci si trova. Come un'astronauta che fa la sua passeggiata spaziale, non sa dove si trova il 'sotto' e il 'sopra'. Identifica la sua posizione tramite un punto di riferimento, un modello, una struttura come punto zero (in questo caso la Terra) affinché possa mentalmente collocarsi in uno spazio senza perdere l'orientamento.

Gli argomenti dei capitoli precedenti e quelli che seguiranno, così come le appendici finali, sono stati scelti con grande attenzione e hanno una finalità ben precisa. Saltarli, significherebbe perdere un tassello del puzzle che si sta componendo con l'inevitabile conseguenza di arrivare a conclusioni parziali e fuorvianti.

"[...] Affinchè l'arte della previsione arrivi all'età adulta s'impone un doppio sforzo e una cooperazione interdisciplinare, prendendo coscienza della realtà di quaggiù, in cui si radica la storia che si trova alla base e, seguendone il progresso temporale con l'orologio dei percorsi astrali sulla sfera celeste. Una tale collaborazione promette l'avvento di una nuova conoscenza: cosmosociologia, cosmogeopolitica. In tal modo si annuncia l'avvenire della previsione, giunta all'altezza di un'arte regale. Nell'attesa cerchiamo di avere la semplicità e la modestia del ricercatore isolato, tentando di avere la forza di affrontare questo terzo millennio e ponendo lo sguardo su una visione storica più alta e globale della dimensione terrestre [...]" scrive Barbault in "I Cicli Planetari". Una cooperazione interdisciplinare, dunque, in qualità di risorsa aggiuntiva alla conoscenza astrologica affinché possa alimentarsi delle conquiste acquisite in altri settori di ricerca. Gli astrologi di un Tempo non erano solo astrologi, erano anche filosofi, matematici, alchimisti, medici, geografi e molto altro ancora, erano multi-disciplinari. Questo ha permesso delle conquiste di cui, noi, godiamo ancora oggi.

"[...] "Chi sei? Insegnami a conoscerti". Questo interrogativo sulla configurazione celeste ci suggerisce che possiamo ricevere delle informazioni, grazie al percorso del cerchio, mentre può affliggerci conoscere il contenuto che emerge dall'avanzamento dell'elica [...]."[11] Cerchio ed elica, scrive Barbault. Nei sui scritti, sono elementi che ricorrono con una certa frequenza. Perché? Ce lo spiega l'autore stesso: *"[...] Si tratta di convocare la storia e riunire le osservazioni cogliendo le similitudini che si ripetono in modo significativo. In questo modo si può stabilire una correlazione [...]".*[12] Per Barbault, i Cicli Planetari e l'evoluzione della Storia hanno un movimento elicoidale, ossia il loro movimento *"[...] è doppio dal ritorno circolare sullo stesso punto e di avanzata perpendicolare in avanti [...] All'incrocio di questi due movimenti, l'accesso ad un'intelligibilità storica donatrice di senso consiste nel passare da una nebulosa comprendente un'infinità di fatti allo scioglimento di orientamenti che unificano con*

catene di relazioni il legame temporale da fenomeno a fenomeno, fino a quando si riveleranno le linee generali nella visione ordinata con valori primari dai significati essenziali. Solo a questa condizione agisce il lumicino astrologico, dando luce soltanto al cerchio della storia, ossia all'ordine della struttura ripetitiva dell'evento storico [...]".[13]

All'interno di questo modello circolare-elicoidale, i Cicli Planetari per Barbault costituiscono il filo conduttore in quanto *"[...] proiettano il tracciato degli avvenimenti storici che possiamo verificare e riscontrare nella realtà. Il ciclo è l'insieme di un movimento che ha un inizio e una fine e che passa attraverso una continua elaborazione punteggiata a tappe, gli aspetti, che appaiono come stadi evolutivi, ciascuno dei quali si definisce in funzione del precedente e del susseguente, passando da un tempo armonico a un tempo dissonante. Riassumendo, il ciclo si distribuisce in un ritmo bipolare che anima un flusso seguito da un movimento di reflusso [...]"*.[14]

In questa visione dell'analisi storica fatta con un modello ciclico planetario, che si anima in una prospettiva circolare-elicoidale, il Tempo degli eventi viene ordinato in quanto *"[...] è continuo come le vertebre della spina dorsale. Quel che è leggibile all'inizio è la successione, maglia dopo maglia, degli anelli di una stessa catena [...]"*.[15]

Non c'è interruzione ma continuità, non ci sono eventi isolati ma relazioni tra di essi. Le relazioni si possono osservare solo attraverso una *struttura*, un *modello* che sia in grado di connettere eventi, lontani quanto diversi tra di loro ma che appartengono allo stesso divenire e, la "correlazione", l'indagine storica permette di accertarci di questa corrispondenza. Ma se non abbiamo un modello di riferimento, una struttura che li contenga non possiamo neanche vedere ciò che rimane invisibile. L'astrologo francese ha individuato i Cicli Planetari quale trama e filo conduttore del divenire del Tempo: *"[...] perciò se ci si lega al "filo della storia" nella sua durata, attraverso la continuità del flusso totale del ciclo planetario, bisogna per prima cosa risalire all'origine primaria, ossia al momento della congiunzione [...]"* [16] e da qui interpretare non solo il passato ma anche il futuro perché la finalità dell'astrologia mondiale è quella di fare previsioni.

Barbault ha condiviso il suo approccio in merito all'astrologia mondiale, ha tracciato linee guides d'indagine, ha fornito strumenti di analisi, ha proposto un *modello* sostenendolo con una *teoria*. Sottolinea l'importanza di avere una visione complessiva e allargata per ottenere materiale d'indagine significativo anche attraverso l'interdisciplinarità.

Universis fa ampiamente uso di questa visione, assorbe completamente le argomentazioni dell'astrologo francese sui *Cicli Planetari* in termini di *metodo* e di *teoria*. I suoi protocolli di ricerca verranno trasferiti nel contesto dei *Cicli degli Elementi*. Alla fine, si potrà osservare come Universis, con la sua struttura geometrica, dia vita e forma all'intero pensiero di Barbault in modo più ampio ed esteso.

Come afferma il fisico quantistico Carlo Rovelli in "La realtà non è come ci appare"[17] ci ricorda che: *"[...] l'obiettivo è capire come funziona il mondo. Costruire e sviluppare un'immagine del mondo, una struttura concettuale per pensarlo [...]"*. Questo non vale solo nel campo delle scienze fisiche ma anche per la disciplina nell'astrologia perché *"[...] non si fanno passi avanti solo quando si dispongono nuovi dati [...] ma si costruisce su teorie già esistenti che sintetizzano la conoscenza in vasti campi [...] e trovare la maniera di combinarle ripensandole in modo migliore [...]"*.

Universis attinge e sintetizza la Teoria delle congiunzioni di Giove-Saturno di Albumasar e la visione dei Cicli Planetari di André Barbault in un insieme unitario per una riformulazione rinnovata dell'approccio astrostorico. Nel capitolo precedente abbiamo visto l'approccio scientifico nella costruzione delle teorie e dei modelli di ricerca. Con Barbault abbiamo visto l'approccio astrologico. Si può allora comprendere l'importanza che riveste l'identificazione di una *struttura*, di un *modello* e di una *teoria*. Ogni tentativo di rinnovamento, nell'ambito di una ricerca che sia scientifica o astrologica, deve avere dei protocolli ben definiti ed essere riconosciuti con determinate qualità di procedimento che si basano sempre su un *metodo*, su un *modello* e su una *teoria*.

Universis ricalca questo percorso nella sua formulazione geometrica del Tempo storico.

---

[1] L'Astrologia, Will-Erich Peuckert, Mediterranee, 1980
[2][3][4] L'astrologia e l'avvenire del Mondo, A. Barbault, Xenia, 1996
[5][6][7][8] Il pronostico sperimentale in astrologia, A. Barbault, Ed. Mursia, 1979
[9] I Cicli Planetari, A.Barbault, Edizione Capone, 2016
[10] Il pronostico sperimentale in astrologia, A. Barbault, Edizione Mursia, 1979
[11][12][13][14][15][16] I Cicli Planetari, A.Barbault, Edizione Capone, 2016
[17] La realtà non è come ci appare, C. Rovelli

1.6 Le basi astrologiche: la matematica e la geometria.

La geometria è una teoria tra le più antiche che l'uomo abbia mai creato. Ha rappresentato per due millenni uno dei campi del sapere tra i più importanti della matematica, anzi, per lungo tempo è stata assimilata alla matematica stessa. I matematici spesso chiamavano se stessi 'geometri'.

Testimonianza significativa, da questo punto di vista, è la scritta riportata sul portico della famosa Accademia di Atene, dove Platone impartiva le sue lezioni, in cui compariva il seguente avvertimento: *"Non entri chi non conosce la geometria."*

Il matematico George Bernard Shaw affermò: *"Il matematico è affascinato dalla meravigliosa bellezza delle forme che costruisce e, nella loro bellezza, scopre verità eterne."*

Fin dall'antichità, filosofi e matematici hanno stabilito una relazione tra matematica e bellezza.

Galileo Galilei scrisse nel trattato "Il Saggiatore"[1] che *"[...] la filosofia naturale è scritta in questo grandissimo libro che continuamente ci sta aperto innanzi agli occhi, io dico l'universo, ma non si può intendere se prima non s'impara a intender la lingua e conoscer i caratteri nei quali è scritto. Egli è scritto in lingua matematica, e i caratteri son triangoli, cerchi ed altre figure geometriche, senza i quali mezzi è impossibile a intenderne umanamente parola; senza questi è un aggirarsi vanamente per un oscuro labirinto [...]"*.

Le sue parole, le sue scoperte e la sua vita hanno ispirato generazioni di scienziati, filosofi e umanisti, che hanno proseguito nell'opera di decifrazione del *"libro della natura"*.

Vincenzo Barone e Giulio Giorello esplorano la capillare presenza della matematica nella natura, raccontando alcune delle sue manifestazioni più curiose e affascinanti. Nel libro *"La matematica della natura"*[2] ci raccontano che i numeri, le figure geometriche e le relazioni matematiche sono ovunque intorno a noi, talvolta in forma evidente, più spesso annidate e nascoste all'interno di altre forme. Ma in che modo e perché, si chiedono i due autori, queste creazioni astratte della mente umana riescono a descrivere il mondo concreto dei fenomeni naturali, da quelli più familiari a quelli che hanno luogo nelle profondità della materia e del cosmo?

Franco Luccichetti nell'articolo "La bellezza matematica"[3] afferma che *"[...] Una equazione, una formula, una espressione, definiscono con segni (matematici) concetti e speculazioni cruciali per lo sviluppo del pensiero e della conoscenza del mondo. Un non matematico può scoprire in questi segni e nelle loro modalità di aggregazione una bellezza formale sostanziata dalla componente enigmatica e misteriosa che comunque sottostà alla parte simbolica. La matematica è una scrittura misteriosa che viene dalle profondità del pensiero umano e dalle sue misteriose intuizioni [...]"*.

L'interazione tra coscienza umana e Universo osservato ha consentito all'uomo, mediante la speculazione intellettuale, di dilatare la sua esperienza spaziale e temporale fino alle origini del mondo e proiettarsi nel futuro remoto.

L'Universo, pur nella sua complessità, possiede un suo semplice e preciso ordine intrinseco che va al di là di qualsiasi disordine apparente. La materia emersa sembra obbedire a un *"principio generale di aggregazione"*.

Era il Cielo l'oggetto venerato dagli Antichi: esso era il custode del Tempo, ossia dell'*ordine*, poiché rispecchiava l'Anima Universale, la cui vita è il numero e la proporzione. Platone spiegava bene tutto questo nel Timeo dove tutto, ogni cosa, *"è numero"*. E il numero è precisione somma per il filosofo.

L'unico pensatore dell'antichità in grado di resistere a questa visione fu Aristotele ma ciò era dovuto al fatto che aveva fin dal principio rifiutato la matematica, ci raccontano gli studi storici.

Pietro d'Abano (1257-1315), condannato come eretico nel XIV secolo, insegnava astrologia, medicina e filosofia a Parigi. Secondo l'astrologo l'unica scienza certa era la matematica, che era divisa in due parti, la *geometria* e l'*astrologia*. Quest'ultima rappresentava la parte operativa della geometria, in particolare delle conoscenze geometriche dei moti celesti.

"Nel Medioevo" - leggiamo in "L'Astrologia"[4] di Will-Erich Peuckert - *"la geometria era qualcosa di più dell'arte di misurare i corpi: era la ricerca del senso dello spazio, dell'origine dell'essere. [...] E' una ricerca del tempo e dell'ordine, dello spazio e della forma dello spazio. Si tratta di sapere come, nella forma dello spazio, nei rapporti degli spazi tra loro, e*

nell'armonia di questi rapporti di relazione, opposizione e congiunzione, si esprima ciò che noi definiamo "ordine" [...]."

L'astrologia ha legami ben precisi con la matematica e la geometria.

Un Tempo gli astrologi erano anche astronomi e viceversa, si occupavano di filosofia, di matematica, di geometria, di geografia, di alchimia, di medicina la loro preparazione e conoscenza culturale era poliforme, spaziava in ogni campo del sapere umano del loro Tempo. Questa capacità dava modo di ampliare, strutturare, concepire nuove conoscenze che venivano applicate all'astrologia permettendole di svilupparsi sempre di più.

Noi, oggi, non siamo abituati a pensare in termini geometrici quando osserviamo una carta del Cielo.

Vediamo trigoni, opposizioni, quadrati come linee rette non come figure geometriche, non vediamo la *struttura*, la forma di cui sono composti. Abbiamo perso il contatto con il pensiero geometrico.

Le osserviamo solo in occasione del grande trigono in cui vediamo in modo chiaro ed esplicito un triangolo.

Non si viene educati a questa prima forma di astrologia su cui, invece, gli Antichi studiavano attentamente. La *geometria* e la *matematica* venivano usate per elaborate i gradi degli aspetti planetari e tanto altro ancora.

Fare geometria significa esplorare, scoprire, osservare, indagare, spiegare, sono queste le motivazioni base con cui prende vita questo capitolo, far comprendere l'importanza di questa disciplina che è di base nella comprensione di Universis nel suo complesso e dei suoi livelli di sviluppo nel suo aspetto specifico.

La comprensione dell'importanza della geometria permetterebbe di seguire, passo dopo passo, il progetto di ricerca presentato in questo libro. In un articolo *"Perché la geometria"*[5] pubblicato nel fascicolo che riporta gli atti del convegno "Insegnare ed imparare geometria nella scuola primaria: una questione di conoscenza ed esperienza" la prof.ssa Raffaella Manara pone diverse domande tra cui: "Perché insegnare la geometria?"

Interessante la sua risposta: *"[...] fare geometria è un primo passo con il quale un soggetto umano cerca di organizzare in un quadro coerente ciò che l'osservazione del proprio contesto spaziale gli offre, evidenziando in ciò che percepisce regolarità e discrepanze, mutamenti o permanenze, ricorrenze e trasformazioni cogliendo ed esaminando alcune relazioni significative tra gli oggetti e con il soggetto stesso [...]."*

Questo può verificarsi solo se si passa a concetti geometrici che sono frutto dell'elaborazione mentale delle informazioni che non sono canalizzate solo dalle percezioni ma anche dalla mente stessa.

"[...] A questo livello emergono relazioni, legami presenti nella realtà che ci circonda, che non sono "evidenti", non sono comunicati dalle percezioni, ma ne costituiscono una struttura "nascosta", invisibile, intrinseca, che rende però comprensibile e significativo ciò che avviene intorno a noi [...]" afferma Manara.

"La matematica in generale e la geometria in particolare devono la loro esistenza al nostro bisogno di sapere qualcosa circa il comportamento degli oggetti reali" affermava Albert Einstein.

Tramite le riflessioni di Raffaella Manara e il lavoro pionieristico di Piaget con quello di Pierre van Hiele, si cercherà di far emergere ancora di più l'importanza di una disciplina che oggi è lontanamente pensata come importante per l'astrologia.

Dai lavori pionieristici di Piaget e Inhelder prende avvio un ricco percorso di ricerca nel campo dell'apprendimento della geometria[6]. Le ricerche di Piaget si sono occupate dello sviluppo della cognizione geometrica. Nel bambino, la rappresentazione dello spazio si modifica, di pari passo con la comparsa del linguaggio. L'olandese Pierre van Hiele, con sua moglie Dina Geldof, ha esposto la teoria sui livelli di pensiero che si attraversano nello studio della geometria. Ha pubblicato il libro intitolato *"Structure and insight, a theory of mathematics education"*.[7]

Essi erano convinti che esistono cinque livelli di pensiero da attraversare per acquisire l'abilità per dimostrare i teoremi e per comprendere la geometria. A ogni livello successivo si apprendono nuovi saperi e per raggiungere il livello superiore bisogna assimilare quello precedente. Questi argomenti saranno importanti nella comprensione dei 5 Livelli di Universis che si basano proprio sullo sviluppo geometrico. L'acquisizione, secondo i due autori, dipende esclusivamente dallo studio e dall'apprendimento di determinati argomenti e non solo dalla lettura e dalla memoria. Inoltre, essi pensano che l'età non influisce sul passaggio al livello successivo, esistono persone che rimangono al livello iniziale per tutta la vita.

Raffella Manara, nel convegno MAPES[8], ha riportato che "[...] *le immagini della nostra fantasia, la cui elaborazione e strutturazione produce i concetti della geometria, non sono ingiustificate [...] nascono invece dall'esperienza e possono darci delle informazioni [...] l'elaborazione mentale che prende vita e che prosegue attraverso altre immagini dà inizio al ragionamento spaziale con cui intendiamo l'insieme dei processi cognitivi attraverso i quali vengono costruite ed elaborate le rappresentazioni/concettualizzazioni di oggetti spaziali, di relazione e di trasformazione di essi [...]."*

Laura Catastini in "Pensiero simulativo e geometria dinamica"[9] scrive: "*Il pensiero, anche nelle sue forme più astratte, opera in maniera produttiva se riesce a rappresentare correttamente gli oggetti mentali mediante attività simulate [...] la geometria può agire da facilitatore nella genesi e nella concretizzazione di concetti astratti matematici sconosciuti [...]".*

Keplero ha rinnovato, come sappiamo, la dottrina degli aspetti. Autore degli *Harmonices Mundi*, vedeva negli aspetti l'espressione e la stabilizzazione di una grande armonia cosmica basata, come ogni armonia, su rapporti matematici. Gli aspetti nascono come modi di intendere e dare significato alle relazioni geometriche tra i segni.

Keplero insegna che una legge e un ordine matematico, dunque un'armonia, penetra nel mondo, lo guida, lo anima. Il cosmo è una unità e non un caos senza ordine né significato. La geometria, da questo punto di vista con le argomentazioni fin qui trattate, era un valore aggiunto alla conoscenza del mondo: mette ordine al caos e unisce ciò che è separato.

In un passaggio de "Il Mulino di Amleto. Saggio sul mito e sulla struttura del tempo"[10] gli autori ci ricordano: "*[...] Il fascino e il rigore del Numero facevano obbligo che le corrispondenze fossero esatte in molte forme. In questo senso Keplero fu l'ultimo degli arcaici. La molteplicità dei rapporti visti o intuiti portò l'idea a un punto focale in cui l'universo appariva determinato non su un solo livello ma contemporaneamente su molti. Se si parte dal potere del Numero è pensabile in questa prospettiva tutta una logica: fata regunt orbem, certa stant omnia lege - i fati reggono la terra, tutto è determinato da leggi certe [...]".*

Nel dire che *"le cose sono numeri"*, essi abbracciavano, in un arco immenso, l'intera gamma delle idee astronomiche e matematiche da cui sarebbe un giorno nata la scienza odierna.

Ritorniamo ai coniugi Van Hiele con la loro formulazione teorica della strutturazione evolutiva del pensiero geometrico del 1986. I progressi da un livello al successivo dipendono non tanto dall'età ma dall'educazione fornita a un individuo. La completa assenza di un'istruzione formale non consentirebbe alcuno sviluppo. La maturazione che conduce a un livello superiore sembra essere un processo essenzialmente legato all'apprendimento e all'istruzione.

Un gruppo di ricerca del Dipartimento di Matematica dell'Università di Roma[11] sottolinea altri aspetti fondamentali della teoria di Van Hiele: la proprietà linguistica e la proprietà della discrepanza.

Il primo aspetto afferma che *"[...] ogni livello è caratterizzato da un utilizzo specifico del linguaggio che può essere considerato corretto all'interno di quel particolare livello, ma può essere ulteriormente ampliato ad un livello successivo. Ad esempio una figura può avere più di un nome: un quadrato è un rettangolo, ma è anche un parallelogramma, un trapezio e un quadrilatero. Tali distinzioni non sono utilizzabili al secondo livello, ma diventano fondamentali dal terzo livello in avanti [...]"*.

In Universis prende forma la caratteristica della *"proprietà linguistica"* sia in termini di modello-struttura che in termini di linguaggio concettuale. Ogni livello, infatti, fa uso di termini diversificati in base al livello in cui ci troviamo: il modello si evolve così pure il linguaggio usato per descriverlo.

Per quanto riguarda la 'proprietà di discrepanza', il gruppo di ricerca afferma che: *"[...] due persone che ragionano a due diversi livelli hanno difficoltà nel comprendersi. Ciò accade spesso tra insegnante e studente. Nessuno dei due riesce a capire il percorso mentale dell'altro [...]. Il passaggio da un livello al successivo non è possibile senza l'acquisizione di un nuovo linguaggio [...] Il tipo di educazione fornita deve essere coerente con il livello dello studente, se viene fornita un'istruzione che si colloca ad un livello più alto, lo studente incontrerà difficoltà nel seguire i processi di pensiero formulati dall'insegnante [...]"*.

In Universis diventa esplicativo questo passaggio se un astrologo rimane ancorato alle sue conoscenze che gli impediscono l'accesso verso una nuova comprensione o se cerca di comprendere il nuovo concetto attraverso ciò che già conosce alterando la sua stessa comprensione.

Invece di evolvere il proprio pensiero attraverso una forma geometrica-concettuale, rimane bloccato nel processo di conoscenza a un livello sempre inferiore del livello che si sta annunciando. Semplicemente non si sintonizza e non sposta il focus mentale in un'altra direzione di comprensione. Universis rimarrebbe qualcosa di incomprensibile nella migliore delle ipotesi.

Ma oggi, nel nostro Tempo, cos'è la geometria?

Con le autrici Baldanza[12] e Cristina Candito[13] si giunge a maturare l'idea della geometria come di scienza formale, una teoria ipotetico-deduttiva:

- gli assiomi non descrivono più proprietà dello spazio fisico ma sono solo affermazioni prese come punto di partenza;

- la validità delle dimostrazioni riposa sulla struttura piuttosto che sulla natura particolare del loro contenuto.

C'è un continuo scambio tra *realtà* e *modello geometrico*. Si forma il *ragionamento spaziale* cioè si elaborano rappresentazioni e concettualizzazioni di oggetti, di relazioni e la loro trasformazione.

Ciò implica la capacità di creare immagini mentali sia degli oggetti quanto delle differenti prospettive. Questo significa passare da un pensiero che è determinato dal contesto/cultura a un pensiero che è invece "svincolato", che si muove indipendentemente dall'influenza del contesto.

In questo processo, interviene anche la capacità della fantasia di elaborare immagini mentali (concetti) che identificano alcune proprietà intrinseche degli oggetti (ad esempio la forma) separandole da altre (ad esempio il colore). Questo permette l'indagine di quelle relazioni specifiche tra gli oggetti che poi costituiscono il contenuto della geometria.

All'inizio, è stato detto che essa era una tra le teorie più Antiche create dall'uomo. Inizialmente, infatti, la troviamo come strumento che si presentava come un insieme di semplici regole prive di connessione fra loro. Servivano per risolvere i semplici problemi che nascevano nella vita quotidiana della gente, a partire dagli Egizi e dai Babilonesi, ci dicono le fonti storiche.

È solo nel mondo greco, intorno al 600 a.e.c. che avviene il passaggio che fonda la geometria come scienza formale, le cui dimostrazioni erano condotte per via logica, anziché con l'ausilio di metodi sperimentali.

Le nozioni matematico-geometriche si sono evolute nel Tempo, hanno avuto un ruolo fondamentale nel campo astrologico e non solo. Anticamente venivano usate quotidianamente e le scoperte, le riformulazioni erano periodiche da parte dei padri dell'astrologia.

Oggi, la struttura astrologica è rimasta quasi inalterata per secoli proprio perché non si è indagato su questo livello di rappresentazione.

Abbiamo perso la capacità geometrica e matematica, le usiamo ma non le conosciamo, le applichiamo ma non sappiamo come sono nate, da dove arrivano. Tendiamo a ragionare su una struttura, lo zodiaco, che non conosciamo ma che applichiamo così come c'è stata tramandata nei secoli. Oggi parliamo, ad esempio di un trigono ma dimentichiamo che esso rappresenta 120° del cerchio, ossia, è un'espressione geometrica-matematica. Lo diamo per scontato o, forse, non lo conosciamo neppure. I Padri dell'astrologia erano costantemente in contatto con questi aspetti, li calcolavano a mano e li rappresentavano con i disegni. Noi abbiamo i computer, basta inserire i dati e troviamo ciò che ci interessa, già tutto pronto. Abbiamo perso la connessione con l'aspetto matematico-geometrico che sta alla base dell'astrologia. Non abbiamo la visione mentale delle forme, delle strutture, della geometria, della matematica rispetto i nostri Antenati. La loro mente era focalizzata su questi aspetti prima di metter giù un tema natale e solo successivamente analizzavano. Oggi, noi, parliamo di trigono, opposizione, o di Saturno che entra in Capricorno e dimentichiamo che dietro a questa terminologia c'è una struttura geometrica su cui si basa l'intero impianto astrologico.

Oggi, la maggior parte delle analisi astrologiche, si basano sullo studio dei temi natali, di configurazioni celesti che via via si presentano nel nostro vissuto. Indubbiamente, in questa prospettiva, non si evidenzia questa mancanza di conoscenza matematico-geometrica ma diventa evidente e si manifesta, con tutta la sua intensità, nello studio dell'astrologia mondiale.

Non è un caso che sono proprio gli astrologi che si occupano di questo indirizzo della disciplina che avanzano la necessità di trovare una *struttura*, un *modello* e una *teoria* che possa raccogliere gli eventi storici su scala celeste e indirizzare le ricerche di correlazione su un'ampia scala temporale. E' nel contesto dell'astrologia mondiale che un astrologo si confronta con queste problematiche che portano con sé anche le domande aperte sul Tempo, sullo Spazio, sulla Cosmologia Universale, sulla Metafisica ed è sempre in questo contesto che l'astrologia si avvicina e si può avvicinare nel campo delle scienze fisiche utilizzando le sue teorie rimodellandone a fini astrologici.

E' sul piano dell'astrologia mondiale che ciò può avvenire ed è sempre su questo piano che le basi di un Tempo, ossia la matematica e la geometria, possono costruire ancora una volta, l'appoggio ideale per la formulazione di una nuova rappresentazione della Storia su base astrale.

Se dovessimo partire da zero e fondare oggi l'astrologia, da che cosa partiremmo? Quale sarebbe il punto di partenza?

Partiremmo così come sono partiti i Padri dell'astrologia nel loro studio: dal calcolo matematico e dalla rappresentazione geometrica per riprodurre, con un modello e un teoria, il ritmo dei corpi celesti nella Storia umana.

Per trovare nuove informazioni astrologiche bisogna partire da queste fonti originarie: matematica e geometria combinandole con la conoscenza di altre discipline. Non è un caso che nel passato gli astrologi non fossero solo astrologi ma molto altro ancora. La loro conoscenza era polivalente, caratteristica che garantiva un continuo flusso di nuove informazioni nate da prospettive diverse che, combinate in una nuova sequenza, portava conoscenza astrologica.

"[...] I nostri progenitori non solo avevano fatto del tempo una struttura, un tempo ciclico, ma avevano insieme a ciò sviluppato l'idea creativa che il Numero fosse il segreto di tutte le cose. Nel dire che "le cose sono numeri", essi abbracciavano in un arco immenso l'intera gamma delle idee astronomiche e matematiche [...]", leggiamo in "Il Mulino di Amleto. Saggio sul mito e sulla struttura del tempo".[14]

Con l'astrologia genetliaca quasi sicuramente no ma con l'astrologia mondiale un astrologo, inevitabilmente, si confronterà con il problema del Tempo e dello Spazio e, la geometria, è sempre stata una guida verso l'infinito.

Anche l'astrologo francese André Barbault affermava che *"Non si può essere un astrologo completo se non si tiene almeno un piede nell'astrologia mondiale."*

E' in questo campo, nella visione macro, che si comprende la necessità di avere altri strumenti e non tanto nella visione micro della genetliaca in cui certe domande non solo non riescono a nascere ma neanche ci si preoccupa di farle.

"[...] Il Tempo Cosmologico, la "danza delle stelle", come la chiamava Platone, non era una semplice misura angolare, un ricettacolo vuoto, com'è diventato ora, per contenere la cosiddetta storia. Si pensava che

esso fosse abbastanza possente da esercitare un controllo inflessibile sugli eventi, plasmandoli alle proprie sequenze in un sistema cosmico dove passato e futuro si chiamavano l'un l'altro, da profondità a profondità. Maestosa e tremenda, la Misura ripeteva e riecheggiava la struttura in molti modi, scandiva il Tempo, era fonte delle inesorabili decisioni che determinavano la "scadenza" di un dato istante [...]" leggiamo ancora in "Il Mulino di Amleto" in cui gli autori ci ricordano che *"[...] Più difficile ancora furono le cose per gli studiosi che ci hanno preceduto, quando cercarono di mettere a punto un modello di concezione meccanica, un planetario, forse, sul tipo di quello impassibilmente suggerito da Platone, con i suoi volani, fusi, cornici e pilastri. [...] Un'altra immagine suggerita dal passato, più antica ancora dei modelli planetari, potrebbe essere quella della "tela" tessuta nei cieli, delle Potenze intente al sonoro telaio del Tempo, come dice Goethe, a tessere il manto vivente della Divinità [...]".*
Che sia tela che sia volano, la matematica e la geometria, ci sono sempre state in tutte le cose.
Si comprenderà, in questa prospettiva, la modalità con cui è stato concepito Universis con i suoi livelli strutturali e nell'uso del pensiero geometrico che vedremo nel prossimo capitolo.
"[...] L'immagine che si vuole rappresentare con la formulazione di una teoria scientifica, probabilmente nata da una sua interazione con il mondo naturale e/o con una sua rappresentazione interna, ha invece una comunicazione in un altro senso, potremmo dire un "senso interno", con il quale l'armonia di una forma è percepita esclusivamente con una visione interna, non fisica. I criteri di bellezza che guidano la nascita di una tale immagine nella formulazione teorica possono essere quindi condivisibili solo da chi è in grado di recepirne la traduzione "verbale", conoscendone il linguaggio formale [...]" prendendo spunto da una riflessione su "Verità e bellezza. Le ragioni dell'estetica nella scienza"[15] di S. Chandrasekar, fisico, astrofisico e matematico.

[1] Il Saggiatore, G. Galilei, Feltrinelli, 2015

[2] La matematica della natura, Vincenzo Barone e Giulio Giorello, Il Mulino, 2016

[3] articolo online http://news-art.it/news/arte-bellezza-e-matematica--una--equazione-di-dio--esprime.htm

[4] L'Astrologia, Will-Erich Peuckert, Mediterranee, 1980

[5] Insegnare ed imparare geometria nella scuola primaria: una questione di conoscenza ed esperienza, Raffaella Manara, online http://docenti.unimc.it/doriana.fabiani/teaching/2017/17773/files/lezione-6-del-27.10.2017-modulo-3/perche-la-geometria-raffaella-manara

[6] Potenziare competenze geometriche, Silvana Poli, Carla Bertolli, Daniela Lucangeli, Erickson 2014

[7] online https://www.researchgate.net/publication/279652830_Theoretical_frameworks_for_the_learning_of_geometrical_reasoning

[8] Perchè la Geometria, Raffaella Manara, Convegno Mapes, Università Cattolica del Sacro Cuore Milano, 2017, online

[9] Accascina G., Rogora, E. (a cura di) Seminari di geometria dinamica, 2010, Edizioni Nuova Cultura

[10][14] Il Mulino d'Amleto. Saggio sul mito e sulla struttura del tempo, Giorgio de Santillana e Hertha von Dechend, Adelphi, 2003

[11] Figure Geometriche e Definizioni, Gruppo di Ricerca Didattica, Centro Ricerche Ugo Morin, Dipartimento di Matematica Università di Roma La Sapienza, 2004, online

[12] Il Problem Solving e il gioco nell'insegnamento della matematica: le costruzioni geometriche, D. Baldanza e L. Sanfilippo, tesi di laurea presso l'Università di Palermo, 2001, online

[13] Le proiezioni assonometriche, Cristina Candito, Ed. Alinea, 2003

[15] Verità e bellezza. Le ragioni dell'estetica nella scienza, S. Chandrasekar, Garzanti, 1990

1.7 Il pensiero geometrico.

Da sempre l'uomo guarda alla natura e alle sue forme, le studia per comprendere il modo attraverso cui si costituiscono e ne trae ispirazione per creare, a sua volta, le sue opere.

Galileo Galilei, già nel XVII secolo, aveva individuato nella geometria il linguaggio indispensabile per poter comprendere la natura.

Egli scrisse nel trattato "Il Saggiatore"[1]: *"[...] la filosofia naturale è scritta in questo grandissimo libro che continuamente ci sta aperto innanzi agli occhi, io dico l'universo, ma non si può intendere se prima non s'impara a intender la lingua e conoscer i caratteri nei quali è scritto. Egli è scritto in lingua matematica, e i caratteri son triangoli, cerchi ed altre figure geometriche, senza i quali mezzi è impossibile a intenderne umanamente parola; senza questi è un aggirarsi vanamente per un oscuro labirinto [...]".*

Esistono delle figure geometriche che racchiudono contemporaneamente, figure piane e solide.

Si ritiene, in proposito, che fu Keplero in "Harmonices Mundi" - 1619, il primo a notare il cambiamento prospettico della geometria e si interessò a quest'ultima perché cercava possibili legami con l'astronomia. Il processo viene riportato nel libro di Cristina Candito in "La proiezione assonometrica"[2] che spiega bene questo passaggio geometrico.

Keplero era convinto, infatti, che lo schema dell'Universo si esprimesse attraverso rapporti numerici e geometrici. Egli fu il primo ad applicare la matematica come strumento pratico per lo studio delle leggi che regolano i moti celesti. La sua idea dell'Universo era dapprima sostanzialmente platonica e pitagorica.

Era convinto che lo schema dell'Universo e delle sue parti doveva rispondere ad un astratto criterio di bellezza e di armonia. D'altra parte, in accordo con la cultura del Tempo, non rinunciava a considerare i rapporti tra scienza e astrologia: attraverso i calcoli astrologici cercava negli eventi della sua stessa vita una verifica della teoria dell'influsso dei corpi celesti.

Questa introduzione sulla geometria aiuta a spiegare che cosa significa quando si afferma che occorre effettuare uno *"spostamento mentale"* per poter passare alla visione del Tempo storico basato su Universis.

Per poter operare questo passaggio concettuale, la geometria permette una comprensione più semplice e più immediata che riduce e sintetizza tutta una serie di ragionamenti che si potrebbero fare sull'argomento.

Inoltre, la scienza cognitiva ci insegna che uno spostamento mentale può avvenire o all'istante, come una sorta di *"insight"* che permette di passare immediatamente da uno stato all'altro della prospettiva o attraverso un lungo processo di comprensione, se non subisce interruzioni o ritorni allo stato originario del pensiero, che muta via via da un livello all'altro di comprensione attraverso una costruzione analitica e consequenziale dell'oggetto indagato.

In questo caso, la geometria ci viene in aiuto, diventa mezzo e strumento che ci accompagnerà in questo viaggio.

Partiamo dalla figura piana dell'esagono [fig. 1]:

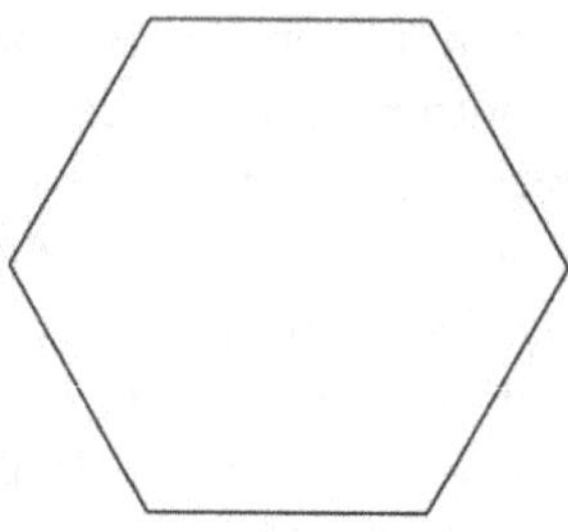

[fig. 1]

Possiamo definirla la figura di partenza, ossia, la nostra rappresentazione della realtà, il nostro pensiero o idea su un argomento e così via. L'esagono, in questo caso, rappresenta la nostra realtà, rappresenta l'idea di un individuo rispetto a un argomento.

Ora, aggiungiamo i raggi [fig. 2]:

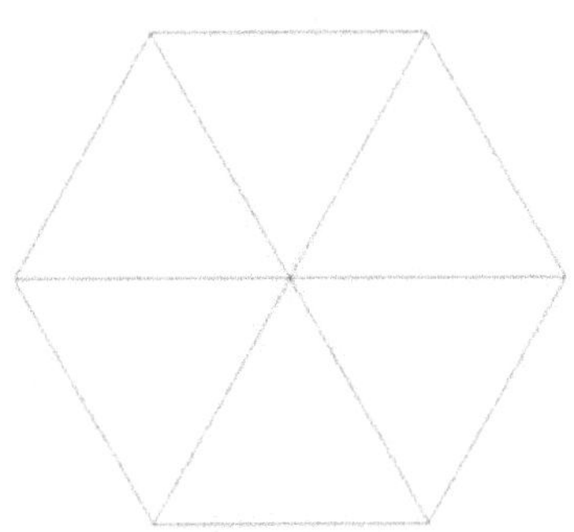

[fig.2]

Dalla rappresentazione della realtà [fig. 1] si sono aggiunte nuove informazioni [fig. 2]. Poco è cambiato dalla realtà precedente, la struttura principale del pensiero si è semplicemente arricchita di nuove conoscenze e/o informazioni.
La nostra percezione della realtà era un 'esagono' ed 'esagono' è rimasta.
Siamo rimasti ancorati alla realtà di una figura geometrica piana, le nuove informazioni *(=triangoli all'interno della figura)* hanno confermato la forma geometrica dell'esagono dandole una diversa e più articolata rappresentazione. In questo caso, potremo dire che la nostra realtà è diventata più articolata e più complessa.
Cosa accade se si verifica un *"insight"* nella nostra realtà o se si procede sistematicamente a una costruzione ancor più articolata della nostra realtà/idea che, in questo caso è rappresentata dalla seconda figura dell'esagono?
Si verifica una ridefinizione e una riconfigurazione dello spazio geometrico e passeremo dal vedere l'*esagono* come un *cubo*.
La nostra visione del mondo passa dalla realtà/esagono alla realtà/cubo, passeremo da una visione bidimensionale a quella tridimensionale, ci accorgeremo che una forma nasconde un'altra forma completamente diversa con proprietà e caratteristiche differenti.

Basta pensare alla diversità degli angoli delle due figure racchiuse dentro e all'interno della stessa figura geometrica [fig. 3]:

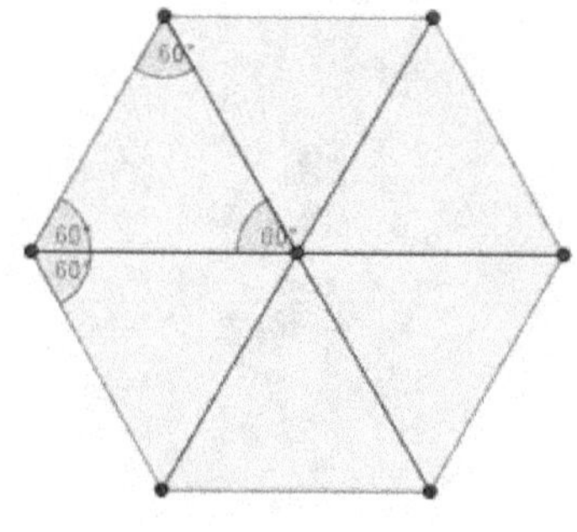

[fig. 3]

Se vedi un esagono, vedrai i suoi angoli a 60 ° o i 120° della fig. 1
Se vedi un cubo, vedrai i suoi angoli di 90° [fig. 4]

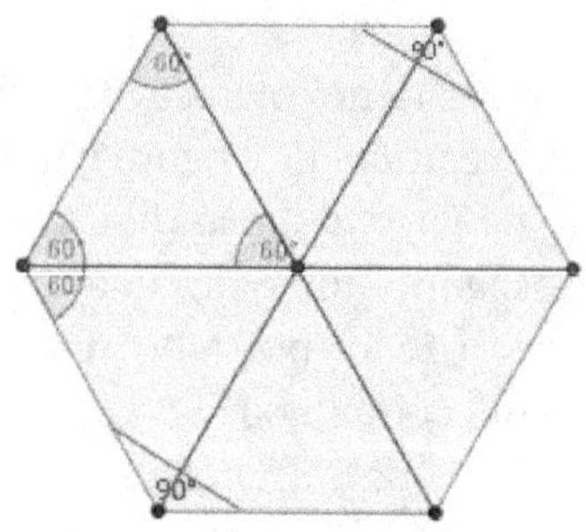

[fig 4]

Vedere un **esagono** o vedere un **cubo**, dipenderà dal proprio focus mentale e il processo che porta da una figura all'altra può avvenire immediatamente, insight appunto, o lentamente attraverso tentativi di aggiustamento del proprio focus mentale o non avvenire affatto.
Cosa comporta questo spostamento di prospettiva? Comporta non solo un cambiamento della struttura (da esagono al cubo) da bidimensionale a

tridimensionale ma anche un cambiamento significativo delle informazioni (=gli angoli passano dall'informazione di 60° a 90°) e, non per ultimo, la coesistenza nello stesso momento di due rappresentazioni, una all'interno dell'altra ma visibili singolarmente in base al proprio focus. Traducendo tutto questo, in termini di conoscenza teorica quanto empirica, abbiamo che le informazioni e la conoscenza che abbiamo su un argomento possono avere relazioni, connessioni, collegamenti sotterranei, non visibili in virtù della struttura e del pensiero che si è focalizzata su un aspetto di analisi e di ricerca (=esagono) vedendo separato e privo di collegamento o, peggio ancora, non vedendolo affatto con quello che in realtà è unito e connesso (=cubo) una volta che la struttura nascosta diventa visibile. Le stesse informazioni di partenza vengono capovolte o smentite o allargate (=angoli di 120°, 60° e 90°), subiscono un mutamento di significato.

Il passaggio dimensionale origina, così, un nuovo paradigma.

La comprensione di Universis si gioca sul piano geometrico del pensiero che abbiamo appena visto: *se si riesce a vedere soltanto un esagono o se si intravede nello "sfondo" un cubo.*

Se vedrai il cubo, vedrai Universis e la sua applicazione nei suoi 5 Livelli di applicazione.

Questa introduzione sul pensiero geometrico, che è stato portato avanti passo dopo passo nella sua evoluzione, si è resa necessaria per poterti accompagnare nella comprensione del modello Universis, dalla sua forma più semplice alla sua forma più complessa proprio come avverrà nei capitoli successivi.

Per accedere a questi livelli di visione e di comprensione, occorre effettuare uno *"spostamento mentale"*, un cambiamento di focus mentale per poter osservare il suo funzionamento nello Spazio-Tempo. Difficilmente si riuscirà a vedere la sua funzionalità, caratteristiche, proprietà, applicazioni se non si effettuerà questo cambiamento di prospettiva. Universis rimarrebbe nascosto e invisibile proprio come il 'cubo' e, inevitabilmente, sarà incomprensibile nella sua spiegazione.

---

[1] Il Saggiatore, G. Galilei, Feltrinelli, 2015
[2] Le proiezioni assonometriche. Dalla prospettiva isometrica all'individuazione dei fondamenti del disegno assonometrico, Cristina Candito, Alinea, 2006

1.8 Il Quaternario.

E' più facile comprendere le idee ritornando alle radici che le hanno viste nascere, idee che sono diventate successivamente efficaci a comprendere il mondo in cui viviamo.

"[...] Da sempre l'uomo si è chiesto come è nato il mondo, di che cosa fosse fatto, come fosse ordinato, perché avvenissero i fenomeni della natura. Da millenni, si erano dati risposte che si somigliavano tutte: risposte che facevano riferimento a intricate storie di spiriti, Dèi, animali immaginari e mitologici [...]" scrive il fisico quantistico Carlo Rovelli in "La realtà non è come ci appare"[1].

Quaternario: ponte di tutte le combinazioni numeriche e principio di tutte le forme.

Da Empedocle a Ippocrate, da Ippocrate a Socrate, gli esempi non mancano: il *Quaternario* è seducente per lo spirito umano. Gli Elementi o temperamenti ippocratici-aristotelici sono senza alcun dubbio simboli, immagini o rappresentazioni di questo *"istinto della quaternità"* che sembra coesistere nelle costruzioni intellettuali dell'uomo attraverso secoli e civiltà.

Nella scienza, tutte le forze della natura rientrano in quattro tipologie fondamentali così come descrivono Stephen Hawking e Leonard Mlodinow in "Il Grande disegno"[2], ossia:

- *la gravità;*
- *l'elettromagnetismo;*
- *la forza nucleare debole;*
- *la forza nucleare forte.*

La scienza moderna non attribuisce più ai 4 *Elementi* il ruolo di particelle elementari della natura ma piuttosto li considera come materie che richiedono un adeguato approfondimento scientifico.

Ecco allora che l'Elemento "Terra" è oggetto di studio delle scienze geologiche e minerarie, l'"Acqua" dell'idrologia e della oceanografia, l'"Aria" è studiata dalle scienze atmosferiche come la climatologia e la chimica atmosferica, il "Fuoco" è oggetto di studio della vulcanologia o, in un senso più ampio, della scienza e della tecnica dell'energia. Molti dei grandi problemi relativi a questi campi rimangono a tutt'oggi insoluti.

L'originario concetto dei *4 Elementi* penetrò in quasi tutte le culture Antiche.

Viene da chiedersi perché siano stati scelti solo 4 Elementi che oggi rivestono per lo più un significato simbolico. Non si possono considerare nel loro significato letterale perché essi in realtà rappresentano un'interpretazione metaforica, forse mistica, del nostro mondo, sia spirituale che sensitivo.

Sono *'quattro'* forse solo perché ci piace ridurre i fenomeni a un numero di cause sufficientemente ridotte così come sono le nostre capacità intellettive nel comprenderle.

Uno tra i primi e più importanti autori che hanno indagato gli aspetti psicologici è Carl Gustav Jung, nel suo importante trattato "Psicologia e Alchimia"[3].

Jung sottolinea il significato interculturale di questi quattro simboli che ricorrono nella cultura greca, romana, indù, buddista, tibetana, cinese e giapponese. I quattro simboli sembrano riflettere strutture archetipiche che rimangono ampiamente indipendenti dai contesti culturali.

Nel Medioevo il numero *quattro* era considerato un numero fondamentale e risolutore. Quattro sono, infatti, i punti cardinali, i venti principali, le stagioni, le fasi lunari, le arti liberali del quadrivio, i lati del quadrato a cui veniva paragonata la Terra. Inoltre il *quattro* era il numero della perfezione morale e delle proporzioni dell'uomo.

In tutte le cosmogonie, le teorie mitiche sull'universo che sono all'origine delle diverse culture umane, si ritrovano i 4 Elementi.

L'astrologia è divisione *quaternaria*, è la creazione di tre trigoni appartenenti ai 4 Elementi che dividono i dodici segni in quattro gruppi di tre. L'astrologia rappresenta uno dei più grandiosi tentativi dell'uomo per dare una rappresentazione d'insieme del mondo, dell'Universo intero. Nel corso dei secoli si è sempre cercata questa unione perfetta che è stata rappresentata dal cerchio dello zodiaco.

"[...] L'astrologo odierno che evoca gli elementi dello zodiaco, dimenticando il fondamentale riferimento alla quadripartizione stagionale, salta subito sul gioco delle quattro triplicità senza sapere che fa uso di un registro di valori completamente differente da quello che abbiamo trattato fino ad ora. Certamente, oltre alla ripartizione stagionale evocata all'istante, esiste in certo qual modo un'estensione

delle due quaternità (degli elementi e dei principi elementari) allo zodiaco, tramite il canale delle signorie planetarie [...]".

Queste le riflessioni dell'astrologo francese nell'articolo "Andrè Barbault: un gigante dell'astrologia contemporanea"[4] di Enzo Barillà.

Ci si potrebbe interrogare sul perché di questa ossessione del quaternario nel pensiero umano.

Anna Marson in "Archetipi di territorio"[5] scrive: *"[...] in tutte le cosmogonie, le teorie mitiche sull'universo che sono all'origine delle nostre civiltà umane, si ritrovano quattro elementi: la terra, l'acqua, il fuoco e l'aria [...]".*

Si tratta quindi di una rappresentazione culturale religiosa delle origini del cosmo comune alla visione umana delle civiltà occidentali e orientali, che concepivano una stretta connessione tra il microcosmo umano e il macrocosmo celeste. Tra l'Uomo e il Cosmo si stabiliva un rapporto tale con i 4 Elementi che dal loro equilibrio si sviluppava la vita umana e la sopravvivenza dell'intero Cosmo. Vigeva l'idea che l'Universo fosse governato dagli Dèi che venivano simbolizzati nei 4 Elementi.

Essi li troviamo nell'aritmetica, nella geometria, nella medicina, nella psicologia, nell'alchimia, nella chimica, nell'astrologia e nella religione.

Noi stessi ci immergiamo dentro un ritmo quaternario, in compagnia delle quattro stagioni dell'anno, delle quattro fasi mensili della Luna e dei quattro Tempi notturno-diurno della giornata.

Da questa *quadripartizione* si passa alla *tripartizione* (segni cardinali, fissi e mobili) e alla *bipartizione* (segni maschili/femminili e caldi/freddi) che rappresentano l'Unità di Tempo nonché le misure Cicliche di un processo vitale inscritto nel cerchio (nella forma bidimensionale) e nella sfera (nella forma tridimensionale).

Il Quaternario è un simbolo e, in quanto tale, parla un linguaggio Universale.

Secondo la Scuola Pitagorica, il numero 4 era il più perfetto tra i numeri. Rappresentava, infatti, la prima "potenza" matematica, era la "virtù geometrica" da cui derivavano tutte le combinazioni. La Tetraktys era una sua chiara espressione in cui ogni livello era collegato a uno dei 4 Elementi. Il numero 4 veniva anche chiamato 'quaternario', inteso come la sequenza dei primi quattro numeri cardinali.

Molti studiosi di astrologia sembrano aver ignorato o trascurato l'Antico concetto degli Elementi o, come abbiamo visto precedentemente in

Barbault, il loro utilizzo ci porta su un altro piano di analisi ben diverso rispetto all'uso comune che se ne fa nello studio dei temi natali.

Abbiamo visto anche che molte culture di tutto il mondo ne parlano e che gli Elementi sono presenti nelle diverse tradizioni culturali a nord come a sud del Mondo, ad est come ad ovest.

Con Stephen Arroyo in "L'Astrologia e i quattro elementi"[6] possiamo osservare come l'autore, prendendo spunto dal libro di Carter "Encyclopedia of Psychological Astrology", consideri gli Elementi come forze vitali della creazione e che l'astrologia fornisce il linguaggio per comprenderle.

Ma la ripartizione a *quattro* lo ritroviamo in diversi contesti.

Il *quadrivio* o quadrivium (letteralmente "quattro vie"), in epoca medievale, indicava, assieme al trivio, la formazione scolastica delle Arti liberali, propedeutica all'insegnamento della teologia e della filosofia.

Il termine fu introdotto da Severino Boezio (475-524 e.c.), filosofo e senatore romano che è stato ampiamente trattato in "Universis 2020-2218: Evento Rinascimento 2.0"[7] in quanto ebbe un ruolo fondamentale nei secoli successivi con lo sviluppo dell'Umanesimo.

Nel periodo Medievale, le discipline del quadrivio vennero associate ai pianeti:

- Aritmetica a Giove
- Geometria a Marte
- Astronomia a Saturno
- Musica al Sole

Il numero 4, nella sua forma geometrica del quadrato, rappresentava il piano su cui passavano i quattro punti cardinali del Cielo. Le prime rappresentazioni delle carte astrologiche erano 'quadrate' e creavano un sistema di otto case conosciute come *"octotopos"* [fig.1].

Il passaggio ai dodici settori trova un primo abbozzo nell'Astronomica di Manilio (10 e.c.) ma la rappresentazione si basava sempre su un *quadrato*, sul numero 4. Poi, dopo un secolo, nel periodo tolemaico, la divisione definitiva risultò quella 'duodecimale'.

Gli astrologi medievali rappresentavano il grafico con una struttura quadrangolare che privilegiava le *case* (la Terra). Fino al XIX secolo la rappresentazione della carta del Cielo era ancora quadrata e non rotonda.

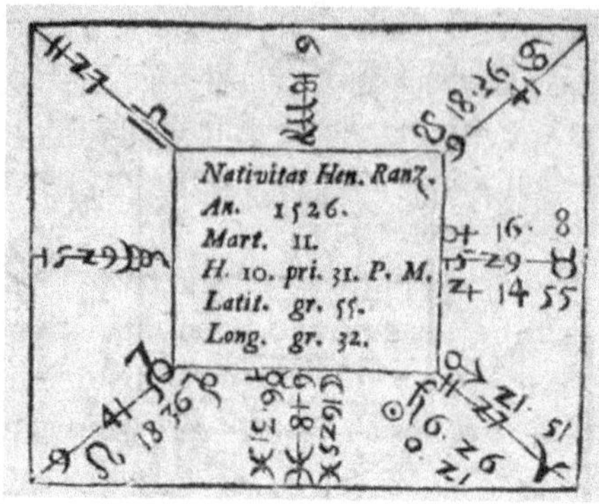

[fig. 1]

Noi, oggi, siamo passati a una rappresentazione circolare che privilegia i *segni* zodiacali (il Cielo) in virtù anche di un passaggio culturale che avvenne nel corso del Tempo.

Tale diversa visione del Cosmo era legata, infatti, ai significati simbolici della quadratura del cerchio intesa come l'inserimento dell'individuo materiale (il Quadrato) nella spiritualità del Cosmo (il Cerchio). Si passa dalla Terra al Cielo, dal quadrato al cerchio che a sua volta fu arricchito con l'aggiunta dello zodiaco quale rappresentante della dimensione celeste.

L'Astrologia è sicuramente il testimone più importante del *quaternario*.

Il suo sistema iniziale era basato su quattro quadranti, la sua struttura era a otto settori (poi a dodici), usava i quattro punti della croce cardinale, prendeva vita dai 4 Elementi, la sua struttura era suddivisa in pianeti, case, segni e Cicli. Tutto l'insieme dava vita al legame tra il microcosmo umano e il macrocosmo celeste. L'astrologia da sola è in grado di sintetizzare questa conoscenza sparsa e diversificata attraverso il suo modello semplice quanto coerente su base *quattro*.

Si può osservare una quadripartizione in diversi campi:

4 stati della materia: plasma, liquido, gassoso, solido;

4 elementi principali della chimica organica: idrogeno, azoto, ossigeno, carbonio;

4 unità principali di misura: grado, metro, secondo, chilogrammo;

4 fasi della vita: nascita, adolescenza, maturità, vecchiaia;

4 momenti del giorno: alba, mezzogiorno, tramonto, notte;
4 forze della fisica: forza gravitazionale, la forza elettromagnetica, la forza nucleare debole, la forza nucleare forte;
4 fasi lunari;
4 stagioni;
4 direzioni;
4 rami della matematica: algebra, geometria, logica, analisi;
4 regni: animale, vegetale, minerale, umano;
4 elementi alchemici: azoto, sale, solfo, mercurio;
4 livelli del Tetraktys pitagorico;
4 livelli della bibbia ebraica: mosaici, profetici, storici e didattici;
4 scuole greche: Aristotele, Platone, Zeno, Epicuro;
4 composti del DNA: adenina, citosina, guanina, timina.

E' indubbio che il significato simbolico del numero 4 e l'interesse interculturale dei vari popoli si sia concentrato sui 4 Elementi abbia un ruolo di primaria importanza e di base per tutte le applicazioni.

Il Cosmo si direbbe che sia l'espressione di un Tutto organizzato e ordinato. Ogni cosa nell'Universo, a livello macrocosmico e microcosmico, sembra essere disposta secondo un preciso equilibrio, regolato da Leggi Cosmiche in cui i 4 Elementi hanno una loro funzione ben specifica e un ruolo che tutte le culture di ogni Tempo hanno riconosciuto.

Universis opera sul numero 4, quello degli Elementi. L'intero modello poggia su questa classificazione, ciclica, ritmica e periodica, per individuare uno schema ad ampio raggio nello spazio-tempo astrologico nell'analisi degli eventi storici in rapporto agli eventi celesti. Universis ripercorre e si inserisce nel solco della Tradizione e dell'insegnamento passato. Non c'è nulla di nuovo in un certo senso, ciò che avviene è una diversa combinazione di una conoscenza già conosciuta e che fa parte del sapere astrologico già acquisito nell'Antichità ma che viene rivisto in chiave moderna. Questo comporta il lasciar andare alcune concezioni, idee e pensieri ormai superate del passato per sostituirle con delle nuove. Universis è una nuova prospettiva sul mondo *"[...] dove l'allievo non è più vincolato a rispettare e a condividere le idee con il maestro ma può costruire su queste idee senza esitare a scartare e a criticarne le parti che ritiene migliorabili. Questa terza strada, in equilibrio tra l'adesione a una scuola e la contrapposizione a essa, è la chiave di volta che apre l'immenso sviluppo del pensiero filosofico e scientifico che segue: da questo momento la conoscenza comincia a crescere vertiginosamente, nutrendosi del sapere del passato ma insieme anche della possibilità di criticare, e dunque migliorare, questo sapere [...]"* scrive Carlo Rovelli in "La realtà non è come ci appare"[8] ricordandoci l'eredità dell'Antica scuola di Mileto in cui un gruppo di pensatori aveva rifondato il modo di porre domande sul mondo e di cercare nuove risposte rispetto ai Primi Uomini.

[1][8] La realtà non è come ci appare, Carlo Rovelli, Cortina Raffaello, 2014
[2] Il Grande Disegno, Stephen Hawking e Leonard Mlodinow, Mondadori, 2017
[3] Psicologia e Alchimia, C.G. Jung, Boringhieri, 2006
[4] Andrè Barbault: un gigante dell'astrologia contemporanea. Enzo Barillà, Ricerca 90 n. 48, 2001 online https://docplayer.it/38847544-Andre-barbault-un-gigante-dell-astrologia-contemporanea-di-enzo-barilla-articolo-apparso-sul-n-ottobre-della-rivista-ricerca-90.html
[5] Archetipi di territorio, Anna Marson, Alinea, 2008, online http://www.lapei.it/?page_id=997
[6] L'Astrologia e i quattro elementi, S. Arroyo, Astrolabio Ubaldini, 1988
[7] "Universis 2020-2218: Evento Rinascimento 2.0, Argo, KDP, 2020

1.9 I Quattro Elementi: cenni Storici.

Fu Talete di Mileto (624-545 a.e.c.), a ritenere che l'A*cqua*, ovvero l'umidità, fosse l'Elemento primordiale di ogni processo creativo.

Risale invece ad Anassimene di Mileto (585-546 a.e.c.) la concezione che l'A*ria* doveva essere considerata il principio di ogni cosa, l'origine di tutti i corpi per la sua condensazione o rarefazione.

Per Senofane di Colofone (570-475 a.e.c.), tutto quanto nasceva dalla *Terra* e dall'*Acqua*.

Per Eraclito poi (535-475 a.e.c.) il solo Elemento generatore della vita era il *Fuoco* ed è in virtù di esso che tutta la realtà si presentava come un perpetuo divenire, un'eterna lotta di contrari, dal momento che il calore produceva la vita ma che anche la consumava.

Per Empedocle infine (forse 490-420 a.e.c.) quattro erano gli Elementi primordiali: *Fuoco, Aria, Terra e Acqua*.

Di fronte ad una realtà in continuo mutamento, l'uomo si era messo alla ricerca di una realtà unica ed eterna, ha cercato il principio, l'*arché*, da cui tutte le cose derivavano, la forza o legge che spiegasse la loro nascita o la loro morte.

Perché, nello studio del Tempo storico con il modello Universis, si fa uso dei 4 Elementi? Cosa li porta ad essere così significativi oggi rispetto a ieri? Condivido l'affermazione di André Barbault in "La Sovranità dei 4 elementi"[1], in cui scrive: *"[...] Naturalmente potete fare astrologia rinunciando agli elementi. Sono una tipologia tra le altre. Ma ricordo Napoleone che diceva: «Guai al generale che viene sul campo di battaglia con un sistema». Il che mi fa rispondere: miseria dell'astrologo che dispone di una sola chiave per aprire la porta del tema. Non credete che sia meglio avere un mazzo di chiavi in mano per utilizzare quella che entra meglio nella serratura? Da parte mia credo che la chiave degli elementi sia l'eccellente del mazzo, e la più appropriata a rendere felice un astrologo. Perché l'astrologia è in primo luogo una conoscenza degli elementi ed è là il suo più grande afflato spirituale. [...] Il principio di interdipendenza universale che presiede all'astrologia, secondo il quale la parte è l'immagine del tutto così come il piccolo si ritrova nel grande, ci viene restituito in genetica tramite il passaggio dell'elemento nella totalità del contenuto del genoma umano [...]".*

Anna Marson in "Archetipi di territorio"[2], scrive: *"[...] In tutte le cosmogonie, le teorie mitiche sull'universo che sono all'origine delle nostre civiltà umane, si ritrovano quattro elementi: la terra, l'acqua, il fuoco e l'aria [...]"*. Si trattava quindi di una rappresentazione culturale religiosa delle origini del Cosmo comune alla visione umana delle civiltà occidentali e orientali, che concepivano una stretta connessione tra il microcosmo umano e il macrocosmo celeste. Tra l'Uomo e il Cosmo si stabiliva un rapporto tale tra i 4 Elementi che dal loro equilibrio si sviluppava la vita. Rappresentavano nella filosofia greca, nell'aritmetica, nella geometria, nella medicina, nella psicologia, nell'alchimia, nella chimica, nell'astrologia e nella religione i regni del cosmo, il principio base in cui tutte le cose esistevano e coesistevano.

L'astrologo americano Chris Brennan ha discusso in un podcast[3] come i segni astrologici non erano associati agli Elementi. Egli ha notato, nella maggior parte delle opere ellenistiche sopravvissute, che gli Elementi non erano affatto associati alla Triplicità.

Invece degli Elementi, le Triplicità venivano associate, in alcuni dei primi testi storici, ai quattro venti. La Triplicità moderna del Fuoco era associata al vento orientale. Allo stesso modo, i segni di Terra odierni erano associati al vento del sud, i segni dell'Aria con il vento dell'ovest e i segni dell'Acqua al vento del nord. L'associazione dei segni con queste direzioni prevalse nel periodo medievale. Ad esempio, sia Albumasar (IX secolo) che al-Qabisi (X secolo) associavano le Triplicità a queste direzioni non agli Elementi.

L'associazione di Triplicità con i venti è resa esplicita in Paulus Alexandrinus, astrologo del tardo impero romano, con il libro "Introduzione" del 378 e.c.

I suoi testi erano al centro della tecnica astrologia ellenista. Questa visione arrivò anche a prevalere nel periodo medievale. Tuttavia, non è un'associazione comune nei testi ellenistici. La maggior parte degli astrologi non associava affatto le Triplicità ai venti. Inoltre, alcuni astrologi associarono direzioni diverse alle Triplicità. Ad esempio, per Tolomeo, i venti assegnati alla Triplicità, erano basati sui pianeti che governavano i Segni.

La più comune associazione iniziale di Triplicità era semplicemente una serie speciale di governanti che riguardavano ciascun gruppo di segni. Questi governanti della Triplicità venivano di solito esaminati in quanto svolgevano un ruolo di supporto in relazione alle questioni indicate dal segno . Essi sono stati usati anche per indicare le fasi iniziali, intermedie e finali di un evento che poteva cambiare nel Tempo.

L'affermazione della dottrina, secondo cui ci sono 4 Elementi o radici che strutturavano il nostro mondo, è attribuita al filosofo greco Empedocle. L'argomento diventò un aspetto di molte altre teorie successive, comprese quelle di Platone, di Aristotele e degli Stoici.

Empedocle, filosofo greco di Agrigento, fu considerato profeta, taumaturgo, medico, poeta, oratore. La sua concezione filosofica conciliava la tesi eleatica sull'immutabilità ed eternità dell'essere con la tesi eraclitea sulla realtà come continuo divenire.

La nuova visione data da Empedocle sostituì l'unicità di un elemento/componente della scuola ionica[4] con la molteplicità degli Elementi originari, ossia, Fuoco, Terra, Aria e Acqua. Con questa visione della creazione non si può parlare né di origine né di fine ma soltanto di mescolanza e cambiamento in un Ciclo Eterno: la loro unione portava all'unità e, la loro separazione, conduceva alla molteplicità.

In "Atlante illustrato di Filosofia"[5] di Ubaldo Nicola, possiamo comprendere meglio alcuni passaggi. Tutti gli Elementi sono fusi insieme in una sfera perfettamente omogenea senza conflitti interni chiamata *sphairos* o *sfero*. L'unione di tali Elementi, denominati dal filosofo *radici*, determinava la nascita delle cose e la loro separazione, la morte. Questi due processi avvengono, per Empedocle, in due fasi cosmiche, ciascuna della durata dell'Anno del Mondo di cui parlavano gli astronomi babilonesi, periodi che non cessano mai di alternarsi in un Ciclo eterno.

Grazie a Empedocle, Ippocrate poté formulare la sua teoria umorale, il più antico tentativo nel formulare le cause delle malattie e una classificazione dei tipi psicologici: il buon funzionamento dell'uomo dipendeva dall'equilibrio degli Elementi.

Un'associazione degli Elementi con le Triplicità può anche essere evidente in Firmicus Maternus con il libro *"Mathesis"* (IV secolo e.c.) ma non tutti si trovano d'accordo.

Chris Brennan nel suo podcast citato in precedenza, afferma che l'associazione degli Elementi con la Triplicità, non faceva parte della prima astrologia ellenistica ma era ben consolidata al tempo di Rhetorius (VII secolo e.c.). Nei sui scritti rende esplicita l'associazione degli Elementi con i segni oltre a riportare gli studi dell'astrologo Vettius Valens che raccolse testi ancora più Antichi nel suo manuale "Antologie"[6]. L'associazione di Elementi con la Triplicità divenne un'associazione sempre più popolare nel Medioevo e nel Rinascimento grazie alla crescente importanza dell'aristotelismo nella visione del mondo medievale.

Molta strada si è fatta da allora e le grandi intuizioni dell'uomo, sono state pure supportate dalla scienza, ma i 4 Elementi base colti dagli Antichi che si chiedevano il perché del mondo e dell'esistenza sono arrivati fino a noi, nell'epoca moderna, carichi di una simbologia che è passata da una cultura all'altra, sempre riconfermata nella sua essenza, perché sono identità da sempre presenti dentro di noi, nei millenni sono sempre presenti nell'espressione intellettuale dell'uomo.

Questi passaggi storici spiegano perché la Teoria delle congiunzioni Giove-Saturno non venne sviluppata eccessivamente. Vuoi che all'inizio gli eventi storici analizzati erano pochi rispetto ai nostri e concentrati su eventi ben specifici (religioni, destino del Re, meteo), vuoi anche che gli Elementi erano associati alle direzione dei venti. Nel corso dei secoli la teoria non venne più sviluppata ritenendola completa così com'è arrivando a noi, praticamente inalterata. Tuttavia prendendo le congiunzioni dei due pianeti all'interno di un'analisi degli Elementi, prende vita una struttura, un modello che aiuta ad indagare gli eventi storici sotto una nuova prospettiva. Permette di creare connessioni temporali, permette di comprendere come gli Elementi interagiscono tra loro, Ciclo dopo Ciclo, facendo riemergere determinati eventi del passato nel futuro.

---

[1] La Sovranità dei 4 elementi in André Barbault parla: Piccola antologia, A. Barbault, trad. Enzo Barillà, CreateSpace Independent Publishing, 2015

[2] Archetipi di territorio, Anna Marson, Alinea, 2008, online http://www.lapei.it/?page_id=997

[3] Brennan, C. (2011, 11 novembre). Ultime notizie in astrologia tradizionale . Radio tradizionale di astrologia. Estratto da http://traditionalastrologyradio.com/2011/11/11/recent-developments-in-traditional-astrology/

[4] Tutte le cose provengono da: acqua per Talete, dall'infinito per Anassimandro, dall'aria per Anassimene, dal fuoco per Eraclito della scuola stoica.

[5] Atlante illustrato di Filosofia, Ubaldo Nicola, Demetra, 1999

[6] Valens, V. (2010). Antologie . (M. Riley, Trans.) (PDF online.). World Wide Web: Mark Riley. Estratto da http://www.csus.edu/indiv/r/rileymt/Vettius%20Valens%20entire.pdf

1.10 Fuoco, Terra, Aria, Acqua e la suddivisione Ternaria.

L'Astrologia è un sistema di rappresentazione della realtà. Tramite l'utilizzo dei simboli codificati nello Zodiaco, ci offre una rappresentazione del processo Ciclico.

La suddivisione Quaternaria e Ternaria ci permette di indagare aspetti utili in ottica di Universis nonché del ruolo che possono avere nello studio astrostorico.

Utilizzeremo le fonti di S. Arroyo con "Astrologia e i quattro elementi"[1], il lavoro di gruppo di Convivio "Gli elementi" [2] sintetizzato da Maria Grazia La Rosa, e, soprattutto, verrà dato ampio risalto alle argomentazioni di Renzo Baldini tratte dal libro "La Freccia del Sagittario".[3]

In questo libro, l'autore ha portato un contributo significativo, ci ricorda che *"[...] La teoria degli elementi è presente un po' in tutte le culture, da oriente a occidente. Queste quattro forze che rappresentano le modalità di espressione dell'Energia Primigenita, prendono poi nomi diversi a seconda del contesto in cui si trovano a operare o dei tempi e dei luoghi testimoni della loro manifestazione: nel mondo in cui viviamo, ad esempio, possono ritrovarsi sotto forma di Energia, Materia, Spazio e Tempo [...]"*.

Quando si parla della suddivisione Quaternaria degli Elementi diventa significativo evidenziarla con la suddivisione Ternaria.

Cardinale, *Fisso* e *Mobile* rappresentano le tre modalità di espressione degli Elementi, delimitano degli stadi di sviluppo al loro interno caratterizzati da:

-modalità Cardinale: la forza che inizia un processo e una dinamica storica, modalità dell'essere, dà vita a figure storiche/eventi con caratteristiche pionieristiche che hanno il ruolo di iniziatori . Rappresenta l'energia diretta a realizzare un'azione, c'è una visione chiara di ciò che si vuole raggiungere e si agisce per raggiungere lo scopo. E' un'energia iniziatrice, trasforma un'idea in azione concreta. E' Energia rivolta verso l'esterno, sull'ambiente. C'è la spinta a prendere il comando e a dare forma alle cose.

-modalità Fissa: la forza che stabilizza, figure storiche/eventi con qualità di costruttori/distruttori. Energia predisposta a continuare nella costruzione di ciò che già esiste e lo organizzano in modo efficiente o viceversa il contrario. Danno stabilità/demoliscono ciò che è già costruito. Questa modalità non fa cambiamenti, anzi, fa resistenza e c'è difficoltà ad abbandonare un'idea, una visione della realtà. Perseveranza, pazienza a conseguire gli obiettivi. Questa modalità spinge verso l'interno. Proteggono, consolidano, mantengono. Essa tende a preservare uno status quo e a reagisce a circostanze che lo alterano opponendo resistenza o una lenta ristrutturazione.

-modalità Mobile: la forza che distribuisce, comprende e che trasforma. Figure storiche/eventi versatili che si presentano in maniera fluida assumendo diverse possibilità di sviluppo. Questa modalità è a metà strada tra il progresso della modalità Cardinale e il conservatorismo della modalità dei Fissi. E' energia che produce adattabilità, versatilità, è a suo agio in tutte le situazioni, trova alternative al problema. Questa modalità tende a ricercare cambiamenti e rinnovamenti. E' in grado di sostituire una cosa con un'altra e allineano le loro azioni con procedimenti chiari.

In Universis si prendono in considerazione queste tre fasi che si sviluppano all'interno di ogni singolo Elemento. Sono fasi che caratterizzano dei sotto-periodi storici all'interno del Ciclo dell'Elemento. Permettono di suddividere il Ciclo in tre stadi di sviluppo pari a 60 anni, ossia, al completamento delle tre congiunzioni Giove-Saturno nei tre segni per Elemento. L'energia iniziale con cui inizia un Ciclo non è la stessa energia che si esprime nella sua fase finale pur trovandoci all'interno dello stesso Elemento.

Ad esempio: consideriamo il Ciclo di Fuoco che dura 200(i) anni. Avremo una fase *iniziale, intermedia e finale,* ciascuna pari a 60 anni, caratterizzate dalle qualità delle tre modalità che scandiranno l'evoluzione dell'Elemento all'interno del suo stesso Ciclo di espressione dotandolo di tonalità differenti. Il Ciclo di Fuoco avrà dunque tre espressioni diverse che influenzeranno l'intera dinamica storica con tre modalità differenti pur rimanendo sempre nelle caratteristiche dello stesso Elemento.

Si dovranno poi considerare la qualità dei Cicli Planetari che si verificheranno all'interno dell'Elemento in quanto modificheranno la natura dell'Elemento stesso con: accelerazioni, rallentamenti, blocchi, fasi di sospensioni o ritorni a stadi precedenti.

Al momento, tuttavia, escludiamo queste interferenze dei Cicli Planetari e vediamo come possiamo caratterizzare i 4 Elementi all'interno del Ciclo di sviluppo della Triplicità che verrà applicato al modello Universis nei capitoli successivi.

Renzo Baldini nel libro "La Freccia del Sagittario" descrive dettagliatamente le fasi interne del Ciclo di sviluppo di ogni Elemento. Si attingerà a questa fonte per descrivere al meglio le caratteristiche del Fuoco, della Terra, dell'Aria e dell'Acqua.

Il Fuoco e l'Aria sono elementi attivi in quanto agiscono su un oggetto per modificarlo. Rappresentano la fase 'diurna' del Ciclo delle Triplicità. L'Acqua e la Terra sono elementi passivi, poiché indicano stasi e rappresentano la fase 'notturna' dell'intero Ciclo.

In "Trattato Tecnico di Astrologia"[4] R. Baldini scrive: *"[...] Queste quattro forze, che gli antichi rappresentavano gli elementi fondamentali di tutte le strutture [...] possiamo ritrovarli sotto forma di Energia, Materia, Spazio e Tempo oppure a legarsi alle quattro componenti dell'essere umano così come ci provengono dalla tradizione esoterica: Spirito, Corpo, Mente e Anima [...]"*.

Vediamo in una rapida sintesi i singoli Elementi:

FUOCO.

"[...] Violento, aggressivo, distruttore oppure liberatore, purificatore, è una potenza conquistatrice, un fattore di lotta, di progresso [...] impegnata alla conquista del mondo o di se stessa. Volontà di potenza diretta verso il combattimento, la conquista materiale oppure orientata verso la lucidità di coscienza, verso la grandezza di una realizzazione morale o di una elevazione spirituale [...]" leggiamo in Barbault in "Trattato pratico di Astrologia"[5]. E', dunque, agente di trasformazione e, allo stesso tempo, agente di distruzione e di rinnovamento. Le sue caratteristiche, come quelle degli Elementi successivi, vanno collocate in prospettiva degli eventi storici, legandoli tra di loro.

Il Fuoco è legato alla trasmutazione, cioè al passaggio di uno stato all'altro producendo eventi sul piano storico. Un Elemento che va visto come rito di glorificazione, di purificazione, di passaggio ma anche e soprattutto come rito di nascita nell'evoluzione umana all'interno della ripetizione dei Cicli degli Elementi. E' la scintilla che da inizio a un processo, è energia esplosiva iniziatrice ma anche di sacrificio, di perdita perché qualsiasi cosa, quando si realizza, presuppone il sacrificio dell'energia che l'ha realizzata che viene alterata, modificata o cancellata. Questa è la sua prima fase di sviluppo.

Nel suo secondo stadio, il Fuoco è un'energia che si struttura in una forma stabile, si centralizza, prende forma ed emana tutto il suo potere verso uno scopo, legato all'espressione dei propri valori e della propria forza. Possiamo dire che l'energia del secondo stadio prende forma e si espande, si canalizza in una direzione che è stata individuata.

Il terzo stadio illumina il cammino, fa avanzare il processo che tenderà ad abbattere o a mutare le tendenze storiche della linea temporale. Durante la fase Fuoco, il panorama culturale diventa intraprendente, è in rapida espansione, assistiamo a fasi di conquiste, si trovano leader carismatici e ispirati, accadono rivoluzioni scientifiche e scoperte tecnologiche.

Il Fuoco è la spinta verso la lotta e la conquista che può essere sia spirituale che materiale, si espande velocemente e trasforma tutto ciò che tocca. Tuttavia, questa trasformazione, può essere, come sempre, sia creativa che distruttiva. La materia può essere forgiata dal Fuoco ma può anche essere distrutta portando morte e sterilità. L'Elemento è, spesso, portatore di nuove civiltà. Il Fuoco ci ricorda il mito di Prometeo che lo rubò agli Déi per donarlo agli uomini e, con la sua scoperta, iniziò il progresso del genere umano.

Gli ostacoli/conflitto: li affronta e li abbatte mostrando tutta la sua forza. Azione diretta, azione di impulso e non mediata, manifestazioni estreme.

Espressione negativa: mancanza di iniziativa, ristagno, dispotismo, scoraggiamento, assenza di iniziativa e di azione, difficoltà ad uscire da situazioni di status quo. Difficoltà a superare i limiti, incapacità di immaginare nuove frontiere.

TERRA.

Rappresenta lo stato solido ed è espressione della forza della materia. Dopo la combustione del Fuoco, la materia si condensa, si materializza in forme solide, stabili. La Terra convoglia le energie del Fuoco per renderle utili e utilizzabili. La forza si assesta e si concretizza.

Il primo stadio è la fase involucro che nutre e gestisce il seme, è l'inizio di una fase storica ancora embrionale.

Nel secondo stadio la materia ha modo di esprimersi, si realizza, si concretizza, diventa visibile. Il seme viene, dunque, elaborato, prende forma e si concretizza negli sviluppi storici come tendenza.

La terza fase è il lavoro di innesto di qualcosa di nuovo nella materia che produce conoscenza, consapevolezza e dubbio, dubbio che aprirà le porte all'Elemento successivo. Il 'dubbio' è inteso come la riflessione che porta a discutere se il percorso intrapreso sia quello giusto.

Con l'Elemento Terra si stabilizzano periodi di grande produttività che alimentano il commercio e lo scambio. E' una fase, spesso caratterizzata da un aumento della popolazione unito a un interesse verso l'ambiente in cui l'uomo o è integrato alla natura o la domina e la saccheggia.

Lentezza, maturazione, tenacia, disciplina, analisi, viene alimentato l'aspetto pratico e concreto della vita e si guarda con sospetto tutto ciò che non può essere verificato in modo certo e concreto.

L'Elemento Terra è collegato il concetto di *sicurezza materiale* quella che Bowlby chiama la "base sicura".

Abbiamo una fase in cui si assiste alla contrapposizione tra materia e spirito in quanto questo Elemento ha come intento primario la costruzione, ossia, vuole mettere le basi per qualcosa che dovrà crescere, sia che esso sia un fine di un bene materiale o/e benessere spirituale.

Affinché ciò si realizzi, diventa inevitabile una certa avversione ai cambiamenti che producono caos nel tranquillo e sicuro scorrere del Tempo. Questo è un Elemento orientato anche verso la scienza e la tecnica, ma può esser diffidente verso quelle discipline che non diano risultati tangibili. La mente dell'Elemento Terra, infatti, considera reale ciò che può sperimentare con i sensi, ha difficoltà con le questioni teoriche e astratte. Viene data enfasi al 'pensiero-concreto' rispetto al 'pensiero-astratto' dell'Elemento successivo, l'Aria. Le sue capacità di analisi e di sintesi, unite alla logica, possono favorire la ricerca in vari campi. Si potranno assistere a delle fasi storiche di sviluppo materiale delle conoscenze tecniche. Questo Elemento manca della capacità di comprendere pienamente le conseguenze delle azioni che vengono fatte per raggiungere un fine nonché dei metodi che vengono utilizzati per ottenerli.

Espressione negativa: scarso contatto con la realtà e il mondo, difficoltà ad organizzare e strutturare, troppa metodicità, eccesso di ricerca delle sicurezze materiali, assenza di ideali, cinismo, eccesso di efficienza e conservatorismo, valori basati sul materialismo.

ARIA.

Questo Elemento è *"[...] indagine delle idee archetipiche poste dietro il velo del mondo fisico, è l'energia che crea il disegno delle cose future [...]"* scrive Arroyo in "L'Astrologia e i quattro elementi".

Nella prima fase, la mente tende ad organizzarsi e a strutturarsi ma è in uno stadio iniziale in cui cerca di equilibrare il personale con lo spirituale ci ricorda Renzo Baldini. Si genera la coscienza, nascono situazioni che richiedono scelte, decisioni, selezioni. E' l'incontro con gli "altri" (inteso come tutto ciò che è diverso dal proprio mondo culturale) ma proprio perché siamo all'inizio di questa fase evolutiva, l'incontro provocato dall'Aria può risultare uno "scontro" culturale, un rafforzamento delle opposizioni e dicotomie non solo interiori ma anche esteriori: io/noi, altri/loro. Rappresenta una fase storica in cui l'Elemento spinge verso una presa di consapevolezza del proprio cammino evolutivo, individuale quanto collettivo.

Nella fase centrale del secondo stadio la mente prende forma e inizia ad agire, si prende coscienza del processo in atto che richiede un mutamento della linea temporale. Si assiste a un intensificarsi di rivoluzioni e cambiamenti, sia sociali che politici o industriali. Il pensiero viene attivato, si entra nel contesto della simbologia dell'Uomo che si espande nella società attraverso il riconoscimento del proprio simile. E' il futuro che avanza cercando di unire, attraverso l'energia dell'Aria e del 'pensiero-astratto', tutte le componenti separate e divisorie della società o aumentano. E' il passaggio dal concetto di *'uomo'* a quello di *'umanità'* perché l'Elemento Aria spinge verso il modello dell'Uomo Universale e della Famiglia Umana.

Nel terzo stadio si verifica l'unione degli opposti, si verifica lo scambio reciproco tra due entità/tendenze che cercano di unirsi in una nuova visione o viceversa assistiamo a fasi storiche che enfatizzano la separazione e la divisione. Lo scambio delle idee produce relazione, informazione, possesso della conoscenza, comprensione della stessa e la sua conseguente trasformazione in conoscenza superiore. Si assiste alla trasformazione della visione del mondo, si cerca il legame, un ponte tra il sacro e il profano, tra il dentro e il fuori, tra la mente e l'anima. Viceversa, la linea temporale della Storia potrebbe evidenziare una maggiore separazione e divisione in termini culturali e sociali.

Il tentativo di produrre una sintesi delle varie visioni intellettuali del mondo, delle varie coppie duali, della distanza tra le varie posizioni che tendono ancora ad identificare il diverso e l'estraneo dalla propria identità culturale, crea una forte instabilità all'interno delle dinamiche sociali, politiche e culturali che sono in fermento.

Nell'Elemento Aria assistiamo a dei veri momenti di rivitalizzazione intellettuale, filosofica e scientifica che guidano le trasformazioni sociali, politiche ed economiche perché l'energia mentale progetta il futuro.

L'Elemento Aria è un simbolo di idee archetipiche, di linee geometriche che agiscono attraverso la mente, di idee non ancora materializzate, distacco dall'esperienza quotidiana per avere una visione più ampia slegandosi dai vincoli creati dall'Elemento precedente, la Terra.

L'Aria produce una visione più obiettiva e razionale perché non coinvolta dalle emozioni o dalla necessità di crearsi sicurezze materiali, la sua sicurezza nasce dalla conoscenza. Si cerca sicurezza intellettuale attraverso sistemi di pensiero politico, metafisico, scientifico.

La tendenza è quella di amalgamare le esigenze personali con quelle collettive. L'Aria spinge alla formazione della consapevolezza individuale affinché operi a beneficio dell'intera collettività. E' l'Elemento che viene considerato più umano e civile, ma l'umanità dell'Aria è molto incentrata sull'ideale sociale di cui si nutre ma in modo più astratto che concreto.

Nell'Aria il concetto del sociale è focalizzato al riconoscimento dell'altro da sé e per superare tale separazione occorrono mezzi capaci di colmare tale distanza, come la parola e le idee che possono essere riconosciute e condivise. Ma il contatto che si stabilisce con l'altro non avviene tramite un'intesa empatica di natura emotiva o fisica, forme di comunicazione che non concedono alcuna distanza-separazione, ma avviene tramite una forma di comunicazione che nasce e si sviluppa solo quando l'altro è vissuto e sperimentato come separato da sé, come insegna il processo di individuazione di Jung che l'Elemento Aria tende a favorire.

Infatti, abbiamo dei processi di liberazione dalle precedenti visioni del mondo, possiamo dire che avviene un processo di elevazione nella conquistata della consapevolezza del proprio sé, nella constatazione delle proprie capacità e nella scoperta della possibilità di essere capaci a far diversamente rispetto al passato e di cambiare il corso degli eventi.

Il bisogno di creare schemi e categorie con cui ordinare in modo logico gli eventi, riduce la 'ragione dei sentimenti' che viene messa in secondo piano. Ciò favorisce la capacità di saper scegliere e decidere che non vengono vincolati da fattori emotivi. Le conseguenze storiche possono essere positive quanto negative in virtù del risultato della scelta operata. Mentre il Fuoco spinge a volere qualcosa che già esiste, l'Aria è concentrata sulle teorie, sulle idee che non si sono ancora materializzate. L'Aria spinge verso una comprensione intellettuale del mondo, tutto viene analizzato con la mente e con la ragione che può contemplare ogni cosa proprio perché è distaccata, asettica ed assolutamente non coinvolta. Il pensiero è reale come qualsiasi oggetto reale. La vita è qualcosa da comprendere in termini metafisici oltre che nell'agire per poterla migliorare. L'Elemento Aria riflette il dono che Prometeo ha dato agli umani: la capacità di capire, di concettualizzare e di progettare. Per l'Aria, la mente è obiettiva perché dona quel distacco razionale che permette di analizzare le cose senza essere contaminati dal proprio modo d'essere e di pensare. Senza quest'Elemento, noi saremmo ciechi, incapaci di vedere il futuro, tenderemmo a ripetere costantemente le stesse cose, mentre l'Aria ci mette nella prospettiva del cambiamento.

Privi d'idee preconcette e di tabù, l'Aria consente l'instaurazione di fasi storiche piene di rinnovamento orientate al futuro senza i vincoli del passato. I periodi storici dominati dalla Triplicità di questo Elemento, hanno dato vita in passato a longevi sistemi di pensiero, innovazioni nello sviluppo del linguaggio e favorito la diffusione di idee e culture.

Espressione negativa: difficoltà di adattamento, diffidenza verso il diverso e il mondo intellettuale, incapacità di distacco, carenza di obiettività, attività mentale molto attiva che ha bisogno di essere controllata e guidata, superficialità, si vive nel mondo delle idee ma non dei legami emotivi con la realtà, l'idea astratta del collettivo non tiene conto delle esigenze reali e concrete del singolo individuo che è espressione della collettività ma che viene visto come entità astratta e non reale.

ACQUA.

L'Acqua è associata al concetto di purificazione e di rinnovamento della vita, alla reintegrazione delle forze perdute, disperse, è simbolo della spiritualità.

Il primo stadio è *istintivo*, il secondo *sensoriale*, il terzo *spirituale*.

Nel primo stadio, ci ricorda Renzo Baldini ne "La Freccia del Sagittario", si risente ancora dell'influsso della mente-Aria, c'è turbinio, agitazione che mette alla prova la stabilità della mente che viene disorientata dalle sensazioni che provengono dall'inconscio personale quanto da quello collettivo. E' una fase legata all'oscurità che porta alla rigenerazione attraverso una metamorfosi delle tendenze storiche che si sono sviluppate nell'Elemento precedente. Siamo nella fase di riflessione storica in cui si cercano nuove risposte all'identità umana e del suo legame con la Creazione.

Nel secondo stadio si lotta per liberarsi dalla concezione materiale in cui l'uomo-anima è prigioniero delle forze istintuali che riacquistano forza dopo il precedente controllo dell'Aria. L'Acqua attiva le forze spirituali, richiamano l'uomo a una dimensione superiore affinché egli trasformi la materia-istinto per giungere all'integrazione con qualcosa di superiore.

Il terzo stadio è la fase della conoscenza, della rivelazione che comporta anche il dualismo tra la volontà di agire per la trasformazione e la paura che ne consegue producendo fuga e smarrimento davanti ai richiami spirituali-anima. E' la fase in cui si oppongo le due forze: fuga-confronto nel processo di trasformazione che significa affrontare il conflitto per raggiungere alla maturazione e l'integrazione tra ciò che unisce e tra ciò che separa con la dimensione superiore della vita. La fase delle vicende storiche è fluttuante perché siamo nella fase in cui decade una tendenza storica e le forze spirituali-religiose riprendono forza e vigore perché la missione dell'Elemento Acqua è di occuparsi delle questioni dello spirito e delle domande ultime dell'esistenza. L'inconscio collettivo, di conseguenza, è sollecitato e agitato dalle spinte di questo stadio con l'effetto di produrre nella coscienza individuale la sensazione di trovarsi in balia degli impulsi che possono originare disordine e caos.

L'Elemento Acqua porta periodi di rinascita religiosa, spirituale e artistica, produce terreno fertile alle visioni dell'immaginazione e lo sviluppo dell'empatia, crea l'impulso per la ricerca della completezza di sé con la Vita. L'Elemento Acqua è caratterizzato dalla capacità di sciogliere qualsiasi barriera e divisione. E' l'ultimo Elemento in termini di successione e rappresenta il lato più sensibile dell'uomo, il suo lato emotivo, che è anche la potenzialità vera a livello di crescita e d'evoluzione. Possiamo dire che dopo il movimento e l'energia del Fuoco, il consolidamento e la struttura della Terra, arriva l'Elemento pensiero-comunicazione dell'Aria, che deve, però, essere totalmente rielaborato ed integrato dall'Acqua.

In questa fase l'evoluzione umana ha la possibilità di elaborare le emozioni/inconscio fino a padroneggiarle, usandole come uno strumento per arrivare a comprendere e ad immedesimarsi negli altri sviluppando empatia e compassione. L'Acqua è ciò che unisce, riempie ed invade, ma al tempo stesso ripulisce, rigenera, guarisce.

L'inconscio, come sappiamo, è popolato da immagini potenti, vivono le più intense paure, inspiegabili emozioni che se non vengono accolte, assorbite, contenute da qualcosa, invadono e sommergono completamente l'io. Troviamo ampia letteratura in proposito grazie agli studi di Jung sull'Ombra, sull'inconscio collettivo. L'io, l'individuo, vive con la sensazione di sentirsi trascinato alla deriva, senza guida e bussola, influenzato e turbato non solo dai suoi impulsi ma anche dagli eventi ricercando costantemente la sua "sicurezza emotiva".

C'è la necessità di dedicarsi a un ideale, di fare servizio altruistico per poterla raggiungere. Simbolicamente la psiche, il mondo interiore, l'inconscio comunica con la coscienza. In questo Elemento c'è il desiderio di liberare l'anima e di vivere una vita con uno scopo più elevato. Ovviamente si possono assistere a comportamenti estremi dettati proprio dall'incapacità di integrare le forze inconsce. Ciò che vale per l'individuo, vale per il collettivo.

L'Acqua riporta 'calore-empatia' (emozioni) lì dove l'Aria aveva portato 'freddezza-distacco' (mentale) nella visione del mondo.

Espressione negativa: difficoltà ad immedesimarsi negli altri, difficoltà ad entrare in contatto con se stessi, negazione della natura emotiva, distaccati, sfiducia nelle intuizioni, paura della sofferenza emotiva, assenza di energie purificatrici e curative, difficoltà ad incanalare la spinta spirituale in una direzione e ci si sente vittima di angosce, paure, insicurezze che tolgono la serenità interiore. Le dinamiche collettive tenderanno a seguire l'evoluzione delle dinamiche interiori del singolo individuo, sia in positivo che in negativo con tutta la gamma di manifestazione intermedia.

---

[1] Astrologia e i quattro elementi, S. Arroyo, Astrolabio Ubaldini, 1988
[2] fonte: http://www.convivioastrologico.it/studi_collettivi/elementi.htm
[3] La Freccia del Sagittario, Renzo Baldini, Ed. Pagnini, 2003
[4] Trattato Tecnico di Astrologia, Renzo Baldini, Hoepli, 2011
[5] Trattato pratico di Astrologia, A. Barbault, Astrolabio Ubaldini, 1979

1.11 Il Ciclo dei 4 Elementi.

I Cicli degli Elementi, nella prospettiva di Universis, utilizzano alcuni aspetti dei Cicli Planetari che sono stati analizzati, in chiave storica, da André Barbault in "L'Evoluzione del processo Ciclico"[1] e in numerosi altri scritti tra libri e articoli.

Possiamo identificare quattro stadi in base a quattro aspetti planetari, ossia:

- la **congiunzione** (0°), rappresentato dall'Elemento Fuoco;
- la **quadratura crescente** (90°), rappresentato dall'Elemento Terra:
- l'**opposizione** (180°), rappresentato dall'Elemento Aria:
- la **quadratura calante** (270° oppure 90°), rappresentato dall'Elemento Acqua.

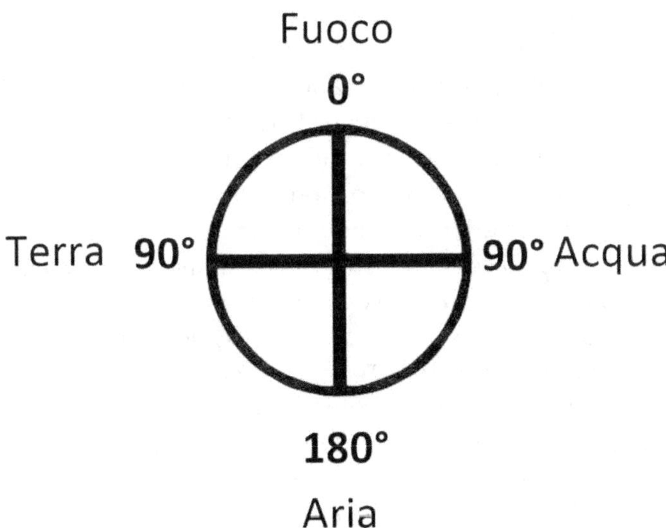

La scelta di soli 4 aspetti è determinata in base alle argomentazioni espresse nel capitolo 1.8

Così come abbiamo gli *aspetti Planetari*, in Universis abbiamo gli *aspetti degli Elementi*.

Considerando gli Elementi anche nel contesto degli *aspetti* permette di ottenere informazioni aggiuntive in merito alla natura e nel modo in cui essi si potranno esprimere. Comprendere che ci troviamo all'interno dell'Elemento Terra, per esempio, l'aspetto di quadratura che si crea con l'Elemento precedente, il Fuoco, aiuta anche a comprendere che ci troviamo in una fase di sfida. Occorrerà aggiungere questa caratteristica in fase di analisi del Ciclo. Ciò permette anche di dare una direzione all'interpretazione dei Cicli Planetari che si vengono a creare in questa fase dell'Elemento Terra che è stato preso come esempio.

Identifichiamo, ora, gli *aspetti degli Elementi* durante il loro percorso.

La **congiunzione** avvia il Ciclo, è la fase dell'Elemento Fuoco che da un inizio. Abbiamo: nascita, formazione, comparsa di un movimento storico o di una tendenza generale importante.

Questo concepimento/nascita eseguirà un percorso di assimilazione e di integrazione completa, caratterizzato da un periodo di conflitto che emerge inevitabilmente sia per eliminazione delle situazioni del Ciclo precedente (Acqua) sia dall'introduzione di nuovi elementi in contrasto con quelli già assimilati. Viene quindi introdotta una prima polarizzazione laddove, prima, tutto sembrava più chiaro. Il suo apice è l'*opposizione*.

Il **quadrato crescente**, Elemento Terra, inizia la fase di maggiore produttività ed esteriorizzazione perché l'impulso tenderà a concretizzarsi. Avremo conflitti, ostacoli che faranno deviare dal sentiero iniziale o si tradurranno in rottura o in scissioni.

Nato con la congiunzione, la tendenza del Ciclo, dunque, arriva a un punto critico con la quadratura-Terra. L'impulso si trova a metà strada dalla congiunzione che è la tesi e dall'opposizione che è l'antitesi: una fase che potrebbe tendere a far deviare dalla sua linea originale. Ci troviamo qui alla presenza di una crisi di crescita dovute alle necessità di concretizzazione nella realtà concreta per poterla stabilizzare. Qui la tendenza è in via di trasformazione. Si concretizza, s'infittisce, prende forma e s'instaura, si assesta in un ambiente che le è propizio e che si integra, un ambiente che alimenta la sua propria sostanza nella migliore delle ipotesi o si incontrano ostacoli e conflitti.

La sfida consiste nel creare una struttura/tendenza storica.

L'**opposizione**, fase dell'Elemento Aria, corrisponde al picco del Ciclo o alla sua più grande conflittualità, già iniziata in fase Terra. Indica il conseguimento di ciò che si è incominciato con la congiunzione dell'Elemento Fuoco e stabilizzato o meno nell'Elemento Terra con le dovute modifiche per poterlo attuare.

L'opposizione identifica la fase culminante del Ciclo con la sua piena e totale manifestazione. Tuttavia, questo periodo, può essere accompagnato da conflitti e da polarizzazione. Allo stesso tempo, può corrispondere a svolte direzionali della Storia. L'opposizione assomiglia al picco di un'esperienza. Varie le situazioni che si potranno presentare: crisi, scoppio di conflitti interni o esterni, divisioni, nuovo punto di partenza, nuova serie di eventi, talvolta nascita di una controtendenza rispetto alla dinamica iniziale del Ciclo.

Questa tappa potrebbe segnare anche un nuovo punto di partenza, l'inizio di un nuovo Ciclo dove l'opposizione diventa congiunzione. Si assiste così non alla maturazione completa della tendenza iniziale ma al suo crollo e si verifica la nascita d'una controtendenza che la sostituisce. La forza dell'opposizione-Aria è una forza di separazione, di scontro, se non di rovesciamento della situazione. Qui si decide se la storia della tendenza decade oppure se supera un confronto esterno che le conferisce una nuova dimensione e che le permette di continuare il suo corso oltre la congiunzione successiva. I fatti storici che accadono diventano tappe importanti ed estremamente significativi. E' una fase che ha un contenuto ambivalente che agisce in due direzioni sia in quello di un'inversione di tendenza che conduce al declino, sia quello del suo superamento che porta a un'ulteriore espansione e affermazione.

Possiamo vedere questa fase anche sotto una prospettiva differente, ossia, non tanto come un ostacolo lungo il cammino della sua fase di affermazione che si è consolidata nella fase del Ciclo Terra, ma come eventi che creano una perturbazione, una alterazione e un affanno alla sua affermazione soggetta a una revisione sotto l'Elemento Aria.

Il **quadrato calante**, fase dell'Elemento Acqua, corrisponde alla consapevolezza che il Ciclo è servito al suo scopo e che è Tempo per prepararsi al nuovo Ciclo. Questo può essere un periodo di grandi ricompense e soddisfazioni o di grande stress, secondo il modo in cui sono state gestite le circostanze relative all'opposizione, secondo

Barbault. I risultati, da questo momento in poi, dipenderanno da ciò che è avvenuto durante la fase di opposizione momento di massima espansione che possono produrre sia deviazioni che rotture in virtù di un conflitto creato da un ostacolo da superare.

Nella quadratura-Acqua vengono rimessi in discussione i risultati acquisiti che non sembrano più essere e che non sembrano più garantire ciò che potevano promettere e assicurare. Ci troviamo di fronte ad un deterioramento dello sviluppo storico, ad una nuova crisi nella quale le cose si disfano, si sfaldano. Anche se conserva la sua funzione aggregativa e le sue virtù di pacificazione tipiche dell'Elemento Acqua ci troviamo in una fase riparatrice o di recupero di alcuni elementi passati che sono andati perduti durante la fase Aria. Questa dinamica può creare situazioni storiche di resistenza, di difesa, di ripresa di autocontrollo della tendenza storica. Oppure ci possiamo trovare in una situazione che Barbault definisce di *"[...] sospensione in cui ci si prepara al nuovo ciclo se la tendenza storica in corso non riesce avere più nuovi sviluppi e si prepara a una nuova semina in un clima di attesa e crepuscolare [...]"*.[2]

La sfida della quadratura calante consiste nell'abbattere e di liberarsi di una struttura/tendenza che ha completato il suo percorso.

Nuova **congiunzione**, ritorno dell'Elemento Fuoco, inizio di un nuovo Ciclo, conclusione della fase precedente o del suo nuovo rilancio ma a un nuovo livello.

Barbault ci segnala che *"[...] Il risultato della congiunzione riveste una direzione opposta a seconda se si tratta di un ciclo aperto a successivi balzi di tappe della stessa storia innata; o al contrario, di un ciclo chiuso su se stesso in una sola esperienza. Possiamo convenire, nel primo caso, che si tratta di un ciclo di affermazione: il corso della storia si espande progressivamente, arricchito di una nuova crescita verso la congiunzione successiva [...]"*.[3]

Possiamo ora rappresentare la sequenza Ciclica con gli *aspetti degli Elementi*:

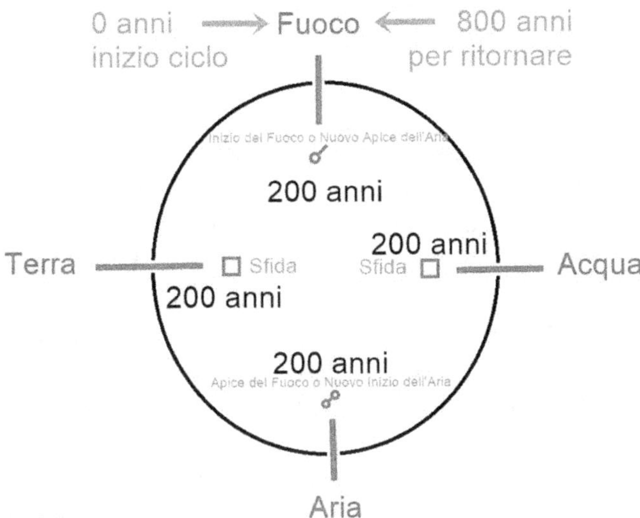

Universis combina il *Ciclo degli Elementi* con gli *Aspetti degli Elementi* per procedere successivamente ad una sintesi delle informazioni tra:

- il Ciclo dell'Elemento in corso (Es: Ciclo Terra preso in esame)
- la fase dell'aspetto del Ciclo in corso (Es: quadratura crescente)
- lo stadio all'interno dell'Elemento in corso (Es: terzo stadio del Ciclo Terra)
-le informazioni derivanti dai Cicli Planetari (Es: congiunzione Saturno-Plutone e altri)
- l'analisi del Ciclo Giove-Saturno di 20 anni che porta un 'seme' che si svilupperà nel corso dell'intero ventennio in base ai:

a) **primi 5 anni:** in cui viene rilasciato l'"idea-seme' e inizia il suo sviluppo;

b) **dopo 10 anni:** una struttura è stata costruita per contenere la visione e il seme fiorisce al punto centrale del micro-ciclo Giove-Saturno che è giunto all'opposizione (180°);

c) **dopo 15 anni:** una volta che la struttura è stata definita e sistemata inizia a essere integrata nella società portando i suoi cambiamenti;

d) **ultimi 5 anni:** la società inizia a sperimentare i nuovi benefici e incomincia a riflettere su come le cose siano cambiate. Si interroga sul significato dei cambiamenti in attesa del nuovo Ciclo.

Possiamo aggiungere che dopo 60 anni la congiunzione Giove-Saturno ritorna nello stesso segno (o passa alla nuova Triplicità) e le società si confronterà con gli effetti a lungo termine delle decisioni prese sei decenni prima.

Non va dimenticato, inoltre, anche la fase storica in cui si presenta l'*Interferenza di un Elemento* all'interno di un Ciclo che anticipa l'ingresso della nuova Triplicità. Questo argomento verrà trattato separatamente.

L'insieme di tutte queste analisi, sintetizzate in un insieme coerente, ci permette di definire la natura del Ciclo degli Elementi, le caratteristiche del Tempo Storico che viene forgiato dal Fuoco, dalla Terra, dall'Aria, dall'Acqua. Essi rappresentano lo *Spirito del Tempo* che ha una propria natura, identità, forza, leggi che contribuiscono a dare una *qualità* temporale alle vicende storiche, Ciclo dopo Ciclo, Elemento dopo Elemento, in cui il futuro lo si potrà intravvedere studiando il passato. Il ritorno di un Elemento comporta il collegamento con il suo Ciclo passato riportando determinati eventi, di importanza storica, su un nuovo livello evolutivo per un nuovo confronto con l'umanità.

---

[1][2][3] L'evoluzione del Processo ciclico, A. Barbault, online http://www.enzobarilla.eu/barbault/la%20evoluzione%20del%20processo%20ciclico.pdf

1.12 Dominio di Giove. Dominio di Saturno.

Si riprende la nozione tecnica araba di *"mammareth"* ossia la *sovreminenza* che consisteva nell'osservare chi, tra Giove e Saturno, è sovreminente, ossia dominate sulla congiunzione della Triplicità. Concetto che fu già stato espresso nei testi di Tolomeo quando descriveva tutte le congiunzioni in generale.

Gli Antichi astrologi assimilarono la natura dei pianeti con la natura degli Elementi. In base a ciò esistono zone del cielo che hanno un'energia simile a quella di Giove e altre che hanno un influsso simile a quello di Saturno.

Infatti, i due pianeti, muovendosi nella fascia dello Zodiaco, talvolta si trovano a transitare in segni amichevoli che li fortificano permettendo di essere più potenti e altre volte succede il contrario, ossia, si trovano in porzioni di cielo ostile che li indeboliscono al punto tale che il loro influsso si attenua.

Da quanto detto, ogni regione di cielo (segno, decano o grado zodiacale) ha delle caratteristiche proprie che favoriscono un pianeta e ne sfavoriscono un altro a seconda della loro posizione celeste.

Questi sono gli insegnamenti che ci tramanda la Tradizione Antica e che Universis utilizza.

La prima congiunzione Giove-Saturno, che si verifica ad ogni cambio di Triplicità, viene identificata come la "linea guida" del nuovo *Spirito del Tempo* in virtù del fatto che darà inizio alla serie successiva delle congiunzioni nello stesso elemento per 200(i) anni e con i passaggi intermedi di 60 e 20 anni.

Questa influenza sull'intero Ciclo è gerarchicamente predisposta in base:

- all'**Elemento** che indicherà quale dei due pianeti è dominante/regnante;
- al **Segno** zodiacale che indicherà ulteriori aspetti della forza o della debolezza planetaria.

Ogni Ciclo di Triplicità avrà il suo dominio planetario:

- Giove per i Cicli degli Elementi Aria e Fuoco.
- Saturno per i Cicli degli Elementi Terra e Acqua.

Ma ogni Ciclo di Triplicità avrà anche un suo segno zodiacale dominante che avrà un peso sull'espressione delle energie dei due pianeti.

L'astrologia classica insegna che:

- **Giove:** pianeta d'Aria/Fuoco, governa il segno del Sagittario e il segno dei Pesci, è in esilio nei Gemelli e nella Vergine, si esalta nel Cancro, è in caduta in Capricorno.

- **Saturno:** pianeta di Terra, governa il segno del Capricorno e il segno dell'Acquario, è in esilio nel Cancro e nel Leone, si esalta in Bilancia, è in caduta nell'Ariete.

Potremmo avere anche una situazione in cui Giove o Saturno è dominate per Elemento ma non per Segno.

Ad esempio, la congiunzione dei due pianeti in Acquario nel 2020, che sarà inizio alla Triplicità d'Aria, avremo Giove come pianeta dominante per Elemento (Acquario=Aria) ma Saturno dominante come Segno (Governatore dell'Acquario). Ciò si traduce in un'ambivalenza di dominio.

Occorrerà valutare la forza del dominio/*sovreminenza* in base alle varie combinazioni per Segno e per Elemento. Successivamente, tramite i transiti che riceveranno da Urano, Nettuno e Plutone si potrà verificare un ulteriore riscontro sul rafforzamento o indebolimento di Giove e di Saturno compreso l'aspetto "ombra" che avrà anch'esso un ruolo nell'analisi complessiva.

Questi tre passaggi, permetteranno di comprendere l'evoluzione dei due pianeti nei Cicli di: 800(i), 200(i), 60 e 20 anni in ottica Universis.

1.13 Universis.

Gli spazi vuoti sono uno stimolo a produrre figure e disegni, a creare immagini e motivi grafici che ispirino, istruiscono e che illuminino.

La ripetizione del medesimo disegno, continuamente affiancato a se stesso, è un algoritmo che si estende all'infinito. Non richiede alcun contorno che lo completi.

"[...] Una sottile allusione dell'infinito sta nella possibilità di costruire figure mediante un procedimento di ripetizione che cambia scala a ogni applicazione. Tali figure sono ben note, sono chiamate frattali e possono essere rintracciabili in tutto il mondo naturale [...]" si legge ne "L'Infinito"[1] dell'astrofisico John D. Barrow.

Possiamo dire che la nostra mente si è evoluta in modo da sfruttare la capacità di riconoscere gli schemi.

André Barbault, in "Al cuore delle configurazioni"[2] scrive:

"[...] Le prime osservazioni di astrologia mondiale dovevano per forza consistere nel testare la base del materiale astrale preso isolatamente. Per poter cogliere l'identità di ciascuno di questi fattori se ne doveva fare un inventario minuzioso, separandoli accuratamente gli uni dagli altri. Così è stato fatto con la piattaforma dei cicli planetari. Fino ad oggi ci si è prestati a mettere in relazione un certo ciclo con un altro ciclo, o a considerare lo spostamento di un certo astro veloce rispetto a uno lento[...]. Ma adesso è importante passare sistematicamente dal semplice al composto, dall'elemento all'insieme, per tracciare una sintesi che conduca all'unità del fatto astro-storico [...]. Questa integrazione dei cicli di interciclicità dal più piccolo al più grande offre un doppio vantaggio: le tappe secondarie hanno valore di verifica e si rafforzano in un controllo incrociato, e tutto ciò contribuisce a ricostruire un insieme dove le interferenze cicliche partecipano alla visione sintetica del fenomeno storico [...]".

Il pensiero di Barbault farà da guida allo sviluppo dei 5 Livelli di Universis. I Cicli si snodano e si intrecciano l'un l'altro senza soluzione di continuità creando linee, figure, disegni che si propagano nell'oceano del Tempo.

Davanti all'incommensurabilità del Tempo mi son chiesto da dove iniziare e se esiste un codice del Tempo astrologico, uno schema complessivo che possa racchiudere tutti insieme i vari gli archi temporali.

Proviamo ad identificare il <u>problema</u>:
- assenza di uno schema globale, una macro struttura di partenza;
- assenza di un quadro di riferimento in cui inserire i Cicli Planetari;
- impossibilità di stabilire un punto di partenza temporale significativo;
- impossibilità di risalire a concatenazioni troppo distanti nel Tempo;
- difficoltà a caratterizzare un periodo storico con i suoi eventi storici.
Identifichiamo la possibile <u>soluzione</u>:
- un modello semplice, unificato della struttura astrosociostorica;
- possibilità di analizzare interi periodi storici con un inizio e una fine. Si possono analizzare interi periodi storici per Elemento di 200(i) anni e per Ciclo di Elemento 800(i) anni e suddividere i singoli periodi per 20(i) anni;
- facilità nell'entrare nel flusso del Tempo storico e considerare un arco temporale più esteso avendo dei punti di riferimento ben identificabili;
- identificare un'Anima storica, uno Spirito del Tempo che guida le vicende umane attraverso determinate Qualità temporali;
- operare salti nel Tempo lineare e individuare connessioni Temporali distanti e non collegati tra loro ma appartenenti al flusso Ciclico;
- offrire ai Cicli Planetari un quadro macro di riferimento;
- unificare la visione Micro dei Cicli Planetari con la visione Macro del Tempo storico;
- dotarsi di un'unità di misura temporale prettamente astrologica: l'Unichronos[3] che verrà presentato nei prossimi capitoli.
Universis utilizzerà una molteplicità di fonti, come:
- Astrologia: la Teoria della congiunzione Giove/Saturno;
- Astrologia: i 4 Elementi;
- Fisica;
- Storia;
- Filosofia;
- Geometria;
- Cosmologia;
- Scienze cognitive;
- Sociologia Storica;
- Sociologia della Conoscenza;
- Tradizione Antica dei Cicli;
- Metaconoscenza;
- e altro ancora.

Il modello verrà presentato nel suo sviluppo in 5 Livelli, un sesto è in fase di analisi, in modo da procedere da un livello più semplice per la comprensione della struttura iniziale fino a raggiungere un livello di complessità sempre maggiore.

Verranno esposti modelli di Tempo Lineare e modelli di Tempo Ciclico per poi unificarli nella *Chronosphaera* in un Tempo Unificato chiamato *Tempo Sferico* e, successivamente, in un modello complessivo denominato *Aerasphaera* per l'analisi del grande Ciclo Cosmico basato sugli Elementi.

L'esposizione di Universis non è ancora completa, si è ancora in fase sperimentale, ci sono ancora aree di ricerca non esplorate, non è stato applicato a tutte le fasi storiche in quanto richiede un'approfondita ricerca degli eventi significativi.

Universis non è una rappresentazione finale ma quanto iniziale.

Attualmente vengono proposti i seguenti modelli:

- **Livello 1:** corrispondenza temporale 200(i) anni.

Questo primo livello permette di comprendere i livelli successivi che sono la base di Universis. Costituisce semplicemente la base teorica per avere chiarezza nella composizione successiva.

- **Livello 2:** corrispondenza temporale 800(i) anni.

- **Livello 3:** corrispondenza temporale 1600(i) anni.

- **Livello 4:** corrispondenza temporale sferica, *Chronosphaera*.

Questi tre livelli sono i modelli su cui si opererà per lo studio della corrispondenza degli eventi celesti e terrestri. Si può operare indistintamente su qualsiasi Livello o se ne potrà scegliere uno per articolare lo studio storico. Sono tre modalità differenti che hanno tutte le stesse finalità: organizzare l'informazione del flusso temporale.

- **Livello 5:** *Aerasphaera*, i Cicli Cosmici sulla base degli Elementi.

[1] L'Infinito, John D. Barrow

[2] fonte https://documents.tips/documents/nel-cuore-delle-configurazioni-andre-cuore-delle-configurazionipdf-ungarico.html

[3] Unichronos. La Datazione Astrologica in Universis, Argo, KDP, 2020

1.14 Universis Livello 1: il modello base.

Per poter comprendere la complessità e la modalità operativa di Universis occorre seguire un iter partendo dalla sua struttura base, quindi più semplice, fino a proseguire, livello dopo livello, verso la sua complessità finale. Solo in quel momento, dopo aver compreso e riunito tutti i 'pezzi' si potrà avere una comprensione della sua struttura globale come modello astrostorico. Occorre aver chiara la logica di costruzione che si basa su una corrispondenza geometrica-spaziale.

Nei capitoli precedenti abbiamo visto che questa componente era alla base per lo studio delle dinamiche celesti, la geometria permetteva di unificare ciò che, a prima vista, era separato. Permetteva di dar vita a modelli interpretativi della realtà celeste nella comprensione degli eventi umani.

Le congiunzioni Giove-Saturno hanno rappresentato, fin dall'Antichità, gli indicatori celesti delle dinamiche temporali della Storia dell'umanità generando eventi di portata secolare oltre a segnale i cambiamenti d'epoca. La congiunzioni, come abbiamo visto, hanno un Ciclo costante e regolare che ne fanno un misuratore naturale del Tempo su diverse grandezze permettendo di creare un modello, da Ciclo a Ciclo, da Triplicità a Triplicità che si ripete costantemente.

Giove e Saturno si incontrano ogni 20(i) anni.

Tuttavia, questa singola informazione, non ci offre utili indicazioni di ricerca perché rimane un evento isolato che ci indica esclusivamente ogni quanto avviene l'incontro tra i due pianeti, in quale Segno e per quanto Tempo. Sono informazioni fine a se stesse che iniziano e finiscono lì senza portarci altri contributi significativi.

Per avere maggiori informazioni, occorre estendere questo evento su una dimensione più estesa dello spazio-tempo, ossia, bisogna prendere in considerazione *dove* accade (i segni zodiacali) e *quando* si verifica (periodo temporale).

In questa prospettiva, l'informazione iniziale che ci dice che ogni 20 anni si verifica una congiunzione tra Giove-Saturno, ci troviamo a prendere in considerazione la Triplicità come periodo di inizio e fine. Avremo un arco di Tempo definito che ci permette di indicare un numero complessivo di congiunzioni che si verificano tra i due pianeti e trovare un modello che li possa rappresentare. Facciamo un esempio pratico: nel 1842 ebbe inizio la Triplicità di Terra dando origine a 13 incontri planetari (inclusi i moti retrogradi) per concludersi nel dicembre del 2020 con l'inizio della nuova Triplicità d'Aria.

Questa sequenza può essere schematizzata secondo questo modello [fig.1]:

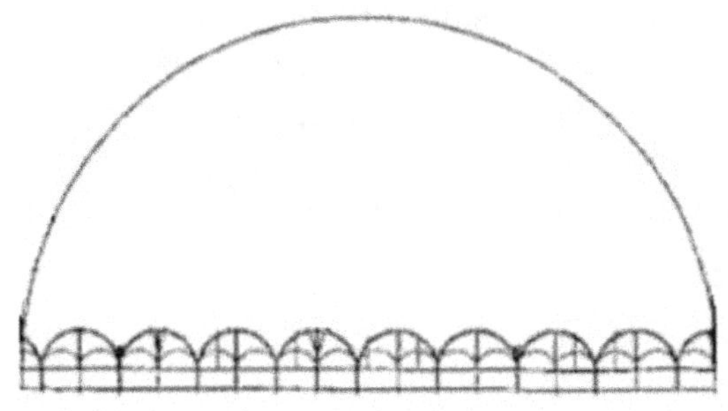

[fig. 1]

Il semi cerchio o arco della figura, collega, con le sue estremità, l'inizio e la fine della Triplicità tra l'anno 1842 e il 2020, date che rappresentano l'arco di influenza temporale dell'Elemento di Terra.

La *fine* della sua influenza rappresenta anche l'*inizio* della Triplicità successiva.

Al suo interno, si origina l'asse che unisce la sequenza temporale delle 13 congiunzioni ventennali con altrettanti semi-archi che definiscono l'intervallo di Tempo tra una congiunzione e la successiva.

Abbiamo, in questo modo, un ordine e un modello geometrico iniziale che mette in relazioni eventi celesti che, se presi singolarmente, non offrono indicazioni utili se non in termini di Ciclo Planetario a se stante privo di qualsiasi collegamento di Spazio (segni dello zodiaco) e di Tempo (periodo storico) che il modello mette in evidenza attraverso l'uso della Triplicità, in questo caso, di Terra.

Quello appena descritto, è la logica di base che consente di comprendere il metodo di unificazione che ci porterà a parlare successivamente di Universis nella sua completezza.

Tutta la struttura successiva si basa su questa idea guida di partenza strutturata dalla geometria.

Il Livello 1 di Universis prende in considerazione un arco di Tempo di 200(i) anni che si riferisce alla Triplicità di un singolo Elemento e, nell'esempio che abbiamo trattato, abbiamo visto il Ciclo dell'Elemento Terra raffigurato geometricamente.

Abbiamo in questo modo una visione strutturata, organizzata, ordinata che permette di identificare tempo e spazio dell'evento celeste che si può sovrapporre agli eventi storici.

Passiamo al Livello 2 e vediamo il suo ulteriore sviluppo.

1.15 Universis Livello 2: il Modello della Triplicità degli Elementi.

Nel Livello 1 abbiamo il modello di un Ciclo basato su un singolo Elemento che nel Livello 2 verrà replicato per 4 volte con gli stessi principi.

Abbiamo, in questo modo uno schema complessivo basato su 4 Cicli della Triplicità in un arco di Tempo di 800(i) anni.

Nella fig. 1 possiamo vedere come viene rappresentato in forma geometrica: l'arco maggiore rappresenta l'inizio e la fine del Ciclo degli 800(i) anni che iniziano con il Fuoco e si concludono con l'Acqua.

I 4 archi minori rappresentano, invece, i singoli Cicli degli Elementi: Fuoco, Terra, Aria e Acqua.

Al loro interno sono presenti gli archi ancora più piccoli che indicano le congiunzioni ventennali di Giove e Saturno, il tutto racchiuso dal semicerchio più grande che unifica, geometricamente, l'intera sequenza degli Elementi:

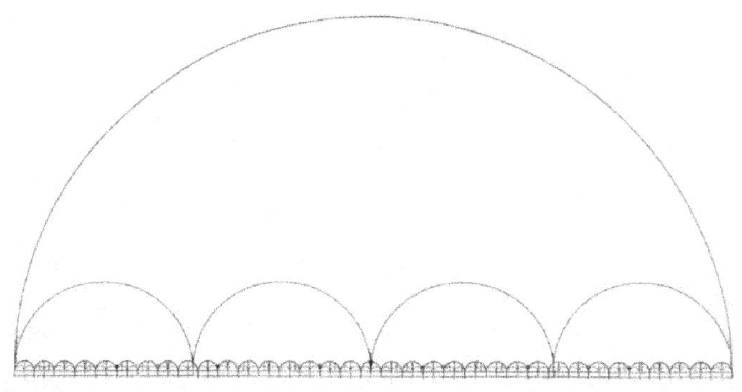

[fig 1]

Abbiamo così un Modello della Triplicità degli Elementi che permette di creare una struttura di riferimento in una sequenza temporale che si ripete costantemente, Ciclo dopo Ciclo, non solo per il singolo Elemento ma per l'intera sequenza degli Elementi.

Il modello della fig.1 viene popolato con i dati che abbiamo a disposizione tramite le effemeridi (consulta l'Appendice) dando origine alla fig. 2:

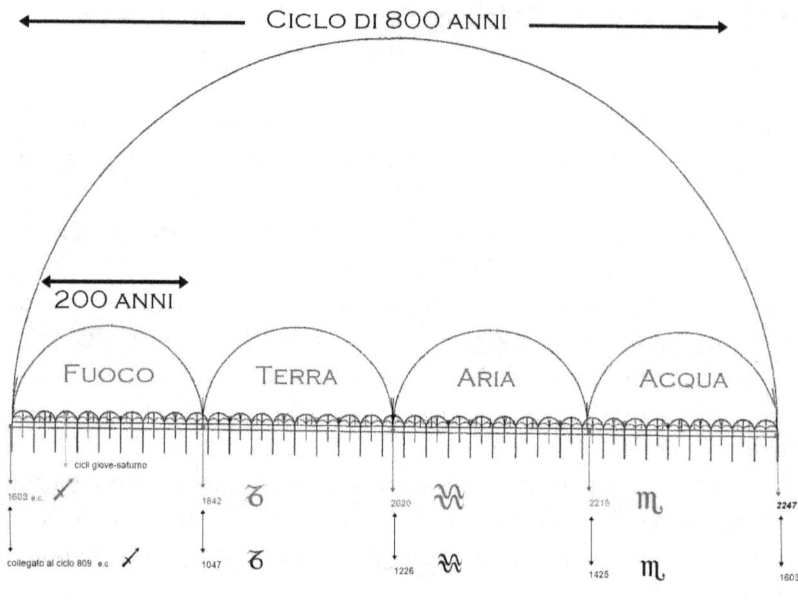

[fig.2]

In questa sequenza temporale di 800(i) anni, abbiamo 4 Cicli basati sui 4 Elementi per una durata di 200(i) anni.

Ogni Ciclo ha una data di inizio segnata dal cambio di Triplicità della congiunzione Giove-Saturno.

Nella fig. 2 sono stati inseriti le date effettive degli eventi celesti, abbiamo quindi:

- **1603 e.c.** congiunzione Giove-Saturno in Sagittario, inizio della Triplicità di Fuoco che si conclude nel 1841. A livello temporale è collegato al Ciclo di Fuoco precedente dell' 809-1046 che a sua volta è collegato a quello precedente;

- **1842 e.c.** congiunzione Giove-Saturno in Capricorno, inizio della Triplicità di Terra che si conclude nel 2020. A livello temporale è collegato al Ciclo di Terra precedente del 1047-1225 che a sua volta è collegato a quello precedente;

- **2020 e.c.** congiunzione Giove-Saturno a 0° in Acquario, inizio della Triplicità d'Aria che si conclude nel 2218. A livello temporale è collegato al Ciclo d'Aria precedente del 1226-1424 che a sua volta è collegato a quello precedente;

- 2219 e.c. congiunzione Giove-Saturno in Scorpione, inizio della Triplicità d'Acqua che si conclude nel 2456. A livello temporale è collegato al Ciclo d'Acqua precedente del 1425-1602 che a sua volta è collegato a quello precedente.

Se le date vengono rappresentate in modalità di tabella, come sopra, appaiono come un semplice elenco, utili fino a un certo punto ma completamente inutili se si cerca di individuare un modello, una relazione, una sequenza, una connessione che possa legare insieme i Cicli isolati raggruppandoli in un unico insieme omogeneo.

Ma quando vengono raccolti e inseriti in una rappresentazione geometrica, in una struttura, possiamo veder emergere altre informazioni come le interconnessioni temporali tra gli Elementi che diventeranno sempre più evidenti quando si procederà ai livelli successivi.

Il Livello 2 permette di:

- rappresentare un modello basato sul Ciclo della Triplicità in un arco di Tempo di 800(i) anni che mette ordine alla sequenza di 20 anni del Ciclo delle congiunzioni Giove-Saturno;

- identificare l'inizio e la fine di un Ciclo Maggiore che inizia con il Fuoco e si conclude con l'Acqua;

- identificare l'inizio e la fine dei singoli Cicli degli Elementi;

- unificare in una struttura una serie di informazioni inserendole in uno schema più ampio che produce nuove informazioni e relazioni temporali.

Vedremo nel *Livello 3* come tutto questo condurrà ad evidenziare le relazioni e le connessioni tra eventi apparentemente non collegati tra loro ma che diventano osservabili su una scala temporale più estesa nel momento in cui si potranno mettere in correlazione i Cicli dello stesso Elemento (ad esempio: Fuoco con Fuoco, Terra con Terra e via così).

1.16 Universis Livello 3.

Dopo aver visto il *Livello 1* in cui si davano indicazioni sul modello base che racchiude un arco di Tempo di 200(i) anni, abbiamo visto successivamente il *Livello 2* che prende in considerazione lo studio di 800(i) anni del Ciclo degli Elementi.

Nel Livello 3 vedremo come rappresentare un arco di Tempo di 1600(i) anni, ossia due Cicli completi basati sul Livello 2 per evidenziare la correlazione temporale dei singoli Elementi attraverso le varie epoche storiche.

Verranno presentate due modalità di rappresentazione in quanto Universis è un modello duttile, flessibile e opera sempre con gli stessi principi base passando da un livello più semplice a un livello più complesso mantenendo inalterata la sua geometria. Inoltre si adatta alla percezione cognitiva dello spazio geometrico del singolo ricercatore nonché alle sue caratteristiche personali. Egli potrà scegliere il livello più consono su cui operare, potrà scegliere una scala temporale ridotta (Livello 1 e 2) o una scala superiore e di maggiore complessità (Livello 3 e 4).

Il Livello 3 evidenzierà due rappresentazioni:
- la sinusoide;
- il cerchio.

Entrambe permettono la visualizzazione degli archi temporali offrendo visioni differenti dello stesso fenomeno. Non cambia l'informazione che si sta analizzando, cambia sola la rappresentazione visiva. Come spesso accade, in base a come si rappresenta una situazione, la sua prospettiva differente può aggiungere nuove considerazioni in virtù al modello adottato in termini geometrici.

Visivamente, la sinusoide e il cerchio sembrano non aver nessun legame tra loro. Tuttavia, esse rappresentano un unico modello, cambia solo la prospettiva di osservazione e l'osservazione dipende dall'osservatore. Sono rappresentazioni bidimensionali di una struttura che è in realtà tridimensionale, come si potrà vedere al Livello 4.

Ci troviamo in un contesto in cui l'elaborazione dell'informazione passa attraverso una forma di pensiero geometrico spaziale.

La visualizzazione e il pensiero spaziale sono temi di ricerca condivise da diverse discipline. La ricercatrice Elisa Miragliotta, ad esempio, ha effettuato una serie di studi[1] per poter costruire un quadro teorico utile per indagare il ruolo di alcune abilità cognitive di natura visuo-spaziale nell'apprendimento della geometria. Ci aiuterà a comprendere perché i diversi livelli di Universis possono essere facili o difficili nell'assimilazione in virtù delle capacità cognitive individuali.

Ci segnala che storicamente gran parte della ricerca sullo sviluppo dei concetti geometrici e del pensiero spaziale si collocano nel dominio della psicologia cognitiva e delle neuroscienze. Le immagini, i modelli e le rappresentazioni hanno un ruolo centrale nel ragionamento. Le ricerche effettuate da Presmeg, soprattutto nel campo della matematica afferma la ricercatrice, hanno dimostrato che esistono due tipi di solutori: i *visualizer* e i *non-visualizers* in base se predomina la componente logico-verbale o il visivo-figurale.

Le abilità spaziali si sviluppano principalmente nel campo della geometria. Quando operiamo sul Livello 3 e 4 entriamo nella dimensione geometrica e ci imbattiamo con un'attività cognitiva differente.

Per Elisa Miragliotta *"[...] quando un solutore risolve un problema geometrico, egli può interagire con immagini visive o mentali in modi diversi. Un processo che sembra verificarsi spesso è immaginare la conseguenza delle manipolazioni (mentali) su una figura. Tale processo può avvenire grazie alla combinazione di alcune abilità visuo-spaziali, ma spesso accade in maniera così istantanea e automatica da consentire di identificarlo come un'abilità a sé stante. Abbiamo parlato in questi casi di previsione geometrica, intendendo il prodotto di un processo di visualizzazione avente come scopo l'individuazione di proprietà o configurazioni particolari di una figura. Tale costrutto teorico appare coerente con i costrutti di immagine anticipatoria (Piaget e Inhelder, 1966) e di schemi anticipatori (Neisser, 1976), che suggeriscono l'esistenza nell'individuo di una sorta di capacità di previsione, che orienta sia la percezione sia l'immaginazione, in presenza di uno scopo preciso [...]"*[2].

Non mi prolungo eccessivamente su questa tematica che può essere approfondita leggendo la vasta letteratura che si è occupata dell'argomento. E' sufficiente sottolineare che si sta passando a un livello differente di analisi che richiede la predisposizione personale ad entrare nel *pensiero spaziale*, fondamentale nella comprensione dei successivi argomenti che verranno trattati nell'esposizione di Universis.

Ogni Ciclo ha la funzione di collegare tra loro gli avvenimenti lontani nel Tempo. Possiamo quindi vedere le tappe della Storia non solo come una sequenza lineare ma anche come una ricorrenza Ciclica spazio-temporale che, secondo la visione relativistica della fisica, prende la sua forma corretta nella dimensione di una *curva*.

Nel Livello 3 vedremo come i Cicli non si ripetono solo come semplici concatenazioni ma che si evolvono. Verrà esposta la versione sinusoide/elicoidale che sono delle *curve* di un moto ripetitivo e stabile. Con la figura del cerchio avremo la rappresentazione diversificata dello stesso principio e si vedrà come è quest'ultimo a generare una rappresentazione sinusoide/elicoidale.

Il Livello 3 si sviluppa ancora sul piano bidimensionale ma esso, in ultima analisi, rappresenta una realtà tridimensionale dello stesso modello che si vedrà nei capitoli successivi. Stiamo procedendo dalla semplicità verso la complessità di Universis.

La natura bidimensionale ci fa perdere alcune informazioni che verranno recuperate sul piano tridimensionale aumentando, in questo modo, l'ambiente di ricerca delle correlazioni temporali.

[1][2] Quadrilateri in un ambiente di geometria dinamica: un'esperienza didattica per supportare abilità visuo-spaziali, Elisa Miragliotta in Annali online della Didattica e della formazione Docente, Vol. 9, n. 14/2017

1.16.1 Universis modello sinusoidale.

Nel 1950 John Addey formulò la Teoria dei Ritmi Armonici che vede lo zodiaco come un accumulatore di energia che può vibrare a vari livelli. *"La vibrazione"*, leggiamo in Trattato Tecnico di Astrologia[1] di R. Baldini, *"[...] produce un'onda che si sviluppa su tutto l'arco dei 360° dello zodiaco e si presenta come una linea sinusoidale che attraversa un piano mediano che funge da base e ha dei picchi e degli avvallamenti che, modulandosi, formano una variabile oscillatoria, cioè un'Armonica. Il numero dell'Armonica è dato dal numero dei picchi che quest'onda forma lungo la sua retta di scorrimento [...]".*

"[...] La serie armonica ha un comportamento chiaro che si svela senza difficoltà una volta che si sia individuato il modo giusto di considerare le cose [...]" scrive l'astrofisico John D. Barrow in "L'Infinito"[2].

André Barbault in "Omaggio a Urania"[3] reperibile online, scrive:

"[...] Sul percorso incrociato del circuito elicoidale del ciclo – traccia del percorso circolare del ritorno su di sé con spinta perpendicolare in avanti – la similitudine della ripetitività si sposa con la diversità dell'unicità, con il sempre-uguale dell'eterno ritorno che sfocia sull'infinito dei sempre nuovi paesaggi mondiali. Certo, qui si registra solo l'iscrizione del divenire nell'ambito della circonferenza, ma la continuità della medesima catena – legame temporale di stadi successivi – fornisce l'accesso a una comprensione della storia datrice di senso, in quanto ritrova dietro le multiple espressioni transitorie dell'eterno archetipo l'ordine di una struttura ripetitiva dell'evoluzione del mondo, e cattura così l'essenza delle vicissitudini temporali. Il fatto di avere previsto la nascita del divenire dall'una all'altra delle tappe del processo in corso consente un vantaggio di giudizio che sarebbe invidiato da ogni storico, il quale si limita a recepire lo scorrere del calendario degli eventi in passiva ricezione di un dato già acquisito. Inoltre, la percezione anticipata degli anelli della freccia del tempo dona suprema importanza al pronostico, messaggio dove l'arte di Urania s'inscrive nel libro della natura; e, per di più, quale che sia la distanza temporale che ci separa dalla configurazione esaminata [...]".

L'astrologo francese parlava del percorso elicoidale rappresentandolo in questo modo [fig.1]:

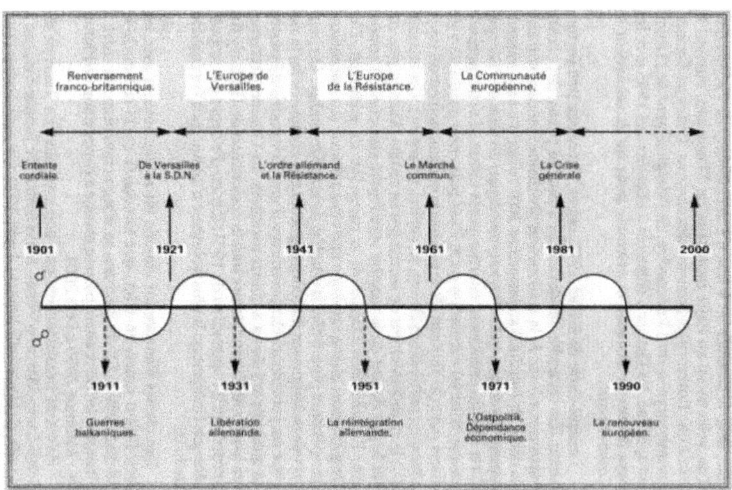

[fig. 1]

Barbault aveva cercato di dare un senso e un significato agli eventi storici cercando un modello che li potesse contenere e offrire delle corrispondenze utili per la ricerca.

In "I Cicli Planetari"[4] scriveva che *"[...] E' un'esplorazione che apre un campo investigativo di grandi dimensioni e ci permette di afferrare, in un lungo viaggio nel tempo, il movimento ondulatorio della storia sul quale viaggia la grande nave dell'Umanità [...]"*.

Tuttavia, l'idea è applicata ai Cicli Planetari che non sono in grado di estendersi a ritroso nel Tempo in termini secolari ma solo in decenni in quanto privi di una struttura concettuale che li possa contenere e indirizzare nell'analisi millenaria per poter individuare le interconnessioni temporali anche tra Cicli Planetari distanti nel Tempo.

Il Livello 3 di Universis cerca di ampliare questa idea base sostenendola con una struttura più complessa, dotata di una chiave di lettura differente: il Ciclo degli Elementi. Essi possono andare a ritroso nel Tempo remoto conservando un legame e una relazione con il Tempo presente quanto futuro.

Il Livello 3 ha questo scopo, individuare una rappresentazione adeguata del flusso temporale facendo evolvere il Livello 2 unificando due Cicli

completi di 800(i) anni in modo da passare dal semicerchio all'onda [fig. 2].
Ciò permette di creare un continuum temporale.

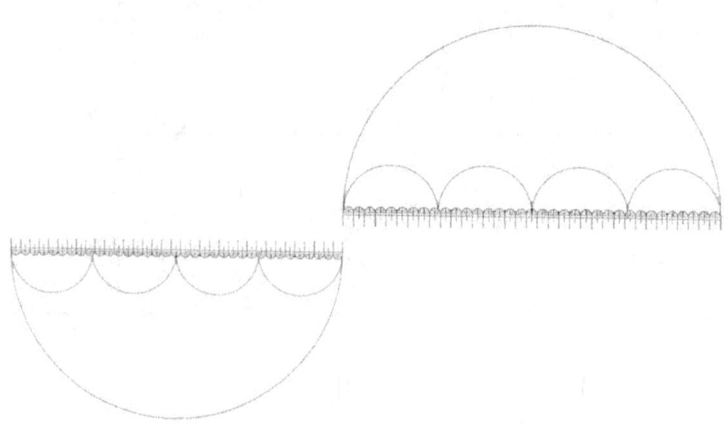

[fig. 2]

Il modello a semicerchio del Livello 2, può essere rappresentato anche a forma di continuum temporale, ossia, affiancando i due modelli per ottenere una sinusoide temporale, un'onda armonica o, se vogliamo, elicoidale. Secondo il teorema di Fourier, che fu il primo a studiare le serie infinite, ogni onda può essere scritta come sommatoria di semplici onde con oscillazioni armonica. Il concetto viene applicato in svariate discipline: l'elettronica, la musica, la medicina, la fisica e la chimica.
Abbiamo visto nel capitolo precedente come vengono identificati i Cicli.
Nella figura 3 possiamo vedere come vengono rappresentati nella forma sinusoidale:

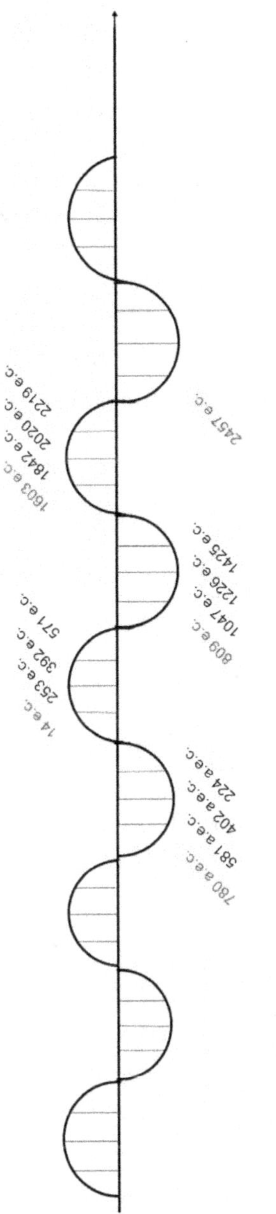

Rappresentazione sinusoide del Tempo Lineare e del Tempo Circolare all'interno dell'Axis Universis. Modello bidimensionale della rappresentazione Chronosphaera. Le date indicano l'inizio dei cicli di Triplicità di Fuoco, Terra, Aria e Acqua.

[fig. 3]

Nel grafico sono state inserite le seguenti informazioni:

- 5 Cicli di Triplicità: le date iniziali identificano l'Elemento Fuoco, che iniziano nel 780 a.e.c., nel 14 e.c., nell'809 e.c., nel 1603 e.c, nel 2457 e.c. e si potrebbe continuare elencando i periodi passati e futuri;
- le date di inizio e di fine di ogni singolo Ciclo di Terra, Aria, Acqua all'interno del Ciclo iniziale dell'Elemento Fuoco;
- la "freccia del tempo" a indicare la direzione dal passato verso il futuro, chiamato *Axis Universis,* che incontreremo nel Livello 4.
- i semicerchi [fig. 2] rappresentano sia l'aspetto sinusoide che elicoidale del Tempo Circolare/Ciclico in base alla prospettiva assunta.

Il Livello 3 permette di strutturare archi di Tempi multipli in un unico modello. Nel grafico sono stati rappresentati 5 Cicli, abbiamo 1600(i) anni di storia che possono essere rappresentati attraverso il modello della fig.2 vista all'inizio.

Le stesse informazioni possono essere riportate anche in tabella:

ELEMENTO	1°	2°	3°	4°	5°	6°
			CICLO			
Fuoco		-780 a.e.c.	14 e.c.	809	1603	2457
Terra		-581 a.e.c.	253	1047	1842	
Aria	-1197 a.e.c.	-402 a.e.c.	392	1226	2020	
Acqua	-959 a.e.c.	-224 a.e.c.	571	1425	2219	

Seguendo la sequenza dei vari Cicli ritroviamo l'onda:

ELEMENTO	1°	2°	3°	4°	5°	6°
			CICLO			
Fuoco		-780 a.e.c.	14 e.c.	809	1603	2457
Terra		-581 a.e.c.	253	1047	1842	
Aria	-1197 a.e.c.	-402 a.e.c.	392	1226	2020	
Acqua	-959 a.e.c.	-224 a.e.c.	571	1425	2219	

Il Livello 3 permette di rappresentare i Cicli della Triplicità con due raffigurazioni sulla base di un unico modello che nasce dal Livello 1 per poi svilupparsi nei livelli successivi. La sinusoide è uno di questi. Tuttavia esso è una rappresentazione bidimensionale di una struttura che si completa e che opera a livello tridimensionale come vedremo nel Livello 4.

[1] Trattato Tecnico di Astrologia, R. Baldini, Hoepli, 2011
[2] L'Infinito, John D. Barrow, Mondadori, 2016
[3] Omaggio a Urania, A. Barbault, online https://docplayer.it/111240859-Omaggio-a-urania-andre-barbault.html
[4] I Cicli Planetari, A. BArbault, Capone, 2016

1.16.2 Universis modello Circolare.

Dopo la rappresentazione di Universis nella forma di sinusoide, vediamo ora come lo stesso modello può essere rappresentato in modo differente.
Riprendendo la fig. 2 a pagina 130, i due semicerchi verranno composti in un'unica figura circolare. Otterremo un continuum temporale dei Cicli degli Elementi che si può osservare nella fig. 4

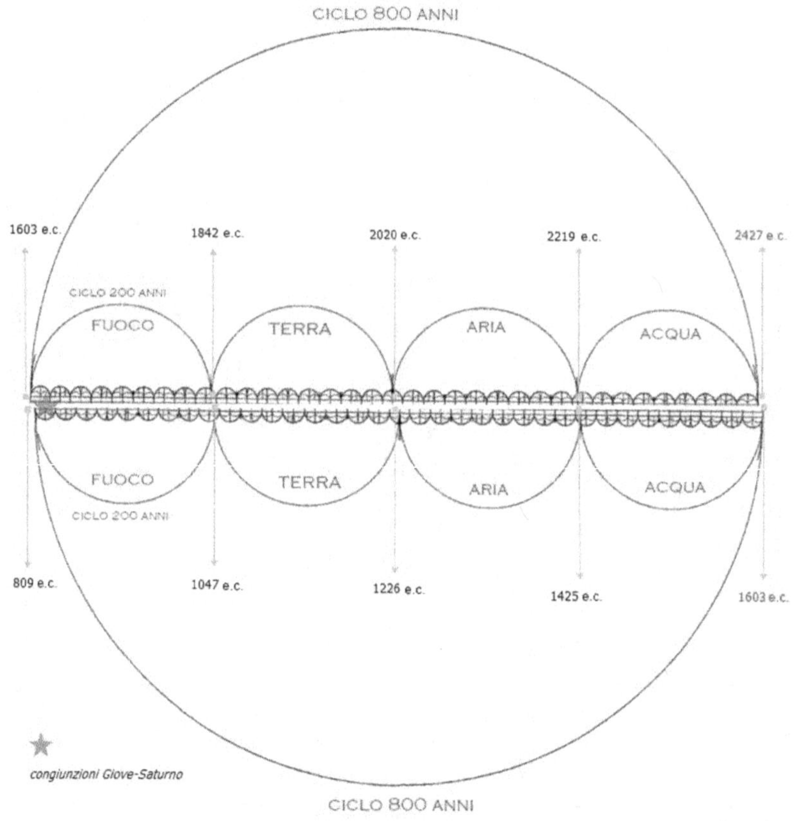

[fig. 4]

Il Cerchio rappresenta lo spazio *infinito* in una forma *finita*, senza un inizio e senza una fine, una curva continua dello Spazio e del Tempo che vedremo meglio di concettualizzare nei capitoli successivi.

Nel centro della figura vediamo l'*Axis Universis*, che indica la freccia del Tempo lineare che si intreccia con il Tempo Ciclico/Circolare rappresentato dalla ripetizione dei Cicli degli Elementi.

Stiamo analizzando il Livello 3 nella forma del cerchio che permette di raggruppare due Cicli di 800(i) anni per un totale di 1600(i) anni.

Il primo Ciclo è individuabile nella parte inferiore del semicerchio che raggruppa il periodo storico che va dall'809 e.c. al 1603 e.c.

Il secondo Ciclo è visibile nella parte superiore del cerchio e va dal 1603 e.c. al 2427 e.c.

La rappresentazione a cerchio ha diversi vantaggi:

- permette di evidenziare la relazione tra Cicli e, quindi, di connettere diversi periodi storici;

- permette di vedere in un unico modello come può essere rappresentato il Tempo Lineare e Ciclico e poterlo unificare;

- permette di operare una sintesi in una struttura semplice e omogenea che raggruppa informazioni diversificate;

- permette di dare continuità storica in quanto la fine di un Ciclo, in questo caso il 1603 e.c. a destra del cerchio, corrisponde all'inizio di un nuovo Ciclo a sinistra del cerchio permettendo di ricollegarlo al Ciclo dell'Elemento Fuoco precedente avvenuto nel 809 e.c. così come avviene per il Ciclo di Terra, Aria e Acqua con le loro relative corrispondenze temporali.

Non esiste un vero inizio e una vera fine, perché nella prospettiva circolare ogni inizio può esser considerato la fine di ciò che viene prima di esso, ed ogni fine un nuovo inizio.

"[...] Non era un universo clemente," scrivono Santillana e Dechend ne Il mulino di Amleto[1] o *"un mondo di misericordia, decisamente no. Inesorabile come le stelle nel loro corso, miserationis parcissimae, dicevano i Romani. Tuttavia, da un certo momento in poi, gli uomini dovettero rendersi conto che "tutto tornava": il cosmo appariva sì in movimento costante, ma non un movimento indefinito, senza approdi sicuri, bensì un movimento che "aveva un senso", circolare [...]."* Continuano gli Autori: *"[...] Eppure, in un certo qual modo, era un mondo non immemore dell'uomo, un mondo dove ogni cosa trovava, di diritto e*

non solo statisticamente, il suo posto riconosciuto [...] Perché l'ordine del Numero e del Tempo era un ordine totale che tutto conservava e a cui tutti – dèi, uomini e animali, alberi e cristalli, gli stessi assurdi astri vaganti – appartenevano, tutti soggetti a legge e a misura [...]".

L'etimologia di kòsmos, in greco antico, è un termine fin dalle origini riferito all'ordine, in particolare a quello legato all'armonia geometrica ed estetica. L'Universo è concepito come un insieme ordinato.

Per comprendere il legame che unisce il cerchio alla sinusoide, occorre utilizzare il rapporto geometrico che ci fa capire che si sta parlando della stessa cosa ma in modo e da una prospettiva differente. Non abbiamo una diversità o una separazione bensì un'uguaglianza e un'unione. Non si parla di due rappresentazioni ma di una sola [fig. 5]:

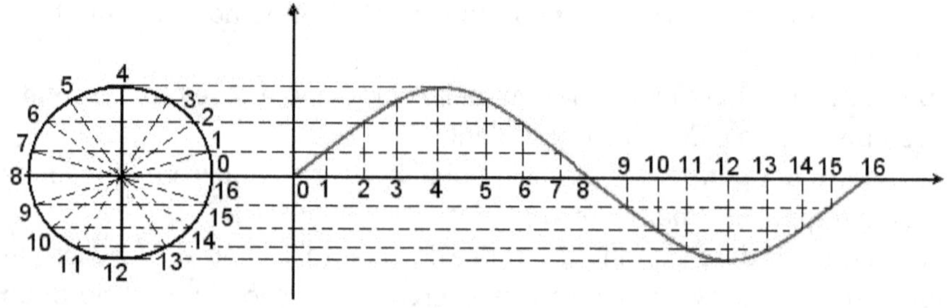

[fig. 5]

Il Livello 3 di Universis permette una doppia rappresentazione visiva di un'unica informazione: il *Tempo Storico*.

Siamo ancora nella prospettiva bidimensionale che non è altro che una riduzione dell'aspetto tridimensionale che vedremo nei prossimi capitoli.

---

[1] Il mulino di Amleto. Saggio sul mito e sulla struttura del tempo, Santillana e Dechend, Adelphi, 2003

1.17 Universis Livello 4.

Abbiamo visto in precedenza i seguenti passaggi:
- *Livello 1:* modello base di 200(i) anni.
- *Livello 2:* modello composto di 800(i) anni
- *Livello 3:* modello composto di 1600(i) anni
In questi primi livelli abbiamo delle rappresentazioni bidimensionali che ci forniscono utili informazioni nel momento in cui i dati vengono rappresentati e raggruppati attraverso un modello che li organizza e li struttura. Per farlo, è stato utilizzato il Ciclo degli Elementi che permette di evidenziare relazioni e legami su archi di Tempo più estesi rispetto i Cicli Planetari finora presi in considerazione nell'astrologia mondiale.
La Triplicità non è un argomento nuovo, è conosciuto da sempre. Ciò che è venuto a mancare è la sua rappresentazione su vasta scala temporale che una semplice tabella di date non può offrire e che non permette di visualizzare mentalmente i vari collegamenti tra le varie epoche storiche. Non potendo rappresentare la Triplicità diventa complicato vedere la sua utilità di ricerca e di studio, cosa che avviene con semplicità attraverso i Cicli Planetari che racchiudono archi di Tempo su una scala ridotta ma che perdono i collegamenti temporali andando sempre più a ritroso nel Tempo storico.
Il Ciclo degli Elementi non escludono i Cicli Planetari, anzi, li assorbono nella sua struttura come analisi aggiuntiva in quanto portatori di informazioni più specifiche in merito ad un arco di Tempo che si sta analizzando su scala ridotta.
Il metodo di rappresentare le informazioni su base geometrica consente di mappare i dati e le informazioni su un unico spazio geometrico e si supera il limite bidimensionale proiettandolo in una rappresentazione tridimensionale.
Il Livello 4 di Universis fa un'ulteriore passo verso la complessità. Dai precedenti Livelli visti in prospettiva bidimensionale si passerà alla rappresentazione tridimensionale che evidenzierà ulteriori legarmi, connessioni dei Cicli degli Elementi raggruppandoli in un unico insieme infinito chiamato *"Chronosphaera"*.

Il Livello 4 è l'evoluzione prospettica, è come se fosse un libro che contiene molte pagine al suo interno rispetto ai 'libri' (Livello 1, 2 e 3) che abbiamo visto prima che contengono solo la pagina d'introduzione.
Nel Livello 4 abbiamo un intero libro, un'intera storia da 'leggere'.
La *Chronosphaera* raccoglie tutte le informazioni fin qui raccolte, diventa il mezzo di codifica del Ciclo degli Elementi, evidenzia il Tempo Lineare e il Tempo Ciclico racchiudendolo nel *Tempo Sferico*.
Vediamo come rappresentarlo.

1.17.1 La Chronosphaera.

La Sfera ci permette di organizzare una serie di informazioni in un insieme unificato. Nella figura 6 sono state inserite le informazioni relative al Livello 3.

Questa rappresentazione, privata dei semi-archi, mette in evidenza l'*Axis Universis* in cui vengono indicate le connessione dei Cicli degli Elementi. Inoltre evidenzia una sequenza lineare del Tempo per poi riavvolgersi alla fine dell'ultimo Ciclo (Elemento Acqua) dando origine al Tempo Ciclico/Circolare, l'eterno ritorno all'Elemento iniziale.

Il modello, chiamato *Chronosphaera*, diventa una specie di libro che contiene diverse pagine e, nel nostro caso, un libro del Tempo che contiene diversi Tempi tutti insieme.

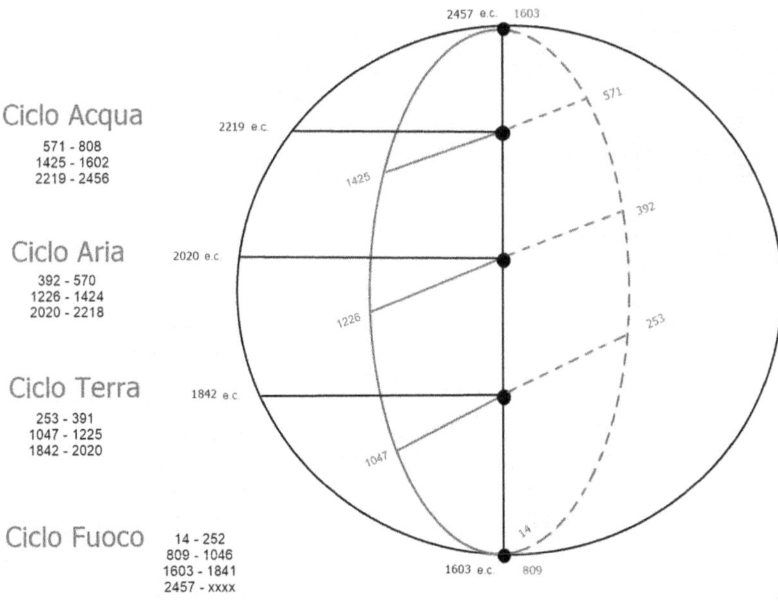

[fig. 6]

Possiamo inserire tutti i Cicli passati e futuri riempiendo di "pagine" questo grande "Libro del Tempo" chiamato Chronosphaera.
Ora possiamo aggiungere anche i semi-archi sull'*Axis Universis* per avere la figura 7:

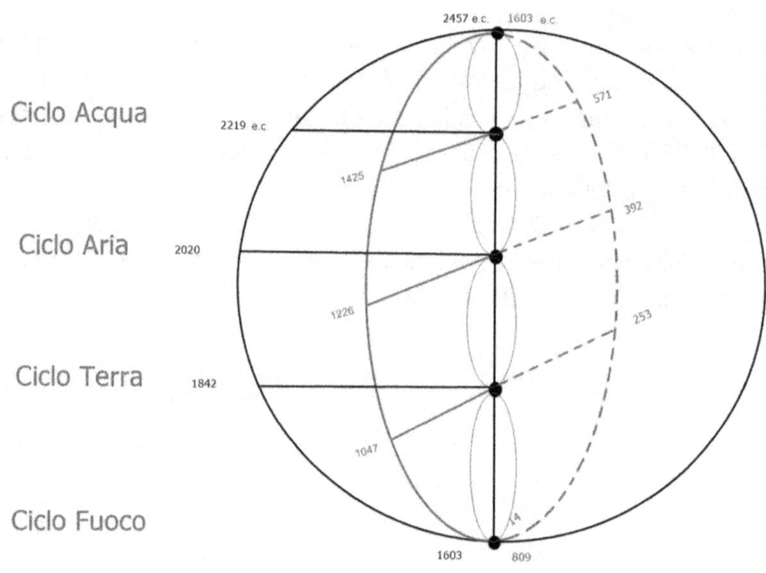

[fig. 7]

La rappresentazione va osservata sul piano tridimensionale in quanto siamo nel contesto della geometria sferica e non più nel cerchio bidimensionale. Possiamo rappresentare e collegare tra di loro tutte le epoche storiche. Una rappresentazione sferica dei Cicli degli Elementi permette di avere sempre relazioni e collegamenti con altre epoche in base alla ripetizione Ciclica dell'Elemento che si intende indagare da un punto di vista astrostorico. Si potranno osservare le correlazioni delle fasi storiche con le caratteristiche dei singoli Elementi e verificare come i singoli Elementi influiscono sulla ripetizione, su un piano differente e con contenuti diversi ma con le stesse caratteristiche, con l'Elemento precedente influenzando quello successivo nel corso del Tempo.

Si verifica quella che potremmo chiamare *'risonanza'*: quando si attiva un Elemento, ad esempio quello dell'Aria, si attivano per risonanza tutti gli Elementi Aria stabilendo una interconnessione che mette in relazione due o più fasi storiche. Ciò produce il *'ritorno'* di alcuni eventi che possono essere previsti.

Graficamente, il passaggio dal piano tridimensionale a quello bidimensionale produce la seguente rappresentazione, fig. 8:

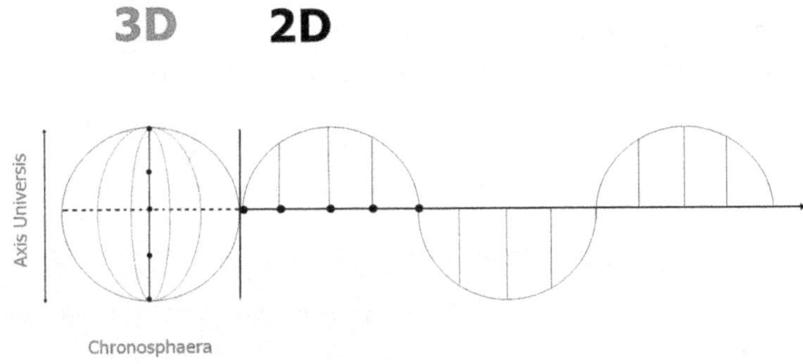

[fig. 8]

L'utilizzo della geometria sferica quale modello della rappresentazione del Ciclo della Triplicità, fa emergere quello che potremo chiamare il **"Codice del Tempo"** che crea relazioni e informazioni in precedenza non visibili e non disponibile per l'analisi astrostorica.

1.17.2 Chronozona e Unichronos.

La *Chronosphaera* del Livello 4 ha evidenziato dei punti sull'*Axis Universis* che vengono chiamati *Chronozone*.

Rappresentano un insieme di coordinate spazio-temporali che ci permettono di individuare un "punto" specifico che identifica un'area.

L'area è rappresentato dal Ciclo del singolo Elemento che si attiva in un preciso Spazio della Chronosphaera e in un preciso istante del Tempo.

L'utilità delle coordinate sarà comprensibile nel capitolo "Universis in 3D" utili nel contesto della rappresentazione tramite l'animazione grafica. Le coordinate verranno usate per poter effettuare una navigazione interna al modello e visualizzare una determinata sequenza temporale e storica.

La coordinata, racchiuderà in sé le informazioni riguardanti quella zona del Tempo.

Ma la funzione fondamentale delle Chronozone è quella di permettere la creazione di una datazione prettamente astrologica, un vero e proprio calendario astrale che si sgancia da ogni fattore culturale per lo più religioso. Ma non solo, permette di unificare in un'unica data il Tempo Ciclico e il Tempo Lineare.

Il Tempo 0 è basato sul Ciclo di nascita di Tolomeo che corrisponde al Fuoco. L'argomento viene ampiamente trattato in *"Unichronos. La Datazione Astrologica in Universis"* completo di effemeridi e di esempi pratici per effettuare ogni tipo di conversione temporale.

Ogni Chronozona, che identifica un Ciclo, avrà una numerazione progressiva, quindi la successiva, sarà indicata come 1 e via a seguire. Essa identificherà anche il raggruppamento dei Cicli dei Quattro Elementi.

Lo schema di riferimento è:

DàtaUnichronos:Chronozona/Ciclo.Elemento.CongiunzionePiù
Vicina.AggiungiNumeroAnniDallaCongiunzione.rif_mese.rif_giorno

Ad esempio la data 2 febbraio 2020 diventa DU:2.2.9.20.2.2 in cui avremo:

-i numeri 2.2.9 che rappresentano il Tempo Ciclico.

-i numeri 20.2.2 che rappresentano il Tempo Lineare.

1.17.3 Interferenze Temporali.

Stephen Hawking e Leonard Mlodinow nel libro "Il Grande Disegno"[1] ci descrivono la teoria ondulatoria della luce che crea il fenomeno delle 'interferenze'. Gli autori descrivono un esempio esplicito:
"[...] Un'onda, come quella dell'acqua, è costituita da una serie di creste e di ventri. Quando le onde collidono, se capita che le rispettive creste e i rispettivi ventri corrispondono, si rafforzano reciprocamente producendo un'onda più grande. In tal caso si parla di interferenza costruttiva e si dice che le onde sono in "fase". All'altro estremo, quando le onde si sovrappongono, le creste dell'una potrebbero coincidere con i ventri dell'altra. In tal caso le onde si annullano reciprocamente e si dice che sono "sfasate" mentre il fenomeno viene detto interferenza distruttiva. Come le persone, le onde quando si incontrano possono tendere o a rafforzarsi o a indebolirsi reciprocamente [...]."
Questo concetto è un aspetto che rende possibile l'olografia: *"[...] la luce laser è un tipo di luce estremamente pura e coerente, è in particolare modo adatta a creare schemi di interferenza. Essa fornisce, in essenza, il sasso perfetto e il perfetto stagno. La complessa disposizione di creste e avvallamenti che risulta da queste collisioni è nota come schema di interferenza. Ogni fenomeno simile a quello delle onde può creare uno schema di interferenza [...]"*, scrive Michael Talbot in "Tutto è uno. L'ipotesi della scienza olografica."[2]
Al Livello 4 di Universis assistiamo a un principio analogo in tre occasioni:

A) quando all'interno del Ciclo di un Elemento si presenta una congiunzione Giove-Saturno dell'Elemento successivo che influisce per 20 anni. Abbiamo, quella che possiamo chiamare, una *"interferenza forte"*. Interrompe, temporaneamente, la Triplicità in corso;

A) quando la fine di un Ciclo di Triplicità coincide con l'inizio di un nuovo Ciclo che avviene ogni 200(i) anni. Avremo una *"interferenza media"* che tende a diventare una vera *"turbolenza"* in virtù del cambiamento delle informazioni e delle proprietà portate dal nuovo Elemento. Si viene a sostituire uno *Spirito del Tempo* con un altro;

B) quando un Ciclo in corso richiama tutti i Cicli dello stesso Elemento avvenuti in precedenza. Avremo una *"interferenza bassa"* ma significativa in quanto portatrice di contenuti passati che tenderanno a ripresentarsi nel corso della Storia a un livello differente.

Come abbiamo visto in fisica, le onde, in questo caso i Cicli, possono essere in fase o fuori fase, possono rafforzarsi o indebolirsi reciprocamente.

Di contro, le congiunzioni Giove-Saturno che si verificano nello stesso Elemento del Ciclo, possono considerarsi come tendenze che rafforzano il Ciclo stesso.

L'incontro di due Elementi differenti creano periodi di transizione, sia nel punto A che B esposti in precedenza. Tendono a portare differenti espressioni culturali in quanto tendono a fondere due proprietà differenti e due diverse 'qualità' del Tempo.

Un chiaro esempio si è verificato nel 1980 con la congiunzione Giove-Saturno nell'Elemento Aria che produsse la combinazione Aria-Terra. Essa non solo anticipava l'ingresso dell'Elemento successivo dal 2020 ma portò anche l'interferenza Aria nel Ciclo in corso, quello di Terra.

L'Aria, caratterizzata dal segno dell'interazione sociale, la Bilancia, portò significativi cambiamenti:

1. - cambiamenti in merito all'aumento dei divorzi negli anni successivi;
2. - ingresso di internet favorendo successivamente la nascita dei social-media e dei contatti collettivi;
3. - diffusione dei computer;
4. - diffusione globale senza frontiere di comunicazione;
5. - rinnovamento degli aspetti produttivi, dell'industria, del commercio nonché sviluppo del settore dei servizi;
6. - inizio dell'e-commerce;
7. - caduta del muro di Berlino;
8. - caduta del blocco sovietico producendo cambiamenti politici e sociali su vasta scala;
9. - caduta dell'apartheid in sud Africa;
10. - nascita dell'Unione Europea con tutti i suoi risvolti sociali, politici ed economici.

La congiunzione del 1980-81 aveva anticipato l'arrivo del nuovo grande Ciclo d'Aria che inizierà il 21 dicembre 2020. In questo periodo si sono messe in evidenza le alleanze e le relazioni politiche nel mondo, gli accordi, la pace, la giustizia, la bellezza e l'armonia.

La combinazione Aria-Terra produsse una svolta verso una rivitalizzazione degli aspetti intellettuali e sociali grazie al fenomeno di Internet.

Ritornando al Ciclo di Terra, il suo Spirito del Tempo si radicò ancor più con l'evento della tripla congiunzione planetaria nell'Elemento Terra di Saturno-Urano-Nettuno del 1989 (avvenuta nel Capricorno): i contenuti dell'Interferenza Aria sono stati assorbiti e stabilizzati nel Tempo. l'Aria *velocizzò* la Terra per sua natura *lenta,* gli eventi storici di quel periodo sono un esempio di questa rottura e integrazione.

L'Interferenza produce anche l'effetto di una *transizione*: un Ciclo non è ancora finito e un altro Ciclo non è ancora iniziato, così come è stato detto, in precedenza, nel punto B.

Questi momenti particolari possono essere evidenziati e resi visibili solo se si prende in considerazione un modello basato sui Cicli degli Elementi che indicano, in maniera dettagliata, il momento iniziale/finale/iniziale di questi particolari eventi. Offrono una cornice al quadro dei Cicli/aspetti planetari che possono ulteriormente essere interpretati in questa prospettiva di analisi nonché di visione.

Un altro aspetto significativo dell'importanza dell'Interferenza, lo vedremo nel capitolo *"Connessioni del flusso temporale: 1226 – 2020"* quando analizzeremo l'Interferenza dell'Elemento Acqua nel Ciclo d'Aria in merito al fenomeno della peste nera.

Nel corso della Storia, si sono presentati diverse volte i fenomeni dell'Interferenza, ogni volta hanno prodotto significative deviazioni dell'Elemento dominante del Ciclo. L'intrusione non solo aveva caratteristica di "semina" del successivo Ciclo ma anche come fusione delle caratteristiche di due Elementi manifestando nella Storia, eventi che avrebbero modificato, accelerato, interferito con il corso degli eventi umani.

Il fenomeno delle Interferenze, lo si potrà osservare, mentre sarà in corso, nel Ciclo Aria del 2020 per come è stato descritto nel punto "C".

Ci troviamo in un punto della Storia in cui si potrà verificare e studiare in diretta il corso degli eventi nel momento in cui cambieranno i Cicli. Si potrà osservare come un *Nuovo Spirito del Tempo* entrerà in scena nel sostituire quello uscente che è in piena fase di caduta e di esaurimento temporale.

Il momento storico che stiamo vivendo è l'ideale per testare il modello dei Cicli degli Elementi osservando attentamente quello che accadrà nella Storia umana. Si potrà, inoltre analizzare anche la prima delle tre Fasi (capitolo 1.10) del Ciclo d'Aria per poter identificare la sua natura e proprietà affinché la si possa concettualizzare al meglio.

Il fenomeno delle Interferenze le ha considerate anche André Barbault, soprattutto quelle di Giove e Saturno in rapporto con gli aspetti planetari dei Cicli dei Pianeti lenti. Dalle sue ricerche si evidenzia come un eventuale contatto, ossia una loro Interferenza con i Cicli maggiori, segnala un periodo storico di notevole importanza.

Analizza così le Interferenze di Giove sul Ciclo Urano-Plutone nel 1968-1969, le Interferenze di Giove e di Saturno sul Ciclo Urano-Plutone dal 1966 al 2037 e altri ancora.

Il fenomeno dell'Interferenza è presente sia a livello Planetario che a livello degli Elementi.

Infatti, in Universis, l'impatto dei Cicli Planetari, in base all'Elemento che attivano, possono rallentare, accelerare, bloccare la tendenza del Ciclo dell'Elemento in corso. Ad esempio, se un Ciclo Planetario attiva l'energia dell'Elemento Fuoco all'interno di una Triplicità di Terra, molto probabilmente non solo contrasterà ma modificherà sensibilmente la 'qualità' del Tempo dell'Elemento Terra.

Ci sono diversi testi che compiono l'errore di far partire l'inizio di un Ciclo della Triplicità in base all'ingresso di questa Interferenza. Infatti, ci sono diversi autori che riportano date differenti sia sull'inizio che sulla fine dei Cicli. Tuttavia, l'Interferenza non ha la forza né la continuità astrale del Ciclo stesso che inizierà con tutta una serie di congiunzioni successive che gli daranno quella forza necessaria per potersi manifestare pienamente dando origine a un nuovo corso storico.

In Universis, infatti, la congiunzione Giove-Saturno che si verifica all'interno di un Ciclo di Elemento che ha la natura dell'Elemento successivo a quella del Ciclo, è da intendersi non come nuovo inizio del Ciclo successivo ma come *"Interferenza"* del Ciclo successivo su quello in corso. E' una fase di semina, è un'incursione della nuova 'qualità' del Tempo.

Ogni calcolo è basato su questa condizione, identificando sia le fasi di Interferenza sia l'inizio e la fine di un Ciclo.

Keplero, nella sua rappresentazione della rotazione del Grande Trigono degli Elementi, evidenziava come il Ciclo di un Elemento tendeva a sconfinare nell'Elemento successivo ma veniva considerato appartenente al Ciclo stesso che era in corso. Ne da ampia spiegazione in *De Stella Nova* ma in Universis rappresenta solo un'Interferenza, un preludio, un'anticipazione della nuova Qualità del Tempo.

Le Interferenze si producono anche al cambio di ogni Triplicità creando fasi di passaggio in cui aumenta il disordine, l'incertezza, squilibri individuali e collettivi e, allo stesso tempo, emergono nuovi percorsi e nuovi scenari ancora troppo deboli e fragili nel manifestarsi ma che annunciano potenziali cambiamenti futuri.

---

[1] Il Grande Disegno, Stephen Hawking e Leonard Mlodinow, Mondadori, 2017
[2] Tutto è uno. L'ipotesi della scienza olografica, Michael Talbot. Apogeo, 1997

1.18 Universis e il Tempo Sferico.

Gli Antichi avevano una vera e propria ossessione per la circolarità: essi concepivano il cosmo come un *"[...] unico vasto sistema pieno di ingranaggi che contenevano altri ingranaggi, enormemente intricato nei suoi collegamenti e paragonabile a un orologio dai molti quadranti [...]"* leggiamo in "Il mulino di Amleto"[1] di G. di Santillana e H. von Dechend.

Parmenide (515 a.e.c. - 450 a.e.c.), filosofo greco, parlava dell'*Essere* come di una Sfera perfetta, sempre uguale a se stessa nello Spazio e nel Tempo, chiusa e finita.

Senofane (570 a.e.c. - 475 a.e.c.), presocratico e studioso delle religioni, parlava di *Dio* come di un principio astratto sferico che coincideva con il mondo, la realtà e l'Essere. Tutto è completamente omogeneo e sferico. Si trattava, sicuramente, della prima forma del pensiero panteistica (= tutto è Dio).

Per Empedocle (V secolo a.e.c.), filosofo che si rifà a Parmenide, tutti gli Elementi (Fuoco, Terra, Aria, Acqua) sono fusi insieme in una Sfera perfettamente omogenea chiamata *sphairos* o *sfero*.

Per gli antichi greci la 'Sfera' era sinonimo di perfezione assoluta.

Che si Parli di Dio o che si parli dell'Essere o del Mondo, la Sfera è l'unica figura geometrica a cui si fa riferimento e che ha attirato l'attenzione di diverse correnti filosofiche nel corso dei secoli per teorizzare i fenomeni, tra i quali, il Tempo e lo Spazio. Lo stesso A. Einstein utilizzò il modello sferico per spiegare l'Universo che vedeva finito seppur illimitato in uno spazio curvo per arrivare, poi, ai nostri giorni con il fisico Stephen Hawking e con la recente Teoria della Gravità Quantistica dei Loop.

Quali sono le caratteristiche della Sfera che attira l'attenzione sulle cose del mondo? Possiamo definirla una struttura *"finita"* ma *"illimitata"*, dato che non esiste nessun limite geometrico che ne segni l'inizio o la fine.

Una Sfera può essere compressa in un singolo punto, che non ha nessuno Spazio e nessun Tempo. E' l'oggetto più semplice nell'Universo e, allo stesso tempo, è anche la forma più complessa dato che contiene dentro di sé tutte le altre cose.

Matematicamente parlando, nessun altra forma geometrica può formare così tante geometrie al proprio interno e il cerchio è la sua forma bidimensionale più complessa che ci sia. È l'unica forma in cui c'è solo un lato, nessuna linea retta, c'è una curva che è completamente unificata per 360°.

Questo rende la Sfera l'oggetto tridimensionale più complesso che ci sia.

Senza la geometria, la materia non sarebbe possibile, dato che è la geometria che permette alle molecole di raggrupparsi insieme in schemi organizzati che danno vita alle cose ci insegna la fisica.

La Sfera ci riconduce anche al Tempo e non solo alle tematiche dello Spazio e, questa, è un'idea che ritorna.

Tramite il saggio di Giorgio Locchi "Wagner, Nietzsche e il mito sovrumanista"[2] vedremo le due figure storiche:

- **Wagner** (1813-1883), che fonda per primo il concetto del *Tempo Sferico* attraverso la sua comprensione della Musica con il sistema tonale. Tuttavia, egli non la esplicitò mai in termini filosofici. Egli trasformò il pensiero musicale attraverso la sua idea di Opera d'Arte Totale, sintesi di tutte le arti: musica, canto, poesia, recitazione e psicologia.

- **Nietzsche** (1844-1900), che riformulò il pensiero wagneriano gettando le basi di una concezione della Storia fondata sulla pluridimensionalità del Tempo. Egli cancellò tutte le tracce che ricollegavano la sua concezione del mondo alla rappresentazione drammatica di Wagner.

Tuttavia, il primo riferimento esplicito ad una "tridimensionalità" del Tempo la si trova nella "Filosofia della natura" di Hegel (1770-1831).

Il saggista Giorgio Locchi riporta *"[...] L'immagine della sfera, la cui virtù consiste nell'offrire una rappresentazione della tridimensionalità del tempo, è evidentemente analogica; essa ci fa vedere come, nella sfera temporale che è il presente, passato, attualità e futuro press'a poco corrispondono a quel che, in un volume spaziale, sono profondità, larghezza e altezza [...]"*.

La Sfera diventa la rappresentazione di un Tempo geometrizzato, non esiste un passato, un presente e un futuro, esiste un *"adesso"* separato dal precedente e dal successivo in un Tempo unico che collega il *"prima"* con il *"dopo"*. Nel testo di Locchi possiamo osservare come l'autore riporti il concetto del Tempo presente tridimensionale come una linea curva che è, appunto, Sferico, dove il presente è la totalità del passato e del futuro. Questo Tempo geometrizzato si differenza dell'insieme dei singoli momenti che nel Tempo lineare si rappresentano come una linea retta e che in fisica prende il nome di *"freccia del tempo"*: si può andare solo avanti e non indietro (seconda legge della termodinamica).

Ma cos'è il Tempo Sferico della Storia?

L'autore articola la sua idea partendo dal concetto che *"[...] La storia non è più lineare, non è più una successione di momenti che l'un l'altro si escludono. Ogni momento del divenire è dato dalla sua totalità. L'istante non è più un punto, il presente non separa più il passato e il futuro e non è da essi separato [...] Il presente è la sfera di cui "passato", "attualità", "avvenire" sono le tre dimensioni [...]"*.

La nostra coscienza vive il Tempo Lineare ma la Storia, il Tempo Storico, ha una relazione di spazio-tempo rovesciata rispetto alla realtà in quanto è la totalità del Tempo della Storia stessa che offre infiniti centri nel contesto del Tempo Sferico. Esso risulta arbitrariamente astratto se rapportato al Tempo Lineare della coscienza. La concezione sferica ci porta nel contesto del Tempo Ciclico, a un *"Tempo sempre presente"* che torna continuamente.

Locchi, nel momento in cui analizza le idee dei due personaggi, offre molti spunti di riflessioni in merito a Universis, le argomentazioni del saggista permettono di descrivere al meglio un'idea che fin dai Tempi Antichi è stata trattata con diverse sfumature.

Interessante anche la distinzione che viene fatta tra:

- *cronotopo*, ossia il *Tempo Lineare* che ha uno Spazio tridimensionale ma con un *Tempo* unidimensionale;

- *topocrono* ossia il *Tempo Storico* che ha un Tempo tridimensionale ma uno *Spazio* unidimensionale.

I fatti storici si iscrivono in un Tempo diverso rispetto a quello che vive la coscienza. L'autore ci ricorda che fino a Wagner e Nietzsche, tutte le concezioni del Tempo sono state sempre Lineari rispetto a quella del paganesimo Antico che erano Cicliche.

La filosofa Laura Sanjakdar in "Mircea Iliade e la tradizione. Tempo, Mito, cicli cosmici"[3] riprende diversi passaggi delle opere dello storico delle religioni in merito al precedente passaggio del saggista Locchi.

Leggiamo infatti che *"[...] con l'avvento del giudeo-cristianesimo il legame e la continuità con i ritmi cosmici ciclici vengono interrotti perché si inaugura una concezione del tempo lineare [...] l'uomo scopre così la possibilità di essere autonomo rispetto alle leggi cicliche dell'universo, diventa autoreferenziale [...]"*.

Questo affinché ci sia una corrispondenza lineare tra il Tempo della Creazione e il Tempo del Giudizio Universale conservando il Tempo

Circolare esclusivamente nel contesto della liturgia, i riti dedicati al popolo. Il Tempo Circolare diventa il *"Tempo profano"* (ossia, Tempus, della vita e della politica, il Tempo degli Uomini) e il Tempo Lineare diventa il *"Tempo Sacro"* (ossia, Aevum, quello della Chiesa che è immutabile ma non eterno in quanto ha un inizio e una fine). Abbiamo, poi, il *"Tempo escatologico"*, Aeternitas, il Tempo eterno di Dio.

Secoli di cultura giudeo-cristiana che ci hanno plasmato nella concezione del Tempo Lineare, ha modificato anche la nostra lingua in quanto abbiamo un linguaggio lineare che ci impedisce ad accedere alla pluridimensionalità che offre il Tempo Sferico. Ma anche nell'idea lineare giudeo-cristiana sono presenti i Cicli. Il tempo religioso è un Tempo Ciclico: è il Tempo del rito, che si ripete uguale a se stesso infinite volte. La nascita, la predicazione, la morte e la resurrezione di Gesù si ripetono ogni anno per i cristiani o il rito dell'Eucaristia, che ripete l'atto dell'Ultima Cena.

L'introduzione del Tempo Lineare, non solo ci allontana dalla visione del mondo dell'uomo Antico ma modifica la prospettiva dell'uomo moderno quando si confronta con la Storia. Perde i riferimenti del suo ripetersi, perde le relazioni con eventi ricollegabili dovuto a una visione lineare che alimenta una dinamica unica e non ripetibile degli eventi passati che solo la Ciclicità può esprimere. Questo, in virtù del fatto che può ricollegare e rendere nuovamente attuabile eventi passati su un livello differente nei Cicli successivi in un Tempo che non è né passato né futuro.

A livello individuale, si può sperimentare questa dinamica quando periodicamente, su un percorso di vita lineare, ci imbattiamo con delle *costanti* che tendono a ripetersi nel Tempo. Questa esperienza soggettiva, su scala ridotta, dà l'idea su ciò che avviene su una scala più ampia.

Si comprende inoltre come il grafico del tema natale o di un evento studiato sia in realtà una rappresentazione bidimensionale di una realtà tridimensionale e sferica. Con tale appiattamento, si perdono alcune importanti informazioni, soprattutto la visione geometrica sferica da cui nasce. Poco significativo nei temi di genitura ma estremamente importante nel contesto dell'astrologia mondiale che opera su un piano differente: non la storia individuale ma la Storia Umana.

"[...] La concezione tridimensionale del tempo è assolutamente nuova, il linguaggio di cui disponiamo ne può parlare soltanto facendo ricorso all'analogia con lo spazio tridimensionale [...]", scrive Locchi.

Il concetto del Tempo tridimensionale viene espresso anche da Loris Viola in "Religio Aeterna – Vol. 2".[4]

In Universis, con il Ciclo degli Elementi, la nozione di *Tempo Sferico* contiene l'unificazione del Tempo Ciclico con il Tempo Lineare, in un Tempo geometrizzato all'interno di un modello finito-infinito. Lo svolgimento del Tempo è un intreccio, una relazione tra i due.

Il Tempo Sferico in Universis, non è né lineare né circolare, è un Tempo Unificato, è un Tempo a intervalli fatto di incroci ma è composto dalla loro unità e non dalla loro separazione. Prende vita nella *Chronosphaera*.

Il Ciclo delle Triplicità permette di evidenziare questa connessione su scala temporale e il modello utilizzato permette di rappresentare e di visualizzare questo concetto astratto in un'unica immagine invece che esprimerla attraverso il linguaggio. Il modello diventa un simbolo che porta informazioni a un livello maggiore di comprensione.

"[...] Questa è la manifestazione ciclica del cosmo che porta alla conoscenza di un'evoluzione elicoidale della storia: doppio è il movimento di ritorno circolare sullo stesso punto e di avanzata perpendicolare in avanti. Quel che ci accade non è il passaggio di un semplice ritorno periodico poiché la similitudine del ripetitivo si sposta con la diversità dell'unico per arrivare all'originale e sboccare su sempre nuovi scenari mondiali [...]" scrive Barbault in "I Cicli Planetari".[5]

Nella concezione Ciclica è bene mettere in evidenza la contemporanea presenza di Cicli di diversa lunghezza e durata. In una fase del Ciclo più grande è contenuto un Ciclo più breve, e quest'ultimo può a sua volta contenere al suo interno un Ciclo ancor più breve. Inoltre i vari Cicli di diversa lunghezza si possono sovrapporre, rendendo inintelligibile l'intera dinamica Ciclica. Per venirne a capo è necessario tener presente l'ordine gerarchico a cui sono sottoposti. Universis permette di creare una gerarchia e un ordine unificante che va dal passato al futuro.

"[...] Come si può parlare di avvenire se non siamo in possesso di mezzi di comparazione, e quale unico punto di riferimento abbiamo se non il passato? Soltanto la conoscenza di quel che è accaduto permette di comprendere, per analogia, quel che potrà accadere in seguito. La retrospettiva è, quindi, un cammino della conoscenza di una pratica astrologica a viso scoperto [...]" conclude l'astrologo francese.

Possiamo identificare la visione Circolare del Tempo Storico dell'autore come la versione bidimensionale del Tempo Sferico.

Per il saggista Locchi è impossibile narrare la Storia senza proiettarla sulla linea temporale del Tempo Lineare e dell'esperienza umana. Ci furono in passato anche tentativi filosofici di trasferire i concetti nella figura del cerchio ma con scarso esito intellettuale.

Universis, con la sua idea-geometrica, afferma il contrario, una rappresentazione può essere effettuata aggiungendo ciò che un Tempo mancava: una rappresentazione, un'immagine, un modello, un simbolo unificante che racchiude in sé ogni tipo di argomentazione sul Tempo e sullo Spazio su base astrologica, assente e latitante in questo dibattito nei Tempi passati. Si presenta, oggi, come interlocutore, avanzando una base su cui impostare un linguaggio multidimensionale per una visione del mondo formulata sul Tempo geometrizzato: il *Tempo Sferico*.

Tanto più ci spostiamo verso una scala macro e tanto più il Tempo, da Lineare, diventa Ciclico, così come abbiamo visto nei diversi livelli di Universis.

Il Tempo diventa un gioco di relazioni, di connessioni tra il macro e il micro, tra il grande e il piccolo come in una sequenza frattale dove il macro diventa a sua volta micro in relazione a qualcosa di più grande, ossia, nella figura successiva che ripete se stessa all'infinito.

E' a partire dal Rinascimento che assistiamo alla costruzione dell'idea di spazio geometrico come una forma strutturata, unitaria e logicamente coerente che può formulare una rappresentazione del Tempo Ciclico.

Nel capitolo 2.1 "Universis: path e phat dipendence", verranno introdotti i concetti di:

- Connessione del Flusso Temporale.

- Condizione del Flusso Temporale.

Daranno dei punti di riferimento per quanto riguarda l'idea del Tempo Sferico possibile solo con una componente geometrica tridimensionale perchè *"[...] evidentemente questa 'sfera' altro non rappresenta che un tempo 'geometrizzato', arbitrariamente astratto dal contesto spazio-temporale della realtà [...]"* si legge in "Wagner Nietzsche e il mito sovrumanista".

In tutto questo, non va dimenticato o esclusa l'idea della concezione del *Tempo a Spirale* in cui le ripetizioni si differenziano dall'essere Cicliche dal momento che ci conducono verso un progredire, un'evoluzione. La concezione a Spirale tenta di unificare il Tempo Ciclico con il Tempo Lineare. In questo si ritrova lo schema tesi-antitesi-sintesi di Hegel.

In Universis, anche il Tempo a Spirale nasce e ha origine dalla Sfera. L'argomento è ampiamente trattato in *"Universis Post Scriptum. Appunti, pensieri, riflessioni"*.[6]

L'idea di un Tempo Ciclico e di un Tempo a Spirale, rispetto al Tempo Lineare, è sempre stato al centro di grandi dibattiti nel corso della Storia umana. E' indubbio che l'avvento giudaico-cristiano, in cui c'è un inizio (la creazione divina) e una fine del Tempo (l'Apocalisse) favorisse la concezione del mondo con una visione del Tempo in forma Lineare. Inoltre, opporsi ad una visione Ciclica/Spirale del Tempo significava da una parte annullare la visione del paganesimo e dall'altra preservare il libero arbitrio dell'uomo rispetto a un fato e un destino iscritto nel Tempo Ciclico/Spirale che lo deresponsabilizzerebbe nei confronti del mondo con l'impossibilità di cambiare il futuro e, soprattutto, rafforzare l'idea che le scelte umane sono irreversibili e destinate a rimanere tali per tutta l'eternità. La caduta nel "peccato" non può portare al ritorno della "purezza" perduta secondo la visione cristiana.

Per concludere, il Tempo Lineare è considerato non scientifico: in fisica non esiste né il passato né il futuro, tutto è già presente e, nelle equazioni matematiche, non viene riportata la funzione 'Tempo'.

I fenomeni vengono studiati come cambiano in base alla *Relazione* con altri fenomeni e non come cambiano nel *Tempo*.

La Freccia del Tempo esiste solo nella seconda legge della termodinamica: l'unica equazione in cui è presente il fattore temporale (per come lo vive un singolo individuo nella sua realtà ordinaria).

[1] Il mulino di Amleto. Saggio sul mito e sulla struttura del tempo, G. di Santillana e H. von Dechend, Adelphi, 2003

[2] Wagner, Nietzsche e il mito sovrumanista, Giorgio Locchi, Akropolis, 1982

[3] Mircea Iliade e la tradizione. Tempo, Mito, cicli cosmici, Laura Sanjakdar, Il Cerchio, 2014

[4] Religio Aeterna, vol. 2, Loris Viola, Victrix, 2004

[5] I Cicli Planetari, A. Barbault, Ed. Capone, 2016

[6] Universis Post Scriptum. Appunti, pensieri, riflessioni, Argo, KDP, 2020

1.19 Universis Livello 5.

E' utile, a questo punto, riprendere per un attimo gli argomenti trattati nel capitolo 1.4 Teoria e modelli nella Scienza prima di affrontare un nuovo aspetto del livello di Universis.

E' stato detto che *"[...] Non c'è nessuna teoria che da sola sia buona rappresentazione delle osservazioni in tutte le situazioni. Con Talete di Mileto, 624-546 a.c., sorse l'idea che la natura si attenesse a principi coerenti che potevano essere decifrati. Si passò dal regno degli dèi alla concezione dell'universo governato da leggi di natura e creato secondo un progetto che un giorno potremmo essere in grado di comprendere [...]"* si legge nel libro "Il Grande Disegno"[1] di Hawking e Mlodinow.

Sappiamo che una teoria è una formulazione sistematica di principi generali dai quali si ricavano i modelli.

I modelli sono la rappresentazione dei *"fenomeni"*, parola che deriva dal greco *phàinomai*, ossia, *"mostrarsi"* e indica ciò che appare, ciò che è visibile. Essi fanno emergere una determinata qualità, caratteristica, proprietà.

Ma che caratteristiche deve avere un buon modello affinché possa essere utile per la ricerca?

Esso deve essere:

- <u>semplice</u>: un modello complesso e eccessivamente dettagliato è ritenuto inutile e fuorviante;

- <u>universale</u>: un modello deve essere applicabile in modo generale e universale in ogni situazione, da situazioni micro a quelle macro;

- <u>previsionale</u>: deve prevedere l'andamento degli eventi futuri, ossia, un evento è prevedibile se sono note le sue dinamiche.

Queste caratteristiche si riscontrano non solo nel campo della fisica ma anche negli studi sociali come in sociologia e in economia. Anche in questi campi di studio il ricercatore osserva la realtà e la riduce all'essenziale al fine di scoprire le leggi semplici e universali che sottostanno ai fenomeni socio-economici.

Nel libro "La grande storia del tempo"[2] di S. Hawking e di L. Mlodinow,, possiamo leggere: *"[...] Una teoria, per essere una buona teoria scientifica, deve soddisfare due requisiti:*

- deve descrivere accuratamente un ampio insieme di osservazioni empiriche sulla base di un modello che contenga solo pochi elementi arbitrari;

- deve formulare predizioni ben definite sui risultati di future osservazioni. Per esempio, Aristotele credeva nella teoria di Empedocle secondo la quale ogni cosa era composta da quattro elementi: terra, aria, fuoco, acqua. Si trattava di un modello sufficientemente semplice ma non faceva alcuna predizione ben definita [...]".

Abbiamo visto che questo limite viene superato in Universis attraverso il modello della Chronosphaera in cui si possono analizzare gli eventi storici passati, presenti e le probabili tendenze future.

Sempre nel testo citato, leggiamo che: *"[...] Per Karl Popper, una buona teoria è quella che produce un alto numero di predizioni, suscettibili, in linea di principio, di essere confutate (falsificate) dall'osservazione. Ogni volta che nuovi esperimenti forniscono risultati in accordo con le predizioni, la teoria sopravvive e la nostra fiducia in essa aumenta, ma se troviamo anche solo una nuova osservazione in disaccordo con le previsioni, dobbiamo abbandonarla o modificare la teoria. In pratica, spesso accade che una nuova teoria sia in realtà solo un'estensione della teoria precedente. Il fine ultimo della scienza è quello di fornire una singola teoria che sia in grado di descrivere l'intero universo [...]".*

Possiamo affermare che un modello universale lo si trova in tutte le cose, si ripete su scale differenti. Che si passi da un livello micro a un livello macro, un modello universale mantiene le sue costanti strutturali così come avviene nella geometria di un frattale: ingrandendo o riducendo la sua forma si ottiene sempre una forma simile all'originale. La sua struttura di partenza, da finita diventa infinita.

La particolarità dei frattali è quella di evidenziare, all'interno di uno stesso modello, una serie di modelli simili al modello di base, in modi sempre differenti, ma analoghi, su scale progressivamente più piccole o più grandi. Un frattale ripete le forme del frattale-madre e, in ogni suo microscopico frammento, è contenuto l'intero frattale-madre che da esso si riproduce.

Nella logica frattale, è contenuta, dunque, la visione del pensiero olistico del microcosmo/macrocosmo, del ripetersi delle medesime strutture tanto nell'infinitamente grande quanto nell'infinitamente piccolo.

La struttura frattale non può essere misurata definitamente, ma dipende strettamente dal numero di iterazioni alle quali si sottopone la figura iniziale.

Possiamo vedere il Livello 5 come l'analogia dei frattali o dell'ologramma, ossia, ogni piccolo frammento di una struttura contiene la completa informazione registrata al suo intero.

Tutto questo ci riporta alla fase iniziale: Giove-Saturno, punto di partenza di Universis.

La simbologia planetaria si rispecchia e rispecchia la sequenza geometria che analizzeremo. Vedremo come la struttura di Saturno verrà espansa dalla capacità di Giove nella sua caratteristica di allargare tutto ciò con cui entra in contatto mantenendo intatta la struttura base, il modello di partenza.

Giove la crescita e Saturno la struttura, ci hanno guidato fin dall'inizio. La Teoria della Congiunzione dei due pianeti, classificata come indice dei cambiamenti nella società umana, ha evidenziato un modello reso visibile analizzando la Triplicità degli Elementi attraverso una forma geometrica.

Un modello, per essere efficiente, deve essere in grado di mantenere la sua efficienza interpretativa anche su diverse scale di grandezza per dimostrare la sua validità.

Seguendo la logica della geometria frattale si è fatto evolvere il Livello 4, la *Chronosphaera*, in uno stadio superiore affinché il concetto *"una parte dell'oggetto è simile al tutto"* possa essere applicato nello studio della comparazione con le Precessioni e il Grande Anno, nonché il Ciclo Cosmico.

Il Livello 5 di Universis prende il nome di **Aerasphaera**: studio del grande Ciclo Cosmico che prende vita con i Quattro Elementi.

Vedremo anche la rappresentazione dei Cicli dentro i Cicli non più solo in termini astratti e filosofici ma anche in forma visibile che li identifica rendendo semplice la comprensione di questi termini.

---

[1] Il Grande Disegno, S. Hawking e L. Mlodinow, Mondadori, 2017
[2] La grande storia del tempo, S. Hawking e L. Mlodinow, BUR, 2015

1.19.1 Precessione degli Equinozi.

Perché occorre parlare delle Precessioni?

Questo argomento permette di trattare i dati astronomici ufficialmente riconosciuti dalla comunità scientifica. Tutto questo ci serve anche come punto di riferimento e punto di partenza per analizzare il modello *Aerasphaera* nel suo tentativo di articolare, astrologicamente parlando, il 'Grande Anno' platonico attraverso l'uso dei Cicli degli Elementi e non con i Segni Zodiacali. Ma si parlerà, più propriamente di Ciclo Cosmico.

André Barbault ci ricorda che non esiste nessuna corrispondenza nei Testi Antichi dell'abbinamento del Grande Anno con i Segni Zodiacali se non in riferimento alla volta celeste riferita ai pianeti.

Spetta probabilmente al caldeo Beroso (350-270 a.e.c.) la prima esposizione arrivata in occidente della dottrina del *Grande Anno* e dell'Eterno Ritorno in cui l'Universo è considerato eterno, ma è annientato e ricostituito periodicamente ogni *Grande Anno* quando i sette Pianeti si riuniscono in un Segno Zodiacale.

Tuttavia, analizziamo l'argomento in termini di 'Ere Zodiacali' e successivamente di Grande Anno anche se in questo capitolo sembreranno intrecciarsi, per questioni esclusivamente astronomiche e non astrologiche, rimangono due argomenti distinti e separati anche se oggi sono comunemente intesi come uguali.

Iniziamo questo viaggio con Keplero.

Nella figura 1 possiamo vedere come Keplero rappresentava il Trigono formato dalle Grandi Congiunzioni di Giove e Saturno ogni 20 anni.

Lo spostamento del Trigono lungo i Segni Zodiacali suddivideva il grande Ciclo delle Precessioni attraverso lo studio planetario.

Per compiere il giro completo dello Zodiaco un angolo del Trigono impiega circa 2400 anni. Keplero affermò di aver avuto un'illuminazione, nel 1595, mentre insegnava a Graz, in merito alla congiunzione periodica di Giove e Saturno nello Zodiaco.

Si rese conto che la regolarità del Ciclo, all'interno del Cerchio dello Zodiaco, poteva essere la base geometrica dell'Universo e del Grande Anno.

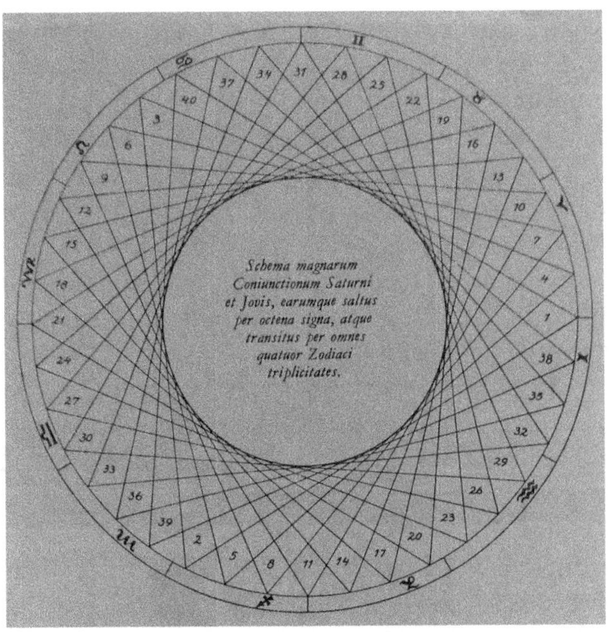

[fig. 1]

Lungo la fascia Zodiacale ci sono quattro punti cardinali che dominano le quattro stagioni dell'anno che hanno la corrispondenza della primavera-Ariete, estate-Cancro, autunno-Bilancia, inverno-Capricorno.

Nella liturgia della Chiesa sono i *Quattuor Tempora*[1].

Un Tempo, questi *"quattro pilastri"* andavano a costituire quella che veniva chiamata la *terra quadrangolare* e le costellazioni dominavano i quattro pilastri solo temporaneamente.

Gli autori Giorgio Santillana e Hertha von Dechend in "Il Mulino di Amleto. Saggio sul mito e sulla struttura del tempo"[2] riportano che *"[...] Al Tempo Zero i due cardini del mondo equinoziali erano stati i Gemelli e il Sagittario, tra i quali si estende l'arco della Via Lattea [...] che stava ad intendere il concetto che la via tra la terra e il cielo era aperta, la via ascendente e la via discendente dove in quell'Età dell'Oro, uomini e dèi potevano incontrarsi. La straordinaria virtù dell'Età dell'Oro consisteva proprio nella coincidenza del punto d'incrocio tra eclittica ed equatore con quello tra eclittica e Galassia, il che avveniva nelle costellazioni dei Gemelli e del Sagittario che stavano salde a due dei quattro angoli della terra quadrangolare [...]".*

Gli autori identificano il Tempo Zero indicativamente nel 5000 a.e.c.

Attualmente, ci sono convenzioni comunemente accettate dell'inutilità di questo moto celeste rispetto a un Tempo. Gli autori affermano che *"oggi, la nostra idea della precessione è quella di una lieve, e per di più irrilevante, inclinazione del globo. [...] E' un fatto assodato, immune da ogni influenza del continuum spazio-temporale. E' solo una noiosa complicazione che non ha ormai più alcuna attinenza alle nostre vicende. Una volta, invece, era l'unico maestoso moto secolare che i nostri antenati potevano tenere presente quando cercavano un vasto ciclo che interessasse l'intera umanità. [...] Avevano trovato un grande piolo a cui appendere le loro riflessioni sul Tempo Cosmico [...]".*

Vediamo di approfondire la questione delle Precessioni.

Secondo l'astronomo indiano Lahiri, la coincidenza perfetta dello Zodiaco Siderale (basato sulle costellazioni) con quello Tropicale (basato sulle stagioni-segni) avvenne nel 285 e.c. quando la stella Spica si trovava a 0° della Bilancia.

Enzo Baldini nel suo "Trattato tecnico di astrologia"[3] ci segnala che, per altri astronomi, risultano date diverse rispetto a Lahiri.

Tuttavia, vediamo di cosa si tratta utilizzando varie fonti storiche e scientifiche che hanno analizzato il fenomeno.

Nella Precessione degli equinozi, le Costellazioni sono sempre meno sovrapposte alle omonime suddivisioni dello Zodiaco e si allontanano da queste di circa un grado ogni 72 anni.

Essendo la Precessione un fenomeno Ciclico, la corrispondenza approssimativa tra Segni e Costellazioni si ripresenta dopo, indicativamente, 25.765 anni.

La linea degli equinozi, quindi, si sposta nel Tempo girando in senso orario compiendo un giro completo di 360° in circa 25800 anni.

La Terra, di conseguenza, assume inclinazioni opposta ogni 12.900 anni circa.

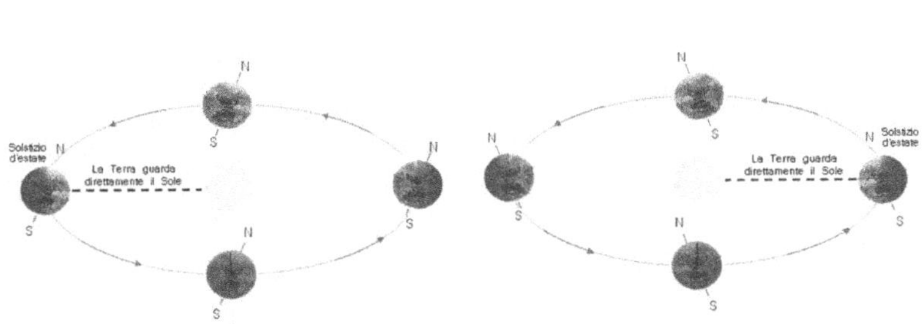

[fig. 2 fonte Wikipedia]

Quindi, ogni 12.900 anni circa, il solstizio d'estate si verifica in posizione diametralmente opposta a quanto succedeva prima. Lo possiamo vedere nella figura 2.

La Precessione modifica esclusivamente la posizione dell'orbita in cui si verifica l'equinozio (dimensione spaziale), ma esso permane sempre nella stessa data (dimensione temporale).

Il risultato di questo fenomeno è, come è stato detto, un moto di precessione che compie un giro completo ogni 25.765 anni, periodo noto erroneamente, in astronomia, con il nome di *"Anno Platonico"*, durante il quale la posizione delle Stelle sulla Sfera Celeste cambiano lentamente, determinando l'avvicendarsi delle diverse Ere Astrologiche.

Di conseguenza, anche la posizione dei poli celesti cambia: infatti, tra circa 12.900 anni sarà Vega e non l'attuale Polaris, nota comunemente col nome di Stella Polare, a indicare il polo nord della Sfera Celeste.

La Precessione non è perfettamente regolare, perché la Luna e il Sole non si trovano sempre nello stesso piano e si muovono l'uno rispetto all'altra, causando una variazione continua della forza che agisce sulla Terra. Questa variazione influisce anche sul *moto di nutazione* terrestre, ossia, sull'oscillazione dell'asse di rotazione.

Il punto vernale, noto anche come primo grado dell'Ariete o punto Gamma, è uno dei due punti equinoziali in cui l'equatore celeste interseca l'eclittica.

Quando il Sole, nel suo apparente moto annuo, transita al grado 0° della costellazione, la Terra viene a trovarsi in corrispondenza dell'equinozio di primavera così come viene rappresentato nella figura 3:

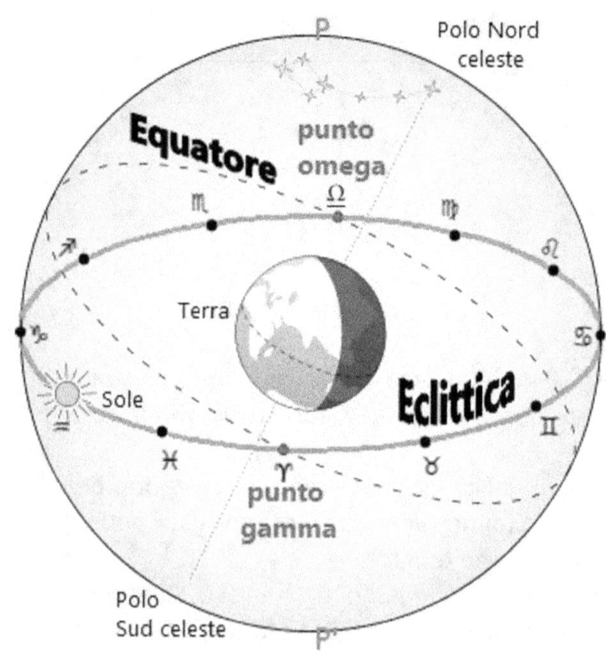

[fig. 3 fonte Wikipedia]

In posizione diametralmente opposta al punto vernale si trova il punto della Bilancia o punto Omega Ω, il Sole transita in corrispondenza dell'equinozio autunnale.

La Precessione degli Equinozi venne scoperta da Ipparco di Nicea nel 127 a.e.c., circa 200 anni dopo Platone. Il Grande Anno è stato attribuito proprio al filosofo greco.

Quest'ultimo, in *Timeo*, aveva già definito l'*"Anno Perfetto"* quello durante il quale tutta la volta celeste tornava uguale: tornano uguali il giorno e la notte, gli anni solari e lunari e il movimento dei Pianeti e non c'è nessun riferimento ai Segni Zodiacali.

L'*Anno Platonico* è stato assunto oggi, erroneamente, per designare l'intera durata del ciclo astronomico dando origine alle varie Ere (del Toro, Ariete, Pesci e quella in arrivo dell'Acquario).

In astronomia viene considerato il Tempo impiegato dall'asse terrestre per compiere un giro completo a seguito del movimento Precessionale degli Equinozi.

Tuttavia, l'*Anno Platonico* o *Grande Anno* o *Anno Perfetto* non fa riferimento ai Segni per come viene inteso e confuso oggi ma fa riferimento alle posizioni planetarie, ossia, quando tutti i Pianeti sono congiunti tra di loro in un unico luogo nella volta celeste: quello era considerato l'Anno Zero, ossia, il Grande Anno.

Il <u>Grande Anno</u> e le <u>Precessioni</u> sono due cose diverse.

I nostri Antenati sapevano di questa distinzione.

Ne "Il Mulino di Amleto"[4] leggiamo *"[…] La Precessione assunse un'importanza preponderante: divenne il vasto disegno impenetrabile del fato stesso, dove un'età del mondo subentrava all'altra, mentre l'invisibile lancetta dell'equinozio scivolava lungo i segni e ogni età portava con sé ascesa e caduta di configurazioni e sovranità astrali insieme alle loro conseguenze terrene. […] Per Aristotele il Tempo procede in cicli di rigoglio e decadenza. Fu l'attenzione agli eventi celesti a plasmare le menti degli uomini prima della storia documentata. Miti e racconti costituiscono l'unico linguaggio tecnico di allora […]"*.

La Precessione era una cosa, il Grande Anno era un'altra.

---

[1] A ogni singola stagione corrisponde una delle Quattro tempora, che si compone dei medesimi giorni, ossia il mercoledì, venerdì e sabato di una stessa settimana. Le tempora d'inverno cadono fra la terza e la quarta domenica di Avvento, le tempora di primavera cadono fra la prima e la seconda domenica di Quaresima, le tempora d'estate cadono fra Pentecoste e la solennità della Santissima Trinità e le tempora d'autunno cadono fra la III e la IV domenica di settembre, cioè dopo l'Esaltazione della Santa Croce, il 14 settembre. [Wikipedia]

[2][4] Il Mulino di Amleto. Saggio sul mito e sulla struttura del tempo, Giorgio Santillana e Hertha von Dechend

[3] Trattato tecnico di astrologia, E. Baldini

1.19.2 Il Grande Anno: cenni storici.

Nel capitolo precedente si è affrontato l'argomento della Precessione degli Equinozi in modo da rendere chiaro il suo significato per poterlo distinguere dal concetto del *Grande Anno*.

Spesso, infatti, si intendono come la stessa cosa ma, in realtà, si tratta di due argomenti completamente diversi. L'astronomia ha contribuito a creare confusione tra i due termini in quanto si tende a parlare indistintamente dell'uno e dell'altro come se fossero la stessa cosa.

Diventa fondamentale distinguerli:

- si parla di Precessione degli Equinozi in riferimento al fenomeno collegato ai *Segni Zodiacali*;

- si parla di Grande Anno in riferimento al fenomeno della congiunzione iniziale di tutti i *Pianeti*.

Fatta questa preliminare distinzione, tratteremo l'argomento prima da un punto di vista storico e poi lo vedremo attraverso il pensiero di André Barbault nel capitolo successivo. Si concluderà questo percorso con il Livello 5 di Universis: l'*Aerasphaera*, il Grande Anno basato sulla Triplicità degli Elementi inteso come Ciclo Cosmico degli Elementi.

Spetta probabilmente all'astrologo babilonese Beroso (350–270 a.e.c.), come è stato detto in precedenza, la prima indicazione della dottrina del Grande Anno e dell'Eterno Ritorno: l'Universo era considerato come eterno ma era annientato e ricostituito periodicamente ogni Grande Anno quando i sette Pianeti dell'Antichità si riuniscono in un Segno Zodiacale.

L'idea di una grande congiunzione iniziale, *"l'inizio del cielo"*, la partenza comune di tutti i ritmi generati dai Cicli Astrali, è un Archetipo inscritto nel più profondo della coscienza umana.

Questa *"firma cosmica"* ha anche un riscontro nella scienza del Cosmo con la Teoria del Big Bang, un punto 0 nel quale sarebbe stata concentrata tutta la materia e che ha dato origine all'Universo attuale. Ma ancora meglio, è la Teoria della Gravità Quantistica a Loop che afferma che l'Universo avrebbe non un Bing Bang iniziale ma un *Big Bounce* (consulta l'Appendice a fine libro), ossia, ogni fine è seguita da un nuovo inizio con un nuovo Universo.

Curiosamente, il concetto dell'unità ritmica del Tempo, con un inizio e una fine, era scomparso dall'astrologia moderna per molto tempo per poi ritornare grazie a Barbault che rivitalizzò un concetto perduto nel labirinto dei secoli.

Dai filosofi Antichi ci giunge l'idea che il Grande Anno consiste nella convinzione che la Storia dell'Universo sia costituita da Cicli di formazioni e di distruzioni che si ripetono periodicamente.

L'espressione venne anche usata da Eraclito (VI-V secolo a.e.c.) il quale insegnava che in Cicli si ripetevano eternamente, tutte le cose nascevano dal Fuoco e ad esso ritornavano, grazie a un processo di conflagrazione universale. Del *Grande Anno* parlavano sia gli Orfici che i Pitagorici, i quali credevano che le stesse cose e gli stessi avvenimenti si ripresentassero infinite volte nella Storia dell'Universo.

Dai Pitagorici, molto probabilmente anche da fonti mediorientali, fa derivare Platone la sua teoria del *Grande Anno* collegato esplicitamente con le posizioni dei corpi celesti.

L'interpretazione data da Platone al mito del ritorno Ciclico degli astri si trova nel *Politico* e viene ripresa anche nel *Timeo*, dove il filosofo greco indica che il momento dell'unificazione dei Pianeti nella loro posizione originaria è quello del *"Tempo Perfetto"* e si pone alla fine del Grande Anno, quello dopo il quale tutta la volta celeste torna uguale al suo inizio. L'insieme dei Cicli Planetari formano delle relazioni tra loro all'interno del grande *"intervallo"* che li sincronizza, il Grande Anno appunto.

Furono gli stoici i primi a parlare dell'*"eterno ritorno"*, ossia, dell'*apocatastasi*[1] che riporta l'Universo nel suo stato originario. Quando gli astri assumono la stessa posizione che avevano all'inizio dell'Universo, avviene una grande conflagrazione, detta *ecpirosi*. Questo evento fa sì che il Tempo e il mondo ricomincerebbero un nuovo Ciclo (*palingenesi*, ovvero "che nasce di nuovo"). Secondo alcuni stoici tale Ciclo sarebbe identico al precedente.

Essi, collegando gli insegnamenti di Eraclito e dei Pitagorici, diedero alla teoria del Grande Anno la forma più completa.

La tradizione giudeo-cristiana attinse a piene mani dalla dottrina stoica in merito alla dottrina della salvezza dell'*Apocalisse* e del *Giorno del Giudizio*: alla fine dei Tempi, infatti, per mezzo del Fuoco verrà restaurato un mondo nuovo.

Nietzsche espose per la prima volta la concezione dell'Eterno Ritorno ne *La gaia scienza* del 1882.

Il filosofo riprese il mito dell'Eterno Ritorno in *Così parlò Zarathustra*, nel quale accennò alla dottrina degli Eoni, il "Grande Anno del Divenire". A differenza degli stoici, nella sua concezione, la Ciclicità non si configura come un ritorno assolutamente puntuale di ogni evento, bensì come un infinito ripresentarsi di situazioni nel complesso analoghe.

In tempi più recenti, Mircea Eliade, antropologo e storico delle religioni, ha collezionato innumerevoli miti identici in tutte le culture del mondo in merito all'Eterno Ritorno nicciano.

Eliade espose per la prima volta la sua dottrina universale in due opere della fine degli anni quaranta: il Trattato di storia delle religioni[2] e Il mito dell'Eterno Ritorno[3].

In quest'ultimo testo, nei capitoli conclusivi, ha tracciato un percorso storico della dottrina che aiuta a comprendere la sua evoluzione nel Tempo. L'autore segnala il grande interesse che la teoria ha ricevuto nel Medioevo in cui *"[...] le teorie cicliche e astrali cominciano a dominare la speculazione storiologica ed escatologica. Già popolari nel XII secolo esse ricevono un'elaborazione sistematica nel secolo successivo, in seguito soprattutto alla traduzione di scrittori arabi. Ci si sforza di stabilire correlazioni sempre più precise tra fattori cosmici e geografici e le rispettive periodicità nel senso già indicato da Tolomeo, nel II secolo d.c. nel suo Tetrabiblos. Un Alberto Magno, un san Tommaso, un Ruggero Bacone, un Dante e parecchi altri credono che i cicli e le periodicità della storia del mondo siano retti dall'influenza degli astri, sia che questa influenza obbedisca alla volontà di Dio e ne diventi lo strumento nella storia, sia che la si consideri come una forma immanente nel cosmo [...]".*

Mircea Eliade identifica nel XVII secolo, periodo dell'Illuminismo, come la fase in cui la nozione Ciclica del Tempo viene sostituita dalla visione Lineare del Tempo con la fede di un progresso infinito. Il concetto verrà rafforzato nel XIX secolo con le idee evoluzionistiche. Tuttavia, in linea con il principio dell'Eterno Ritorno, l'idea del Tempo Ciclico si ripresenta nel XX secolo in cui *"[...] assistiamo, in economia politica, alla riabilitazione delle nozioni di ciclo, di fluttuazione, di oscillazione periodica; in filosofia il mito dell'eterno ritorno viene di nuovo alla ribalta con Nietzsche, o, nella filosofia della storia, uno Spengler o un Toynbee si occupano del problema della periodicità [...]".* Si assiste a un ritorno e a nuove riformulazioni del mito arcaico che ha sempre accompagnato l'umanità. Eliade, nel suo testo menziona P.A. Sorokin, sociologo russo, che sviluppò ulteriormente la teoria del ciclo sociale in cui ogni Ciclo è caratterizzato da una sua "mentalità culturale". Questo aspetto ricorda il pensiero di Hegel in cui l'avvenimento storico era, per il filosofo, la manifestazione dello "Spirito Universale".

Sorokin *"[...] osserva giustamente che le teorie attuali sulla morte dell'Universo non escludono l'ipotesi della creazione di un nuovo universo, un poco alla teoria del "grande anno" nelle speculazioni greco-orientali e del ciclo yuga nel pensiero indù [...]"*.

Mircea Eliade conclude le sue riflessioni affermando che *"[...] solamente nelle teorie cicliche moderne il senso del mito arcaico dell'eterna ripetizione acquista tutto il suo risalto. Infatti le teorie cicliche medievali si accontentavano di giustificare la periodicità degli avvenimenti, integrandoli nei ritmi cosmici e nelle fatalità astrali [...]"*. Il riferimento alla disciplina astrologica diventa inevitabile per il semplice motivo che *"[...] gli avvenimenti storici dipendevano dai cicli e da situazioni astrali, diventavano intelligibili e anche prevedibili poiché avevano un modello trascendente [...]"*.

Un "modello trascendente" afferma l'autore. Un'affermazione da tenere ben in mente.

Lo storico delle religioni conclude così le sue ricerche: *"[...] la formulazione in termini moderni di un mito arcaico tradisce almeno il desiderio di trovare un senso e una giustificazione trans-storica agli avvenimenti storici [...]"*. Da questo punto di vista, diventa interessante la ricomparsa, nell'età moderna, delle teorie Cicliche anche nell'ambito scientifico in cui si sta riscoprendo questa nozione.

Le teorie del Tempo Ciclico sono state proposte, oltre che da Eliade, anche dal francese Paul Mus, sotto la denominazione di "tempo reversibile" e che può essere conosciuto in anticipo.

Nell'età moderna, la teoria dell'Eterno Ritorno di tutte le cose si fonda sulla reversibilità dei fenomeni fisici, derivante dalla concezione meccanica della natura. La scienza riscontra che esiste una precisa scansione periodica dei cicli vitali, ad esempio nel totale rinnovo delle cellule di cui è costituito l'organismo. C'è un riconoscimento che esiste un ordine simmetrico, ciclico, in cui il Tempo e il Ritmo rispondono a delle costanti di tipo matematico.

In termini di interpretazione astrologica, si deve ad Albumasar il perfezionamento e l'applicazione della dottrina del Grande Anno oltre ad aver riorganizzato l'intera teoria della congiunzione Giove-Saturno, così come abbiamo visto nei capitoli iniziali.

Albumasar, collocò l'inizio del Grande Anno 279 anni prima del presunto diluvio universale del 3102 a.e.c.

A partire da quell'inizio vennero calcolate una serie di cronocratori planetari che scandivano il flusso del Tempo e gli eventi storici. Il punto di partenza fu stabilito nel segno del Cancro, che sorgeva all'atto della nascita del mondo nella tradizione iranica e a pianeta detenente la signoria fu scelto quello la cui orbita è più esterna nell'ordine geocentrico: Saturno, il Signore del Tempo per eccellenza nonché l'ultimo pianeta conosciuto nell'Antichità.

Con questo sistema Albumasar offrì il suo contributo alla teoria del Grande Anno combinandola con la Teoria delle congiunzioni Giove-Saturno. Anche i rabbini più illustri, da Filone di Alessandria a Maimonide, accettarono la sua visione, per condannarla e gettarla via come una mostruosa superstizione, nel momento in cui intervenne anche il cristianesimo a salvaguardia della religione, del libero arbitrio umano nonché per controllo politico e sociale del Tempo.

---

[1] apocatastasi, termine usato dagli stoici antichi per indicare il riformarsi e ripetersi, in tutti i suoi particolari, del mondo dopo la sua distruzione nell'ecpirosi (gr. ἀποκατάστασις, «restaurazione» o «riconciliazione»). Il termine fu ripreso nel linguaggio teologico per designare la dottrina, condannata come eretica dal sinodo di Costantinopoli del 543, secondo la quale, alla fine dei tempi, tutti saranno salvati, angeli e demoni, buoni e cattivi, beati o dannati: di conseguenza l'inferno non sarebbe eterno. (Fonte Treccani).
[2] Trattato di storia delle religioni, M. Eliade, Boringhieri, 2008
[3] Il mito dell'Eterno Ritorno, M. Eliade, Lindau, 2018

1.19.3 Il Grande Anno: Cicli Planetari e Universis.

Le grandi congiunzioni planetarie riportano al concetto del Grande Anno, concetto che, in qualche modo, non ha avuto grande interesse nell'astrologia moderna. André Barbault in "I Cicli Planetari"[1] scrive che *"[...] Il Grande Anno era caduto in oblio totale mentre, invece, si rivela la gemma dell'astrologia mondiale, anzi, il suo vero monumento. Tanto grandioso che ai suoi piedi la contemplazione era come accecata. Al punto che è rimasta invisibile persino a Tolomeo, il principe degli astrologi, divenuto muto su di esso e rompendo con lo stesso colpo la catena di trasmissione tradizionale [...]"*.
Dobbiamo all'astrologo francese il recupero della nozione del *"[...] Grande Anno (che) è un'immagine primordiale per arrivare ad un immenso affresco del divenire del mondo. Il tema principale è il fenomeno di una unità ritmica temporale regolata da un ritorno al simile nella ronda circumsolare. La periodicità dell'universo, nel suo eterno scorrimento, poggia sulla ridistribuzione delle stesse posizioni astrali [...]"*[2].
Ecco, quindi, che il Ciclo Planetario diviene per Barbault l'unità di base della manifestazione del Grande Anno perché *"[...] simboleggia una rinascita, configurazione primordiale del Grande Anno, configurazione madre, la congiunzione di tutti i pianeti, unico insieme sinodale che rinvia al punto d'origine del tempo astrale. Prototipo celeste dello stato iniziale del mondo, essa è la cellula base, la matrice di tutte le configurazioni, modello trascendente di tutte le congiunzioni [...]"*[3].
L'astrologo francese ci ricorda anche un aspetto fondamentale: la tradizione del Grande Anno non è mai stata collegata al fenomeno delle Precessioni, lo si collega allo Zodiaco soltanto nel XIX secolo in modo alquanto arbitrario.
Nel capitolo precedente, abbiamo fatto un percorso storico che Barbault rimarca nel suo libro "L'astrologia e l'avvenire del mondo"[4] sottolineando come: *"[...] il concetto, basilare dell'astrologia mondiale, è radicato in tutte le civiltà. Come un'immagine primordiale, un archetipo che si ritrova sia in Pitagora, Platone, Aristotele, negli stoici e nei neoplatonici, che tra i Caldei e gli Indù o nell'America precolombiana. Si tratta di un'idea di un*

destino ciclico dell'umanità, concepito nello spazio-tempo di un Grande Anno [...]".

Perché è così importante la nozione di Grande Anno?

Rispondere a questa domanda per Barbault fu semplice: *"[...] costituisce il più eminente dogma dell'astrologia, e che viene spesso trascurata a spiegare il fatto che l'umanità è sottoposta ai cicli periodici dell'universo e del suo eterno svolgersi ritmato. Il mondo è eterno ma non immutabile e soggetto alla generazione e alla corruzione seguendo un cammino ritmico per la durata di un periodo cosmico misurato attraverso il tempo che impiegano gli astri erranti a riprendere, in rapporto al cielo delle stelle fisse, le posizioni identiche a quelle iniziali [...]".*[5]

Vediamo di comprendere meglio il pensiero dell'astrologo francese per approfondire i suoi studi sull'argomento.

Egli, identificò una data ben precisa nel Tempo: l'anno 576 a.e.c. quando si verificò la triplice congiunzione tra Urano, Nettuno e Plutone nel segno zodiacale del Toro (stimolata anche dalla congiunzione con Giove), identificando nell'anno 3369 e.c. la successiva congiunzione nel segno dei Gemelli. L'incontro planetario *"[...] è la suprema configurazione che cade sull'ultima svolta della storia della genesi della nostra civiltà: la nascita della nostra era giudaico-cristiana, l'avvento delle religioni e il parto del razionalismo greco, sono le più grandi prove vissute dagli uomini che hanno coinciso con le più grandi concentrazioni planetarie [...]".*[6]

Urano, Nettuno e Plutone vengono identificati come l'inizio del Ciclo che, essendo così lento, può rappresentare la base di uno schema generale al cui interno si verificano i cambiamenti di altri Cicli minori.

I Cicli Planetari rimangono la chiave di base per decifrare il Tempo Storico *"[...] inanellato in cui, da una congiunzione all'altra, si verifica un ritorno di avvenimenti simili che danno un senso alla storia con una continuità concatenante, trovando uniti gli avvenimenti estesi nel tempo e dispersi nello spazio [...]".*[7]

La trama primaria è la congiunzione: il loro allineamento è il simbolo stesso di una fine e di un rinnovamento storico dove la tendenza di base porta all'unificazione.

Questo è il modello del Grande Anno che Barbault definisce *"micro"*, su scala ridotta, in quanto è difficile risalire all'allineamento di tutti Pianeti in un unico punto. Serve, quindi, identificare una sua rappresentazione su scala ridotta che possa replicare la sua modalità di inizio-fine.

Quindi, il 576 a.e.c. rappresenta l'inizio dell'epoca che ha dato la nascita, nel giro di alcuni decenni, non solo delle religioni ma anche di personaggi storici come Zarathustra, Buddha, Confucio, Pitagora, Eraclito, Talete che con le loro idee e visione del mondo posero le basi alla nostra civiltà.

La congiunzione multipla avvenuta in quell'anno rappresenta, per Barbault, un *Grande Anno* in miniatura che produce le svolte nella Storia dell'umanità. Da qui le articolate e complesse ricerche sui Cicli Planetari con l'ausilio dell'Indice Ciclico Planetario che l'astrologo effettuò per individuare le fasi storiche correlate con lo svolgimento nel Tempo dei vari Cicli Planetari in quanto *"[...] L'osservazione dei risultati di tali indici serve anche a confermare lo spirito del Grande Anno: ogni volta che i pianeti si radunano in una stessa area zodiacale avvicinandosi poco o molto all'aspetto di congiunzione, il mondo in crisi si confronta con valori di morte e di rinascita [...]"*.[8]

Per riassumere, abbiamo un Grande Anno in miniatura, avvenuto con l'allineamento planetario di: Urano-Nettuno-Plutone, con l'aggiunta di Giove, nel 576 a.e.c. Essi sono la base di uno schema generale al cui interno si verificano i cambiamenti di altri Cicli minori, si studiano gli Indici Ciclici Planetari, si articolano i Cicli Planetari minori in un processo che possiamo definire "Cicli dentro i Cicli".

Nell'ottica di Barbault *solo dopo* viene il Ciclo Giove-Saturno.

Universis, parte proprio da quest'ultimo Ciclo, più precisamente con le congiunzioni, che diventano la base per far emergere una struttura, un modello sottostante: il *Ciclo degli Elementi*.

Nei capitoli precedenti, abbiamo visto i 4 Livelli di Universis. Verrà introdotto ora il quinto per vedere come si presta il modello nella prospettiva del Grande Anno inteso, però, come Ciclo Cosmico degli Elementi.

Visto che non si basa sui Segni Zodiacali come per le Precessioni, visto che non si basa espressamente sui Pianeti come per il Grande Anno, verrà chiamato Aerasphaera, in quanto basato sui Quattro Elementi.

Il modello Universis ha una base chiara, semplice, regolare, coerente. Livello dopo livello, si è articolato sempre più raggiungendo livelli di complessità tali da mantenere invariata la sua struttura base. Di volta in volta, è stata applicata con modalità differente conservando gli stessi principi. Questo in virtù della regolarità geometrica e delle congiunzioni Giove-Saturno che hanno evidenziato un altro tipo di sequenza e di regolarità: il susseguirsi degli Elementi che hanno permesso di aprire una nuova prospettiva di analisi e di ricerca. Lo fa attraverso un modello geometrico che porta *'informazioni'* e *'relazioni'* su ampia scala che non possono essere rintracciati attraverso i Cicli Planetari, se ne perderebbero le 'tracce' nel Tempo che, Universis, tende invece a unificare, ricollegare e a ricompattare attraverso archi temporali ben definiti.

E' difficile poter identificare un 'punto zero' dal quale far partire le Triplicità con il Ciclo di Fuoco come 'inizio' di un Grande Anno. Idealmente, sarebbe logico associarlo alla scoperta, da parte dell'uomo primitivo, del fuoco: una delle prime grandi conoscenze apprese dal genere umano. Non essendoci un periodo certo nella Storia, possiamo indagare, con Universis, la data del 576 a.e.c. proposta da Barbault.

L'anno indicato dall'astrologo francese, si inserisce all'inizio del <u>Ciclo di Terra</u> che prese il via nel 581 a.e.c. per concludersi 200(i) anni dopo nel 401 a.e.c.

Nel Livello 4 è stato trattato l'argomento delle *"Interferenze Temporali"* indicando come periodo di perturbazione anche durante la fase di un cambio di Triplicità che tende a rompere con il percorso precedente.

La tripla congiunzione Urano-Nettuno-Plutone, si inserisce nella Fase 1 di 3 che si trovano in ogni Elemento esposto nel capitolo 1.10

La Fase 1 corrisponde allo stadio in cui, dopo la combustione del Fuoco, la materia si condensa, si materializza in forme solide, stabili. La Terra convoglia le energie del Fuoco per renderle utili e utilizzabili. La forza si assesta e si concretizza. Nel primo stadio è la fase involucro che nutre e gestisce il seme, è l'inizio di una fase ancora embrionale.

Ci troviamo, poi, nell'aspetto di quadratura degli Elementi: inizia la fase di maggiore produttività ed esteriorizzazione perché l'impulso tenderà a concretizzarsi. Avremo conflitti, ostacoli che faranno deviare dal sentiero iniziale o si tradurranno in rottura o in scissioni.

La Fase 1 è caratterizzata dalla *modalità cardinale*, abbiamo quindi un tipo di energia iniziatrice, trasforma un'idea in azione concreta. E' un'energia rivolta verso l'esterno, sull'ambiente. Crea figure storiche che hanno il ruolo di iniziatori e che agiscono secondo i loro scopi e obiettivi.

Ci troviamo qui alla presenza di una crisi di crescita dovute alle necessità di concretizzazione nella realtà materiale per poterla manifestare e stabilizzare. Qui la tendenza è in via di trasformazione. Si concretizza, s'infittisce, prende forma e s'instaura, si assesta in un ambiente che le è propizio e che si integra.

Il nuovo Ciclo di Triplicità, crea quindi, uno *Spirito del Tempo* adatto ad accogliere la tripla congiunzione, anch'essa nell'Elemento Terra, di Urano-Nettuno-Plutone (e Giove) in Toro. Si verifica una corrispondenza sulla base dell'Elemento Terra che rafforza e canalizza il nuovo Spirito del Tempo che darà origine, concretizzandolo e materializzandolo, quel cambiamento storico così significativo nelle vicende umane.

La mutua corrispondenza energetica tende a rafforzare da un lato il nuovo Ciclo di Triplicità e, dall'altro, a rendere ancora più forte l'impatto della tripla congiunzione. La dinamica planetaria è un rafforzativo della simbologia del Ciclo di Terra iniziato sotto il segno dominate della Vergine, con il dominio di Saturno su Giove, e, la data del 576 a.e.c. proposta da Barbault, si inserisce nel ventennio di questo inizio della Triplicità.

Quale natura aveva lo Spirito del Tempo nato sotto il segno della Vergine? Per rispondere a questa domanda ci possiamo rivolgere a Roberto Sicuteri in Astrologia e Mito[9] in cui afferma che con la Vergine *"[...] termina il primo grande ciclo evolutivo e conclude l'involuzione dell'essenza della materia e dell'entità in via di manifestarsi. Segna anche la transizione dalla fase dell'individuazione"* - precedente Ciclo di Fuoco - *"e della coscienza dell'Io-Non Io alla fase della coscienza intuitiva dell'unità cosmica."*

Successivamente, l'autore cita Marceline Senard[10]: *"L'Uomo comincia ad aspirare ad altre cose. Seguendo allora la vita tracciata dal ciclo del divenire, bisogna che la Vergine s'inginocchi ai piedi della Croce Spazio-Tempo-Materia e capisca il senso della sua Incarnazione. La Vergine è situata alla base del braccio perpendicolare della Croce, la quale rappresenta il tronco dell'Albero della Vita, dove la sua sommità si inserisce nel punto del cerchio della manifestazione [...]".*

Ricordiamo che il 576 a.e.c. per Barbault rappresenta l'inizio dell'epoca che ha dato la nascita, nel giro di alcuni decenni delle religioni con personaggi storici come Lao-tze (nascita del Taoismo), Zarathustra (Zoroastrismo), Buddha (Buddhismo), Confucio (Confucianesimo) e la costruzione del secondo Tempio di Gerusalemme (completato nel 515) con la tripla congiunzione Giove-Saturno nel Segno Reggente della Vergine tra il 522 e il 501 a.e.c.

Il suo geroglifico ♍ *"[...] esprime evoluzione spirituale e intellettuale verso la potenzialità universale [...]. Sul piano umano in Vergine si realizza un rafforzamento dello spirito [...] la coscienza soggettiva si amplia e si raffina. Si realizza il lento ma progressivo allontanarsi [...] dall'immanente [...] per integrare il trascendente [...]."*[11]

Lo Spirito del Tempo che prende vita con la nuova Triplicità dell'Elemento Terra *(=manifestazione nella materia)* nel Segno Reggente della Vergine, con Saturno *(che rigenera l'Ordine e il Tempo Sacro)*, unita alla congiunzione dei diversi pianeti nel segno del Toro, portò una rinascita religiosa, un nuovo inizio e una nuova linea temporale nell'evoluzione umana guidata dalle grandi religioni che persistono tutt'oggi.

Il Ciclo degli Elementi fornisce un quadro macro al Ciclo dei Pianeti allargandone la loro interpretazione e significato del micro Grande Anno individuato da Barbault.

I miti della Vergine, reggente della Triplicità di Terra *"[...] mostrano il liberarsi dell'uomo spirituale dalla schiavitù della materia [...]. La Vergine deve tollerare il sacrificio per la iniziazione alla vita differenziata [...] a rinunciare alla visione soggettiva e individuale dell'esistenza [...] per aprirsi ad una più vasta e altruistica valutazione del mondo [...]."*[12]

La congiunzione multipla del 576 a.e.c, che segna l'inizio di una nuova fase storica, fu guidata dal nuovo Spirito del Tempo con una simbologia e una Qualità del Tempo ben definita che articolò le successive vicende storiche con le nuove religioni del mondo.

Il Ciclo degli Elementi (macro) è gerarchicamente superiore ai Cicli Planetari (micro) e ne guida la sua evoluzione e percorso intrecciando le vicende celesti con le vicende umane nella Storia.

[1][2][3] I Cicli Planetari, Andrè Barbault, Ed. Capone, 2016
[4] L'astrologia e l'avvenire del mondo, Andrè Barbault,
[5] Astrologia Mondiale, Andrè Barbault, Ed. Armenia, 1980
[6][7] La configurazione Urano-Nettuno, Andrè Barbault, articolo online
[8] L'astrologia e l'avvenire del mondo, Andrè Barbault, Xenia, 1996
[9][11][12] Astrologia e Mito, A. Sicuteri, Astrolabio, 1978
[10] Le Zodiaque, M. Senard, Ed. Traditionelles, 1970

1.19.4 Aerasphaera.

L'Aerasphaera, il Livello 5 di Universis, non si riferisce alle Ere Processionali perché non si basa sui *Segni*.
Non si riferisce al Grande Anno perché esso nasce dai *Cicli Planetari*.
E' qualcos'altro: è il Grande Anno Aerasphaerico basato sugli *Elementi*.
"[...] A mano a mano che seguiamo indizi – stelle, numeri, colori, piante, forme, strutture – scopriamo l'esistenza di una vastissima intelaiatura di rapporti che interessa molti livelli. Ci si trova all'interno di una molteplicità riecheggiante ove ogni cosa reagisce e ha un suo luogo e un suo tempo. E' un vero e proprio edificio, una specie di matrice matematica, un'immagine del Mondo che s'accorda a ognuno dei molti livelli, regolata in ogni sua parte da una rigorosa misura [...]", così scrivono Giorgio de Santillana e Hertha von Dechend in "Il Mulino di Amleto: saggio sul mito e sulla struttura del tempo".[1]
Gli autori ci ricordano che Newton credeva che questi "indizi" potessero essere trovati nei *"fatti celesti e nella costituzione degli elementi"* così come dalle *"tradizioni e dai documenti passati"* fino a risalire a Babilonia.
Il Cerchio era un'autentica ossessione per i nostri Antenati, sottolineano gli autori. Il Cosmo era visto come un *"unico vasto sistema di ingranaggi, enormemente intricato nei suoi collegamenti [...] non è possibile comprendere la singola parte fino a quando non si è compreso il modo in cui tutte le parti sono collegate tra loro nel sistema [...]"*.
Peuckert in "L'astrologia"[2] cita A. Rosenberg: *"[...] ogni periodo cosmico ha una struttura paragonabile a quella del precedente e del seguente con questa differenza capitale: che il principio spirituale che si aggiunge a questa nuova struttura è ogni volta diverso e penetra e colora tutto [...]"*.
Ne "Il mulino di Amleto" gli autori ricordano come Keplero rappresentava lo spostamento delle grandi congiunzioni Giove-Saturno lungo i Segni Zodiacali come il regolatore della Ciclo delle Precessioni.
Egli lo calcolò con la durata del Trigono di 25.900 anni, molto vicino a quello Precessionale come è stato visto nella figura 1 nel capitolo 1.19.1
Per Keplero, si legge ne "Il mulino di Amleto", *"[...] Un nuovo segno zodiacale regnava a partire da una Grande Congiunzione [...]"*, ossia, abbiamo un segno reggente per ogni Triplicità. Questo aspetto lo abbiamo visto in precedenza ed è stato inserito nel contesto di Universis

aggiungendo il dominio di Giove o di Saturno in virtù dell'Elemento che li esaltava o li indeboliva, diventando, di volta in volta, il Pianeta reggente della Triplicità oltre al Segno in cui avveniva e che dava inizio al nuovo Ciclo.

A Keplero, interessava il periodo di Tempo necessario affinché il Ciclo delle congiunzioni completasse lo Zodiaco. Si servì di una media di 800 anni con la quale ricostruì la Storia da Adamo dal 4000 a.e.c. a Rodolfo II nel 1600 e.c.

Il Livello 5 di Universis, l'*Aerasphaera*, riprenderà il concetto di Keplero dandole una rappresentazione differente basato sul Ciclo degli Elementi che prendono vita dalle congiunzioni Giove-Saturno all'interno dello Zodiaco.

Ma prima, faremo, un ulteriore passo indietro nel Tempo e lo faremo aiutandoci ancora con il testo "Il mulino di Amleto" che ci dice come *"[...] nel mito greco, la struttura fondamentale del mondo viene descritta nel celebre "Mito di Er" del libro X della Repubblica di Platone [...]"* e a Filolao, filoso e astronomo greco *"[...] tra i frammenti ritenuti inautentici c'è il frammento numero 12 [...] che dice: "Nella sfera vi sono cinque elementi, quelli dentro la sfera, fuoco e acqua e terra e aria e quello che è la nave di carico della sfera, il quinto [...]"*.

Pare che ci fossero diverse immagini per indicare *"ciò che avvolge"*: la sfera celeste, l'Etere oppure anche la *"nave da carico"* scrivono gli autori Giorgio De Santillana e Hertha von Dechend. Abbiamo una descrizione che parte dall'*armatura*, ossia la Sfera, per poi aggiungere *assi* in un tutt'uno, rotazioni e cerchi che si spostano con il Cielo.

Si crea un sistema di coordinate della Sfera che rappresentano l'armatura di un'Età del Mondo. *"[...] Anzi, l'armatura è ciò che definisce un'età del mondo [...]"* affermano gli autori.

Si parla di una *"terra mitica"* ma essa non è il nostro pianeta. Per *"terra"* s'intende il piano in cui vengono collocati i quattro punti dell'eclittica: equinozi e solstizi. Ecco perché questa *"terra"* è definita quadrangolare: i *"quattro angoli"*, cioè le costellazioni zodiacali che sorgono eliacamente agli equinozi e ai solstizi e che fanno parte dell'*armatura*, sono i punti che determinano una *"terra"*.

Nel "Il mulino di Amleto", in proposito possiamo leggere che: *"[...] Ogni età del mondo ha la sua "terra" ed è proprio per questo che si parla di "fini del mondo": quando i punti dell'anno vengono determinati da un nuovo gruppo di costellazioni zodiacali portate dalla Precessione, sorge una "terra" nuova [...]".*

Questi concetti, diversificati per il contesto in cui operano, li troviamo anche nell'Aerasphaera che tende a rappresentare le Età del Mondo in base agli Elementi all'interno del Cerchio, come rappresentazione bidimensionale e all'interno della Sfera come rappresentazione tridimensionale che è la sua vera identità geometrica.

Il cerchio quanto la sfera, racchiudono l'infinito all'interno di una struttura finita, raffigurando un Grande Ciclo continuo che si ripete intorno a quattro punti di riferimento: gli Elementi.

Ne "Il pronostico sperimentale in astrologia"[3] di Barbault leggiamo che le sequenze temporali seguono *"[...] all'infinito delle traiettorie chiuse attorno a noi nella ripetizione del cerchio: per questo, il significato sociale si limita strettamente al piano di un ritorno eterno degli stessi elementi. Di fronte a ciò, il fattore significativo astrale ci riconduce a una tendenza sociale la quale, non soltanto presenta un'unità di corrispondenza temporale e spaziale ma anche le virtù di una generalizzazione e di permanenza di un archetipo [...]".*

Riassumendo, gli Antichi raffiguravano le Età del Mondo attraverso un'*armatura*, modello diremmo oggi, che tra linee, cerchi, assi, rappresentavano il susseguirsi delle Ere Precessionali.

Keplero, parallelamente, riconduceva alle congiunzioni Giove-Saturno un modello equivalente descrivendo il percorso completo attraverso lo Zodiaco equivalente alla Precessione degli Equinozi.

L'Aerasphaera, riprende l'idea di Keplero modificandone la rappresentazione che, in ultima analisi, procede in maniera autonoma in quanto corrisponde all'evoluzione naturale dei livelli precedenti di Universis.

Abbiamo una continuità e una coerenza interna al modello che ha la forza si essere applicato in diversi ambienti basandosi sugli stessi principi iniziali, dal Livello 1 al Livello 5, senza ricorrere a modifiche, correzioni, aggiustamenti ah hoc.

Nel Livello 2 abbiamo una rappresentazione Circolare che prende vita dal Ciclo degli Elementi in cui vengono messi in relazione i collegamenti dei diversi periodi Storici. Abbiamo così visto come un determinato Ciclo, esempio quello del Fuoco, sia collegato al Ciclo precedente e successivo.

Questa rappresentazione, crea una struttura che racchiude il Ciclo delle Triplicità in 800(i) anni.

Il Livello 2, come concetto, viene ripreso nel Livello 5 contestualizzandolo su una scala temporale più estesa.

Esso, utilizza la *struttura* che si crea al Livello 2 non il *contenuto*.

Nell'Aerasphaera, Livello 5, si utilizza esclusivamente lo *"scheletro"* strutturale dei Livelli precedenti, vediamolo:

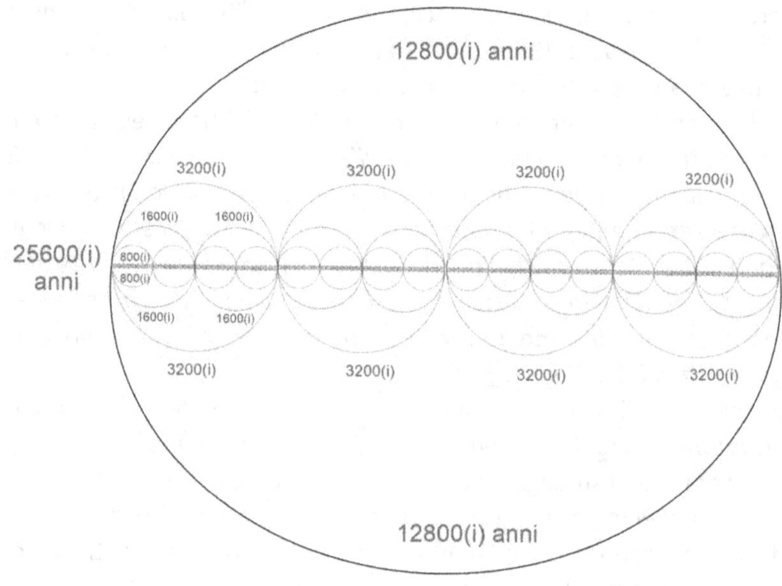

[fig. 1]

Il singolo Ciclo di Triplicità di 800(i) è la base per la composizione del modello. Ogni raggruppamento si basa sulla ripetizione geometrica del Ciclo di partenza, tenendo come riferimento i 4 Elementi.

Il Livello 5, come detto, si articola facendo riferimento alla "durata" dei Cicli di Triplicità ma non all'Elemento stesso in quanto a questo Livello ci interessa indagare e ricercare uno schema che possa identificare un "Grande Anno" basato sulla Triplicità. Per comprendere l'Aerasphaera non si devono confondere questi due aspetti.

Abbiamo un periodo di 25.600(i) anni, molto vicino alle Precessioni di 25.800 e alla durata del Trigono di 25.900 anni di Keplero che usava le congiunzioni medie e lo Zodiaco Siderale mentre, qui, si stanno utilizzando le congiunzioni reali su base Tropicale.

Curiosamente, oltre a ricordare le proprietà di un frattale[4] ci ricorda anche la suddivisione cellulare: 1-2-4-8-16-32-64-128-256.... Questa è una sequenza geometrica che troviamo anche nell'Aerasphaera: 800, 1600, 3200, 6400, 12800, 25600 anni.

L'Aerasphaera mette in evidenzia un *"Grande Anno Cosmico"* basato sugli Elementi anche se diventa impossibile indicare un vero inizio. Si avanzava l'ipotesi di farlo coincidere con la scoperta del fuoco da parte dell'uomo primitivo. Tuttavia, non essendoci una data di riferimento, non abbiamo questo marcatore storico come punto di partenza.

Universis, con il Livello 5, L'Aerasphaera, è in grado di indagare anche il Ciclo Maggiore, il Grande Anno, il Ciclo dei Cicli in qualsiasi modo lo si voglia chiamare oltre che a rappresentare il Tempo Lineare, l'Axis Universis, con il Tempo Circolare. La loro unificazione è chiamata *Tempo Sferico*.

La sfida di un'astrologia strutturale e sferica, quale Universis si propone di creare, risiede nell'assegnazione e nell'organizzazione coerente di come si vuole rappresentare la Storia come incrocio degli eventi celesti con gli eventi terrestri.

---

[1] Il Mulino di Amleto: saggio sul mito e sulla struttura del tempo, Giorgio de Santillana e Hertha von Dechend, Adelphi, 2003
[2] L'astrologia, W.E. Peuckert, Mediterranee, 1983
[3] Il pronostico sperimentale in astrologia, A. Barbault, Mursia, 1979
[4] Ente geometrico caratterizzato dalle dimensioni non intere e dalla proprietà di riprodurre l'ente di partenza ad ogni scala [Wikipedia]

1.20 Il Chronicon e il Chronologicon.

Universis si avvale anche di una distinzione temporale. Vediamo di chiarire questo nuovo concetto.

La **cronologia**, dal latino *chronologia* a sua volta derivato dal greco *chrónos*, "tempo", e *lógos,* discorso, nel suo senso più generale, è un sistema di organizzazione e classificazione degli eventi in base alla loro successione nel Tempo, secondo una sua suddivisione regolare.

La **cronaca**, invece, dal latino *chronica* e dal greco *chrónos*, è una semplice forma di narrazione storica che segue il criterio cronologico, riportando gli eventi anno per anno. Il termine, spesso, si riferiva a un libro scritto da un cronista nel Medioevo che descriveva eventi storici di un paese, la vita di nobili o degli uomini di chiesa, anche se riportava, principalmente, il resoconto degli eventi pubblici del Tempo.

Questa è la definizione generale che troviamo nei dizionari.

L'Astrologia Mondiale 2.0 studia interi archi temporali suddivisi dalla sequenza delle Triplicità degli Elementi che vengono strutturati in zone temporali, chiamate *Chronozone*, individuabili dalla sua rappresentazione tridimensionale che prende il nome di *Chronosphaera* che abbiamo visto al Livello 4.

Universis, in qualità di nuovo modello d'indagine astrologica, porta inevitabilmente con sé anche una nuova terminologia.

La funzionalità è duplice:

- creare una nuova mappatura concettuale collegata al modello Universis;

- evitare collegamenti di significato e di contenuto già conosciuto e applicato in altri contesti ma non applicabili al modello.

Universis individua eventi che sono riconducibili a due linee temporali che identificano:

- il **Chronicon**, per *eventi certi* che si sono verificati in passato;

- il **Chronologicon**, per gli *eventi probabili* che si potranno verificare in futuro.

Non si tratta di sostituire dei termini con altri termini ma quanto di identificare uno specifico significato applicabile all'interno di Universis.

Il *Chronicon* riporta gli eventi storici passati, collegabili da Ciclo a Ciclo senza un'analisi e senza una valutazione dei fatti storici ma che sono caratterizzati da una spiegazione basata sulle modalità (cardinale, fisso e mobile) che racchiudono archi temporali ben definiti con un inizio e una fine.

L'uso del termine di *Chronicon* permette di identificare la Qualità del Tempo degli eventi passati oltre alla semplice datazione.

Il *Chronologicon* ha una funzionalità differente in quanto è un sistema di tracciamento temporale probabilistico di un evento e della sua dinamica di sviluppo futuro. Il Chronologicon è collegato al concetto di *'Connessione del Flusso Temporale'* che permette, per estensione, di individuare e di tracciare probabili percorsi nelle diverse linee temporali future di un evento passato.

Parlare di *Chronicon* e di *Chronologicon* significa parlare di riferimenti temporali differenti ma che Universis utilizza per *'decodificare'* la storia passata *'codificando'* una storia futura identificando linee di probabilità della sua manifestazione.

Il futuro viene analizzato studiando il passato cogliendo gli elementi significativi per tracciare un Chronologicon di probabili eventi futuri.

1.21 L'Evento-Zero.

Universis va alla ricerca di correlazioni astrostoriche.

Tramite la *Connessione del Flusso Temporale*, che sarà ulteriormente spiegata nel capitolo 2.1, si va alla ricerca dell'idea-seme, dell'*Evento-Zero*, il momento originario in cui un avvenimento culturale, politico, sociale, religioso, economico ha preso vita originando un effetto domino nelle decadi e nei secoli successivi.

Un avvenimento storico non nasce all'improvviso, si sviluppa nel Tempo fino a raggiungere la piena maturazione che lo manifesta e lo rende visibile. Trascorre una fase latente, sotterranea con qualche accenno di visibilità ma non ha ancora la forza e un'identità definita da poter esercitare un cambiamento nella linea temporale. E' nella sua fase di incubazione, di gestazione e si prepara ad emergere nella coscienza collettiva dopo essere nato nella coscienza individuale che l'ha concepito.

Facciamo un esempio: se incontrando una persona che non vedo da dieci anni gli dovessi dire che mi sono, nel frattempo, laureato, questa notizia sarebbe un'assoluta novità in quanto improvvisa e slegata dal suo ricordo della mia storia personale. Dalla sua prospettiva, la mia laurea è una notizia che nasce ora, viceversa, per me, è frutto di un lungo percorso maturato lentamente nel Tempo. Per lui l'evento è *'oggi'* che altera completamente il ricordo della mia storia mentre per me è *'ieri'* perché nel frattempo avrò forse fatto un master, avrò cambiato dieci lavori, mi sarò trasferito in cinque città diverse. Ciò che per lui è un atto finale appreso nel suo *'presente'*, per me è un percorso che si è sviluppato esame dopo esame e fa parte del *'passato'*.

Quanto raccontato è un po' la nostra visione della storia passata: vediamo *singoli* eventi non *relazioni* tra gli eventi. Guardando al passato abbiamo una sorta di cecità che ci impedisce di vedere lo sviluppo degli eventi su larga scala.

Universis utilizza il Ciclo delle Triplicità suddividendo la Storia in base e in rapporto al suo Spirito del Tempo la cui identità è forgiata dai Quattro Elementi che danno origine a 4 differenti Qualità del Tempo.

Questo permette di circoscrivere interi periodi storici (con un inizio e una fine) facilitando la ricerca dell'*Evento-Zero*. La sua identificazione permetterà di correlare i Cicli successivi della stessa Triplicità oltre ad indicare una linea parallela di ricerca nelle altre Triplicità.

Identificando un *Evento-Zero* in una Triplicità ci permette di indagare gli eventi storici della stessa Triplicità e osservare se ci sono correlazioni significative, sia con i Cicli passati che con i Cicli futuri dello stesso Elemento della Triplicità considerata in esame valutando le tendenze del 'presente'.

L'Evento-Zero, viene identificato in base alla sua natura se:

- **globale**, ossia, la sua influenza non è circoscritta in un ambiente/area ma ha un'estensione che coinvolge più ambienti/aree;

- **locale e circoscritto** in un ambiente/area solo se ha una Connessione con il Flusso Temporale nel Ciclo successivo dello stesso Elemento, ossia la sua manifestazione è secondaria ma diventa primaria per il Ciclo successivo dello stesso Elemento.

1.22 Universis in 3D.

Universis rappresenta un modello che va dalla semplicità alla complessità. Ha una sua evoluzione teorica e concettuale nonché applicativa come modello di studio e di analisi.

Via via, la sua struttura si organizza e si relaziona sempre più descrivendo diversi ambienti di ricerca.

Lo fa attraverso la combinazione dei Cicli degli Elementi e dei Cicli Planetari che insieme vanno ad unificare una sequenza temporale degli eventi Celesti con gli eventi della Storia umana andando alla ricerca di una correlazione temporale significativa.

La sua massima complessità viene raggiunta al Livello 5 ma per rappresentare al meglio tutti i singoli Livelli e per facilitare l'accesso alla comprensione mentale, facilitando così il *"pensiero spaziale"*, occorrerebbe utilizzare una risorsa tecnologica a nostra disposizione: *l'animazione grafica in 3D.*

Sono previste e sono in fase di studio, attività per sviluppare applicazioni grafiche che siano in grado di rappresentare Universis nella sua complessità e con tutta la gamma di informazioni che esso raccoglie.

Le immagini che sono state utilizzate nella sua presentazione nei vari capitoli, non sono sufficienti a dare l'idea della sua utilità non solo come contenitore di informazioni ma anche come mappatura estesa del Tempo che la mente umana ha difficoltà a visualizzare quando si prendono in considerazione archi temporali che racchiudono secoli e millenni. Una semplice sequenza di date celesti e storiche non permettono di creare relazioni e connessioni significative se sono collocate in diversi periodi distanti nel Tempo.

Universis permette di unificare e di rappresentare tutte queste informazioni in un'unica struttura compatta offrendo una mappatura degli eventi nella sua totalità.

Una sua rappresentazione grafica in 3D permetterebbe non solo la *'navigazione'* all'interno del modello ma anche di eseguire lo *"zoom out"* e lo *"zoom in"*, ossia aumentare o diminuire un'area di interesse visionando le informazioni che racchiude come, ad esempio: date celesti, eventi celesti, date storiche, eventi storici, Ciclo dell'Elemento interessato, Cicli Planetari, visualizzazione singola o multipla, selezione/deselezione dei dati da considerare, sovrapposizioni dei Cicli, estendere/ridurre una visione temporale passando dai decenni ai millenni e altro ancora.

La 3D (intesa anche come realtà virtuale e aumentata) ci permette di operare su una serie di 'coordinate' per la navigazione all'interno della *Chronosphaera* con le sue *Chronozone*. Si avrebbe una forma di latitudine e di longitudine per muoversi nella Sfera, giusto per dare un'idea. L'astrologo diventa, in questo modo, un navigatore che attraversa interi archi temporali così come l'antico marinaio navigava con l'aiuto delle stelle.

L'aspetto temporale non è secondario in quanto *"[...] maggiore è l'intervallo di tempo che separa due eventi, maggiore è la difficoltà di individuare la relazione fra gli eventi stessi [...]"* afferma il neurobiologo Dean Buonomano in "Il tuo cervello è una macchina del tempo. Neuroscienze e fisica del tempo".[1]

Questa affermazione sarà ancora più esplicita nella seconda parte del libro nel capitolo 2.4 *"Analisi degli eventi storici con Universis e i Cicli Planetari"*, vedremo come un evento sia collegato ad un altro su una più ampia scala temporale visibile solo attraverso una struttura geometrica che permette di organizzare intere sequenze temporali alla ricerca dell'evento 0.

Per il neurobiologo e psicologo Dean Buonomano *"[...] per comprendere le relazioni che legano eventi separati da giorni, mesi, anni occorrono facoltà cognitive più complesse. La nostra capacità di concettualizzare e di percorrere mentalmente il tempo è ciò che ci permette di scorgere il legame tra il seme e l'albero [...] siamo mentalmente miopi [...]"* scrive nell'opera citata in precedenza.

Questo per una semplice ragione *"[...] i nostri circuiti neurali risultano comunque modellati dall'ordine degli eventi e dagli intervalli che li separano [...] si tratta di decidere non solo quali elementi connettere ma anche quale forza assegnare a ciascuna connessione [...]"*. La nostra mente è strutturata per la sopravvivenza e cerca di raggiungere questo obiettivo attraverso predizioni o anticipazioni del futuro. Cerca di conseguire questo obiettivo mettendo in "relazione" gli eventi futuri con l'esperienza passata che chiamiamo memoria.

Universis opera ed è strutturato per evidenziare "relazioni" cercando di unificare il macro e il micro, le scale temporali ridotte ed estese, per creare una catena tra eventi, che sembrano separati, mettendo in evidenza il loro legame e connessione.

Una semplice rappresentazione, che può avvenire con un'immagine, non aiuta a sondare la complessità riducendola in una figura parziale anche se permette un inizio di comprensione della sua modalità operativa. Una rappresentazione tridimensionale, attraverso un'applicazione software che permetta di effettuare una navigazione al suo interno, evidenzierebbe non solo le relazioni ma permetterebbe di visualizzare ambienti micro e macro nello studio delle corrispondenze celesti e terrestri.

Siamo in un periodo storico in cui la tecnologia ci dona nuove modalità di ricerca, dal 2020 entreremo nel Ciclo d'Aria, l'Età Mentale, che favorirà ancor di più questa spinta tecnologica.

Le nuove generazioni vivranno in un mondo costantemente connesso e tecnologico. Gli studi demografici, sociologici, di marketing parlano già da ora della nuova generazione denominata *"Alpha"*, la generazione che sarà la più formalmente istruita di sempre, la generazione più tecnologicamente avanzata di sempre e globalmente la generazione più ricca di sempre in termini di conoscenza. Trascorrerà la maggior parte degli anni formativi completamente immersa nella tecnologia, interagirà anche per la prima volta con queste tecnologie in età molto più giovane rispetto a qualsiasi altra generazione. Nasceranno e cresceranno con i dispositivi mobili, collegati ad Internet e sarà la prima vera generazione che interagirà con l'Intelligenza Artificiale.

Secondo alcuni neuroscienziati, le menti dei bambini della generazione Alpha saranno diverse da quelle delle generazioni precedenti e non hanno torto visto che il Ciclo d'Aria è un Elemento strettamente collegato alla struttura mentale e alle capacità cognitive superiori.

Michael Merzenich, professore di neuroscienze dell'Università della California, afferma che negli ultimi anni c'è stato un aumento della specializzazione da parte dei giovani, una tendenza che riguarderà soprattutto la generazione Alpha.

Perché si sta parlando degli Alpha?

Qual'è il legame tra astrologia e Universis con la nuova generazione?

Loro sono e saranno i futuri astrologi e astrologhe, si confronteranno con un ambiente completamente diverso rispetto al nostro, avranno a disposizione risorse tecnologiche che noi non utilizziamo ancora, la loro struttura cognitiva sarà più orientata verso un pensiero geometrico-spaziale e i nostri attuali sistemi per fare astrologia saranno, a loro confronto, obsoleti, superati, avranno bisogno di altri stimoli per potersi interessare a questa disciplina celeste. La Musa di Urania dovrà inventarsi qualcosa e c'è da scommettere che lo farà.

L'astrologia, in questo caso l'astrologia mondiale, deve evolvere verso una nuova versione di se stessa per favorire l'incontro con la nuova generazione in virtù anche della complessità della Storia umana analizzata con l'astrologia mondiale. Quest'ultima deve essere in grado di unificare una mole di informazioni su diverse scale di rappresentazione, non può procedere con l'analisi del singolo evento o essere circoscritta da un numero limitato di eventi.

Il passaggio dall'*evento storico* alla *storia dell'evento* richiede non solo una ristrutturazione concettuale ma anche una concreta forma di rappresentazione visiva.

Universis raggiunge la sua massima efficienza solo attraverso l'utilizzo della grafica e dell'animazione in 3D per tutte le proprietà che sono state elencate in precedenza. Una modalità operativa e visiva a cui l'astrologo contemporaneo non è abituato o che non considera nell'applicazione della sua disciplina ma che, tuttavia, rappresenta la via maestra di sviluppo non solo per l'astrologia ma anche con l'incontro con la generazione Alpha.

L'astrologia, come sappiamo, nasce come sistema previsionale. La sua attenzione si concentrava anticamente sugli aspetti meteorologici, sull'andamento dei raccolti, sulle vicende dei re e dei regni. Tutto questo con un unico obiettivo: prevedere il futuro per sopravvivere. Solo successivamente venne applicata alle tematiche individuali. L'astrologia, dunque, nacque per studiare gli eventi "macro" basandosi su modelli interpretativi e sulle ricorrenze Cicliche, solo successivamente si occupò degli aspetti "micro", ossia dell'individuo e l'interesse del modello Ciclico si affievolì fino a perdere del tutto interesse.

Questa visione del macro si è perduta nell'attività dell'astrologo contemporaneo più concentrato nello studio della natività. Non è un caso che l'astrologia mondiale non si sia evoluta nel corso dei secoli rispetto all'analisi del tema individuale che oggi ha diversi interpreti e diverse scuole. I migliori progressi si sono verificati negli ultimi decenni con gli studi di André Barbault che ci ha donato un modello di analisi storica. Non esistono, attualmente, altri approcci che siano in grado di correlare gli eventi celesti con le vicende storiche in un modo così significativo.

Universis riprende l'Antica concezione della Teoria della congiunzione Giove-Saturno, recupera l'insegnamento passato dei Quattro Elementi, unifica la concezione moderna dei Cicli Planetari, fornisce con Unichronos la prima datazione astrologica indipendente dai fattori religiosi, riprende e rielabora in chiave moderna diversi temi della Tradizione Antica, si muove con agilità nella panoramica micro-macro, crea un ponte verso il futuro preparandosi ad accogliere la nuova generazione di astrologi e di astrologhe che si vorranno misurare con la dimensione del Tempo Storico.

In Universis ogni *informazione* viene ordinata, organizzata, unificata e resa accessibile su qualsiasi scala e su qualsiasi livello (ben 5) di analisi.

Per fare tutto questo, rimodella, ristruttura una visione, un approccio introducendo un rinnovamento che sia in grado di poterlo rappresentare e, la migliore risorsa, è l'utilizzo della tecnologia 3D che opera a stretto contatto con gli aspetti cognitivi geometrico-spaziali del nostro pensiero. I nostri predecessori operavano attraverso le forme geometriche e matematiche, abilità che in qualche modo abbiamo perduto. La risorsa 3D ci permette di entrare nuovamente in contatto con questa forma di *pensiero spaziale* che struttura diversamente il modo di pensare e di riflettere. Ci spinge a vedere "relazioni" e non "eventi isolati" perché più sono distanti nel Tempo e nello Spazio, meno riusciamo a collegarli come abbiamo visto con il neurobiologo e psicologo Dean Buonomano.

Una rappresentazione 3D di Universis, aiuterebbe non solo nella comprensione del modello stesso ma anche di comprendere al meglio cosa significa "vedere" relazioni in un insieme unificato di ciò che sembra separato e distante nello *Spazio* e nel *Tempo* ritenendolo privo di significato e di qualsiasi legame.

Questi due aspetti, devono rientrare di diritto nelle riflessioni di un astrologo, essere rielaborati sulla base delle nuove conoscenze.

Tempo e Spazio sono i grandi enigmi della storia umana. Scienziati, filosofi, intellettuali si sono interrogati per secoli e continuano a farlo. L'astrologo è chiamato anche lui in questa ricerca di significato, rielaborando la conoscenza acquisita, non si può tirare fuori dal dibattito.

Tempo Ciclico, Tempo Lineare, unificati nel *Tempo Sferico* spinge a nuove riformulazioni e a rivedere le concezioni attuali che, presto, saranno ormai obsolete se non verranno rivitalizzate.

Oggi viviamo in quella che è stata definita come la società dell'informazione basata sulla *'velocità'* grazie ai mezzi tecnologici che in passato non esistevano.

Questo cosa significa?

Significa che quando si accelerano i cambiamenti nel settore tecnologico, e quindi nella società stessa, si accelerano anche i processi di obsolescenza della conoscenza. Ciò che sappiamo e conosciamo oggi, viene superato da quello che si saprà domani.

Questa accelerazione è ciò che gli studiosi chiamano **'obsoscenza'**, ossia le informazioni sono superate e non sono più utili, dall'oggi a domani.

Nella nostra società dell'informazione, la *velocità* e la *conoscenza* sono strettamente collegate tra loro ancor più con il futuro Elemento dell'Aria.

---

[1] Il tuo cervello è una macchina del tempo. Neuroscienze e fisica del tempo, Dean Buonomano, Boringhieri, 2018

1.23 Il Pensiero Complesso.

Si è iniziato con il *pensiero geometrico* e si conclude questa sezione con il *pensiero complesso*.

Abbiamo iniziato con lo *Spazio* e, nell'esposizione di Universis, siamo finiti nella nozione di *Tempo*.

Con la Chronosphaera, Livello 4, e con l'Aerosphaera, Livello 5, ci confrontiamo con informazioni e relazioni che si connettono attraverso archi temporali che la mente ha difficoltà a intrecciare.

Infatti, maggiore è l'intervallo di Tempo che separa due eventi, maggiore è la difficoltà di individuare la relazione fra gli eventi stessi. Una mappatura spaziale permette una loro identificazione. Così come insegna la teoria delle reti di Mark Buchanan, la caratteristica fondamentale viene descritta non dai *punti* ma dalle *relazioni* tra essi.

Universis è una rete di relazioni che si realizza su diversi livelli che operano attraverso un pensiero complesso: di Spazio e di Tempo. Si tratta di decidere non solo quali Elementi connettere ma anche di comprendere la dinamica di questa connessione.

Anche le neuroscienze e la psicologia hanno progressivamente allargato i propri interessi al problema del Tempo. Uno di loro è Dean Buonomano, docente di Neurobiologia e Psicologia, è uno dei principali teorici della neurobiologia del Tempo che ha affrontato questi aspetti in "Il tuo cervello è una macchina del tempo" visto nel capitolo precedente.

Scrive: *"[...] Il cervello di tutti gli animali, compresi gli essere umani, è meglio attrezzato per navigare, sentire, rappresentare e capire lo spazio anziché il tempo [...]"*.

Le vicende storiche sono eventi del Tempo e ci ricollegano al nostro passato e l'attività dell'astrologo è simile a quella del viaggiatore del Tempo, la macchina che usa è il libro delle effemeridi. Passato, presente e futuro coesistono in un'unica linea temporale.

"[...] Viaggiare mentalmente nel tempo richiede un delicato equilibrio di scienza e arte, richiede cioè la capacità di estrapolare con rigore informazioni dal passato mediante la memoria e quella di immaginare l'inimmaginato [...]" scrive Dean Buonomano affermando che il cervello sia un organo temporale. Si comprende questa affermazione quando ci porta a considerare *"[...] Se dovessimo incautamente provare a*

*sintetizzare in tre parole la funzione del cervello, queste parole
potrebbero essere: prevedere il futuro. Il cervello misura il tempo, genera
schemi temporali, ricorda il passato e ci dona la capacità di proiettarci
mentalmente nel futuro, tutto allo scopo di prevedere il futuro e
prepararsi ad esso [...]".*

Nei primi decenni del XX° secolo la teoria della relatività influenzò
scienziati appartenenti alle più diverse discipline. Tra di loro anche Piaget
che si chiese se ci fosse un collegamento tra la psicologia e la fisica.

Scrisse "Lo sviluppo della nozione di tempo nel bambino" che rivoluzionò
la psicologia dell'età evolutiva studiando il modo in cui i bambini
imparano a ragionare intorno a concetti astratti come quantità, spazio e
tempo. I bambini giungono a padroneggiare il tempo solo dopo aver
compreso i concetti di spazio e di velocità, non prima.

In Universis, se non si comprende il suo spazio-geometrico difficilmente si
riesce ad accedere alla sua componente temporale, all'intreccio Lineare,
Circolare, Sferico, Immaginario, alle sue relazioni collocate così lontane e
poter individuare una rete di collegamento.

Il Ciclo Planetario ci insegna a collegare un inizio da una congiunzione
all'altra, dalla precedente alla successiva in una sequenza lineare
perdendo il collegamento con quelle avvenute in un arco di Tempo più
esteso che coinvolte cinque-sei congiunzioni. Si passa, quindi, da A a B, da
B a C o da C a B.

Nel Ciclo delle Triplicità, si verificano dei salti temporali, partendo da A si
può arrivare direttamente a D senza passare da B e da C. Questo aspetto
sarà esplicito nel capitolo "Connessioni del Flusso Temporale 1226-2020".
Universis è semplicemente una rappresentazione e, le rappresentazioni,
vengono usate in ogni campo della conoscenza per facilitare lo studio di
qualsiasi argomento.

Si studia il passato per capire il futuro. Questo è sempre stato il
presupposto della sopravvivenza: prevedere che cosa accadrà, quando
accadrà, capire come reagire nel modo migliore nel momento in cui
accadrà.

*"[...] Il viaggio mentale rivolto al futuro è un compito complicato che
richiede l'orchestrazione di un numero considerevole di funzioni cognitive
diverse, fra cui accedere a ricordi episodici e semantici passati, utilizzare
tali ricordi per produrre degli scenari futuri, comprendere la differenza tra
passato e futuro [...]"* scrive Dean Buonomano nel suo libro.

Fisici e psicologi sono d'accordo nel dire che il Tempo è solo un'*illusione*, non è presente nelle equazioni matematiche[1] perché non è un elemento fisico per i primi, ed è una rappresentazione della coscienza che crea una versione altamente rielaborata della realtà per i secondi.

Universis utilizza una forma di pensiero complesso con il quale possiamo stabilire il dialogo tra due culture: quella scientifica e quella umanistica, e metterci in una prospettiva in cui il locale e il globale sono collegati, in cui Cicli Planetari e Cicli degli Elementi interagiscono, in cui Tempo e Spazio vengono ricollocati in una prospettiva differente.

Ciò che ostacola questo processo di unificazione sono le strutture mentali obsolete, il paradigma attuale che vive all'interno delle nostre menti, riduzionista e separatista che rimane incapace di risolvere le nuove sfide affrontandole con modalità non più adeguate nonostante la complessità delle conoscenze acquisite che se articolate e strutturate in un certo modo possono offrire nuove soluzioni. Negli ultimi decenni esistono opere, libri di ricercatori e di studiosi di diverse discipline che alimentano le possibilità di un'autentica cultura nella quale siano stabilite le connessioni fra le conoscenze cosmologiche, fisiche, biologiche e umanistiche. L'astrologia non è da meno, disciplina che opera con un pensiero complesso, geometrico e temporale. Malgrado la nostra capacità di prevedere in termini di probabilità e non di certezza il futuro spesso ci è difficile interessarci di scenari temporali che si prolungano oltre la nostra esistenza, sia se rivolte al nostro passato, sia che siano rivolte al nostro futuro.

Universis ci riporta alle basi astrologiche: la geometria e la matematica, primi strumenti degli Antichi e dei Primi Uomini che si confrontavano con il fattore Tempo: il Tempo Cosmologico, il Tempo meteorologico, il Tempo delle guerre, della pace e delle carestie.

Dean Buonomano, nel suo libro, sintetizza in un elenco per sottolineare che:

1-Il cervello è una macchina che ricorda il passato per prevedere il futuro.

2-Il cervello è una macchina che misura il Tempo.

3-Il cervello è una macchina che crea il senso del Tempo.

4-Il cervello ci permette di viaggiare mentalmente avanti e indietro nel Tempo.

La struttura temporale della coscienza è una versione altamente rielaborata della realtà. Si poggia sullo spazio che svolge una funzione di datazione permettendo in questo modo una navigazione nel Tempo.

Con Universis, diventa da questo punto di vista, un modello che rappresenta una prospettiva della mente, ancor più quando sarà trasportato sul piano dell'animazione grafica 3D o altro che sia in grado di riattivare il muscolo del pensiero *geometrico-spaziale*.

SECONDA PARTE

2.1 Universis: *path* dipendence e *paht* dipendence.

Si prenderà spunto, per creare una sintesi, dai saggi di David Fadiran e di Mare Sarr in *"Path Dependence and Interdependence. Between Institutions and Development"*[1], di Scott E. Page in *"An Essay on The Existence and Causes of Path Dependence"*[2] e di S.E. Margolis e S.J. Liebowitz in *"Path Dependence"*.[3]

Nei capitoli precedenti sono stati accennati questi due nuovi concetti che sono applicati in economia, in fisica, in storia, in sociologia della storia, in sociologia della conoscenza, nelle scienze cognitive e in altri campi.

Il recente lavoro metodologico, in politica comparata e in sociologia, ha adattato il concetto di *"dipendenza dal percorso"* in analisi di fenomeni politici e sociali. La nozione è stata utilizzata principalmente nelle analisi storico-comparative dello sviluppo e della persistenza delle istituzioni, siano esse sociali, politiche o culturali.

In economia e nelle scienze sociali, la *"path dependence"*, può riferirsi sia ai risultati in un singolo momento nel Tempo, sia nel processo di lungo termine. E' una teoria che enfatizza il ruolo degli eventi storici passati per spiegare la condizione di un evento presente che si sposta nel futuro in cui piccole variazioni negli eventi iniziali possono portare ad ampie variazioni negli eventi successivi.

Il tentativo di Paul Pierson di formalizzare rigorosamente la *"path dependence"* all'interno della scienza politica, attinge in parte alle idee dell'economia che sono state tradotte e inserite nella disciplina.

La *"path dependence"* per alcuni sociologi viene tradotta come la teoria secondo la quale gli eventi accaduti nel passato avranno una certa influenza sugli eventi del futuro. Ciò significa che un evento attuale e quelli futuri, le azioni o le decisioni dipendono dal percorso seguito dagli eventi, dalle azioni e dalle decisioni precedenti del passato che sia un collettivo o un ente istituzionale.

Gli autori Margolis e S.J. Liebowitz in "Path Dependence"[4] sintetizzano che *"[...] dove siamo oggi è il risultato di ciò che è accaduto in passato [...]"*, ossia, il nostro presente quanto il nostro futuro dipende dal percorso precedente che proviene dal passato.

Studiare la Storia significa, quindi, studiare un probabile futuro nato da circostanze passate.

Scott E. Page in "An Essay on The Existence and Causes of Path Dependence"[5] argomenta come la dipendenza dalla Storia e la path dependence siano fenomeni reali.

L'autore per far comprendere il peso e l'influenza delle vicende del passato, descrive tre concetti:

- **path dependence**, dove conta il percorso dei risultati precedenti nel contenere tutte le informazioni rilevanti, ossia, è quando *conta l'intero sentiero percorso e conta anche l'ordine* della Storia;

- **state dependence**, quando il sentiero può essere ripartito in un numero finito di stati che contengono tutte le informazioni rilevanti;

- **phat dependence** dove gli eventi nel *percorso sono importanti ma non è importante il loro ordine.* Quello che conta è l'insieme degli eventi storici, è importante il modo in cui la Storia può essere classificata.

Gli storici sono attenti a seguire una sequenza degli eventi in maniera lineare. Ma per gli autori includono una variante: il passato esercita un'influenza sul presente mentre l'insieme degli eventi passati (ma non il loro ordine) determina la probabilità che siano collegati a un livello successivo di eventi futuri.

La *"path dependence"* implica, quindi, che ciò che accade nel presente dipende dal suo passato. Ciò non significa che ciò che accade nel lungo periodo dipende dal passato, ciò che accade nel lungo periodo dipende principalmente dal suo percorso.

Ma il terzo concetto degli autori, cambia la prospettiva in cui può essere vista la Storia.

Abbiamo, infatti, la *"phat dependence"* se l'esito, in qualsiasi periodo, dipende dall'insieme di risultati e dalle opportunità nate nella Storia ma non dal loro ordine sequenziale. Essa mette in connessione eventi che non hanno una sequenza lineare e, nel farlo, crea una nuova trama "lineare" di quelli eventi che sembreranno discontinui in una visione di "path".

La dipendenza da percorso iniziale, che sia di natura "path" o che sia "phat", descrive i processi in cui i risultati casuali danno forma a processi/ eventi di probabilità su possibili eventi futuri.

Il futuro non è deterministico, ma probabilistico. Non lo determinano. Si modellano su di esso.

Se l'evento X che avviene in un periodo di Tempo dipende dall'insieme degli eventi e delle opportunità emerse nel corso della Storia, ma non dal loro ordine, allora possiamo definirlo come un processo dipendente da **"phat"**.

Gli autori fanno questo esempio: quando si vota non conta l'ordine dei voti, conta il voto totale.

Invece, se la Storia dell'evento che si realizza lungo un percorso storico in cui conta sia l'intero sentiero *percorso* che l'*ordine* o sequenza con cui si sono verificati, allora possiamo definirlo come un processo dipendente da **"paht"**.

Universis fa uso di tali concetti in quanto sono espressioni di sequenze temporali che il Ciclo delle Triplicità mette in rilievo.

Nel capitolo 1.18 "Universis e il Tempo Sferico" si è detto che il modello utilizza sia una sequenza lineare che circolare degli eventi, li unifica così come possono essere visti separatamente sul modello Sferico chiamato *Chronosphaera* con le sue aree interne chiamate *Chronozone*.

Questa visione temporale utilizza la *path dependence*, in cui conta l'ordine lineare della Storia, e la *phat dependence*, in cui solo l'insieme degli eventi storici è importante e diventa evidente quando si correlano tutti insieme i Cicli in base allo stesso Elemento, come si vedrà successivamente.

Si può comprendere il concetto di *"path/phat dependence"* se per analogia lo rapportiamo agli aspetti planetari in rapporto alla storia individuale.

Il percorso storico di una persona, se lo seguiamo attraverso il Ciclo di Saturno, possiamo indicare un percorso a tappe: congiunzione, sestile, quadratura, trigono, opposizione e via dicendo fino alla successiva congiunzione. Durante queste tappe, si ripresentano delle tematiche che possono seguire un ordine (path) in virtù dell'aspetto planetario precedente o possono presentarsi senza ordine (phat) in virtù di un evento che è avvenuto in un tempo x che non è collegabile al penultimo aspetto planetario ma ad un altro ancora più lontano se l'individuo in questione è al suo secondo o terzo ciclo di Saturno. L'evento non è più collocabile in una sequenza lineare e ordinata. Anche nella storia individuale siamo in presenza della *probabilità* e non della *determinazione* di un evento presente collegato al passato che si proietta nel futuro.

Con questo capitolo, si sta traducendo in linguaggio astrologico concetti che appartengono ad altre discipline affinché si possano utilizzare per descrivere le caratteristiche di un modello di analisi storica con l'ausilio di conoscenze già acquisite e applicate in vari campi che sono più formalizzati, definiti e concettualmente collocabili lì dove, nel campo astrologico, risultano essere frammentari e non articolati in un corpus che li definisca in modo univoco.

Nell'ottica dell'astrologia mondiale, che si confronta con la Storia, le nozioni di *path dependence* e di *phat dependence* sono concetti che possono trovare utilizzo se tradotti e contestualizzati con un linguaggio appropriato.

Universis fa ampio uso di questi concetti per esplicitare il collegamento dei diversi Cicli di Triplicità e per offrire una logica di comprensione.

Verranno successivamente rielaborati e contestualizzati in modo appropriato ma affinché ci sia una corrispondenza di significato, occorre usare un linguaggio differente per contestualizzarli nell'uso astrologico, provvisoriamente:

- si parlerà di **"Connessione del Flusso Temporale"** per indicare la phat dependence, ossia per indicare *un percorso ma non un ordine* degli eventi del passato e dal passato al futuro. Fa riferimento per la ricerca dello stesso Elemento della Triplicità che si ripete ogni 800(i) anni.

- si parlerà di **"Condizione del Flusso Temporale"** per indicare la path dependence, ossia per indicare *un percorso con un ordine* degli eventi del passato e dal passato al futuro. Fa riferimento alla sequenza della Triplicità che si susseguono ogni 200(i) anni.

Entrambe sono localizzate sull'Axis Universis.

Le analisi sul futuro sono in termini *probabilistici* basati sullo studio degli eventi passati.

---

[1] Path Dependence and Interdependence. Between Institutions and Development, David Fadiran e Mare Sarr, ERSA, *online*
https://econrsa.org/system/files/publications/working_papers/working_paper_637.pdf
[2][5] An Essay on The Existence and Causes of Path Dependence, Scott E. Page, online
https://pdfs.semanticscholar.org/cead/f83ee4a078f8a20637f74fcc7e68add67043.pdf
[3][4] Path Dependence, S.E. Margolis e S.J. Liebowitz, online,
https://personal.utdallas.edu/~liebowit/palgrave/palpd.html

2.2 Universis e la Teoria dei Cicli Planetari di André Barbault.

André Barbault in "Il pronostico sperimentale in astrologia"[1] indica che *"[...] il valore di una correlazione deriva dalla ripetizione che permette di trovare il concatenamento grazie al quale passato, presente e avvenire sono strettamente collegati in un tutto. Soltanto in funzione di tale continuità un'evoluzione lineare autorizza certe estrapolazioni che dal passato e dal presente ci portano al futuro, dal noto all'ignoto, l'interprete dev'essere capace di far risultare le tendenze di domani, ricavandole dalle cause di ieri e di oggi [...]"*.

Universis fa sua la continuità lineare ma viene contestualizzata in una dinamica sferica in cui il concatenamento lineare si intreccia con il flusso circolare, valorizzando quest'ultimo aspetto. Nel capitolo precedente, in cui si sono affrontati i temi di *'percorso'* e di *'ordine'*, si è modificata la visione storica con una doppia caratteristica.

In Universis abbiamo:

- una *sequenza lineare* rappresentata dalla sequenza ordinata e un percorso dei 4 Elementi (Dal Fuoco alla Terra, dalla Terra all'Aria e via dicendo);

- una *sequenza circolare* rappresentata dalla correlazione dello stesso Elemento collegando diverse epoche storiche (Fuoco con Fuoco, Terra con Terra e via dicendo). Ma nel momento in cui vengono affiancate l'una con l'altra (esempio: Ciclo d'Aria del 392-570, 1226-1424 e 2020-2218) si sta creando una sequenza lineare per Elemento. Vedremo meglio questo aspetto nel capitolo 2.12 Connessioni del Flusso Temporale: indicazioni.

- una *sequenza sferica* che raggruppa tutte le correlazioni temporali.

Considero necessaria ma non sufficiente l'idea di una linea temporale continua per conferire ordine alla Storia. Per analogia è come cercare di comprendere la terza dimensione attraverso un riferimento bidimensionale: non solo si perdono informazioni ma altre non sono decifrabili in quanto caotiche perché non visibili in termini di 'relazioni'.

L'astrologo francese ha contribuito allo sviluppo dell'astrologia mondiale attraverso due modalità:

- **i Cicli Planetari:** studi basati sulle grandi congiunzioni, all'evoluzione del grande Ciclo di 172 anni di Urano-Nettuno, accompagnato dal Ciclo

Nettuno-Plutone che spinge e forza il cambiamento collettivo insieme a Urano-Plutone.

"[...] ciò che prende avvio alla congiunzione deve evolversi in parallelo con le fasi successive del ciclo [...]"[2] si legge in *"I Cicli Planetari"*. Risale in questo modo alla triplice congiunzione Urano-Nettuno-Plutone del 576 a.e.c. come punto zero di quello che considera il *micro-Grande-Anno*, visto in precedenza, in virtù del fatto che si ripete ogni 3600 anni circa. E' considerata come l'inizio della civiltà per come la conosciamo oggi.

- **l'Indice Ciclico Planetario:** come strumento previsionale tratto dall'evoluzione dell'idea di A. Volguine. Il modello elabora le fluttuazioni delle distanze planetarie, seguendo il flusso e riflusso, l'avvicinamento e l'allontanamento dei maggiori Cicli Planetari: Giove, Saturno, Urano, Nettuno e Plutone. L'Indice traccia un andamento a due fasi: crescente e decrescente. Attualmente, come segnalato dall'astrologo francese, si sta verificando un picco massimo decrescente per il 2020. L'Indice risalirà, con l'inizio di nuovi Cicli, verso il 2026, aprendo una nuova fase storica.

In Universis, che non si basa sui Cicli Planetari, non è utile l'Indice Ciclico in quanto il modello prende forma sul Ciclo degli Elementi ma sono utilizzati come risorsa aggiuntiva e vengono inglobati successivamente non prima in quanto occorre identificare un ambiente di ricerca più ampio possibile.

I Cicli Planetari e il riferimento all'Indice Ciclico rappresentano aree micro del Tempo, mentre il Ciclo degli Elementi opera su un livello macro così come è stato visto nei capitoli precedenti.

E' importante distinguere i due livelli di applicazione prima di procedere alla loro integrazione. Con Universis si possono ordinare sequenze temporali di 200(i), 800(i) anni ma per andare nel dettaglio di un periodo, i Cicli Planetari diventano lo strumento privilegiato ma carente sul piano complessivo. Viceversa, Universis diventa carente nel dettaglio lì dove diventa privilegiato nella visione d'insieme con la sua capacità di offrire relazioni e informazioni.

Inoltre, si analizzano gli Elementi in cui avviene una congiunzione per osservare se si accorda o meno all'Elemento dello *Spirito del Tempo* che è in corso nel Ciclo degli Elementi. Se, per esempio, una congiunzione che da inizio al nuovo Ciclo Saturno-Urano avviene in Aria rispetto al Ciclo in corso della Triplicità di Fuoco, si potranno già fare delle osservazioni in merito alla congiunzione. La combinazione degli Elementi tra Cicli

Planetari e Cicli delle Triplicità aiuteranno a comprendere se il primo rallenta, ostacola, rafforza o se fa retrocedere il secondo.

Un'informazione aggiuntiva che si potrebbe avere è anche quella di risalire all'ultima congiunzione avvenuta nello stesso Elemento. Permetterà di collegare il Ciclo non solo all'ultima congiunzione avvenuta tra i due pianeti ma anche creare una relazione con una congiunzione avvenuta ancora più lontana nel Tempo.

Richard Tarnas, docente di filosofia e storia della cultura all'Istituto di Studi Integrali della California a San Francisco, dove ha creato il programma di specializzazione in filosofia e cosmologia descrive nel suo ultimo libro "Cosmos and Psyche: Intimations of a New World View"[3] i risultati del suo studio di 30 anni sugli allineamenti planetari e il modo in cui sono correlati ai modelli storici della cultura umana. Afferma che *"[...] l'universo è un insieme fondamentalmente e irriducibilmente interconnesso, informato dall'intelligenza creativa e pervaso da schemi di significato e ordine che si estendono attraverso ogni livello e che si esprimono attraverso una costante corrispondenza tra eventi astronomici ed eventi umani [...]"*.

Il Ciclo degli Elementi, basato sulle congiunzioni di Giove-Saturno, avvolge l'intera dinamica dei Cicli Urano-Nettuno, Urano-Plutone, Nettuno-Plutone che lavorano sia per far progredire l'uomo sia per creare le opportunità di cambiamento collettivo attraverso il recupero di forze perdute nell'inconscio.

Di particolare interesse, nel modello Universis, è il Ciclo Urano-Nettuno che tende a ripetere le congiunzioni due volte nello stesso Elemento. Le loro congiunzioni seguono la sequenza: Fuoco, Terra, Aria, Acqua. Lo si può osservare nell'Appendice 6.

I due pianeti tendono a stimolare le rivoluzioni spirituali e i cambiamenti radicali a livello culturale. In prospettiva Universis, possiamo definire la prima congiunzione planetaria, che si verifica in un Elemento, come un "inizio" che sfiderà la cultura dell'Elemento precedente. La seconda congiunzione che avverrà ancora nello stesso Elemento, dopo 172 anni, darà indicazioni sullo sviluppo del Ciclo offrendo nuove possibilità e nuove visioni.

Ad esempio, nel 1821 la congiunzione Urano-Nettuno avvenne nell'Elemento Terra/Capricorno seguita dalla seconda congiunzione, per Segno e per Elemento, nel 1992. Il Ciclo Planetario si sovrapponeva al

Ciclo dell'Elemento Terra, rafforzandolo e accelerando. Possiamo dire, infatti, che non si era mai verificato, nella Storia dell'Umanità, un progresso così intenso in un arco di Tempo così ristretto rispetto ai cambiamenti passati. Si potrebbero fare tante altre considerazioni.

In precedenza, la congiunzione era avvenuta nell'Elemento Fuoco/Sagittario, precisamente nel 1478 e nel 1821 che ci ha portato un periodo storico di grande cambiamento con la corrente culturale dell'Illuminismo e le grandi scoperte, tra tutte, quelle delle Americhe.

La regolarità delle doppie congiunzioni per Elemento non si è verificata in sole due occasioni:

-nel **575 a.e.c.**, anno in cui Barbault identifica il micro-Grande-Anno con la triplice congiunzione dei pianeti maggiori in Terra/Toro, rappresentò la nascita dei grandi profeti e delle grandi religioni, nonché la base della società moderna;

-nel **1650 e.c.** nel Sagittario/Fuoco, poco dopo l'inizio del nuovo Ciclo di Fuoco avvenuto nel 1603 e alla terza congiunzione Giove-Saturno che rappresentò l'Interferenza dell'Elemento Acqua.

Ricordiamo la rivoluzione e la guerra civile inglese, le tensioni religiose tra cattolici e protestanti con la guerra dei 30 anni, le riforme luterana e calvinista, l'assolutismo monarchico, la rivoluzione scientifica da Copernico a Galileo, fu un periodo di grandi trasformazioni politiche, religiose e culturali.

Le singole congiunzioni Urano-Nettuno nel singolo Elemento, sembrano produrre una concentrazione e condensazione di due Cicli che si verificano per Elemento.

La durata del Ciclo Urano-Nettuno di 172 anni è pari alla durata di una Triplicità di 200(i) anni, ciò rende significativo il parallelismo di come i due Cicli operino sulle vicende storiche e di come possano unificarsi nel modello Universis.

Giove e Saturno sono pianeti che, a livello individuale, sono molto vicini alla coscienza, sono velocemente percepibili rispetto ai pianeti maggiori che operano a un livello collettivo e che hanno bisogno di più Tempo per manifestarsi. Possiamo dedurre che l'azione delle congiunzioni Giove-Saturno, organizzate all'interno del modello di Universis, offrano un canale di espressione simbolica delle congiunzioni dei pianeti maggiori che vengono "veicolate", indirizzate lungo il solco tracciato dai due Cronocratori storici. Non si deve dimenticare che in Universis il Ciclo degli

Elementi è gerarchicamente superiore ai Cicli Planetari indicandone una direzione si sviluppo astrostorico.
Nei prossimi capitoli, affronteremo:
- Universis, Cicli Planetari e Cicli di Kondratiev.
- Universis e Cicli Planetari: analisi storica.

[1] Il pronostico sperimentale in astrologia, A. Barbault, Mursia, 1979
[2] I Cicli Planetari, A. Barbault, Capone, 2016
[3] Cosmos and Psyche: Intimations of a New World View, R. Tarnas, Plume, 2007

2.3 Universis, Cicli Planetari e Cicli di Kondratiev.

In questo capitolo vedremo di relazionare i Cicli degli Elementi, quelli Planetari e quelli Economici con il modello Kondratiev che esula completamente dall'astrologia trattandosi di studi prettamente economici. Lo faremo avvalendoci delle ricerche di due autori: il tedesco Christof Niederwieser, con una prospettiva economica, e con il francese André Barbault attraverso i suoi studi prevalentemente storici.

Le ricerche di Christof Niederwieser[1] sono incentrate sull'astrologia economica, sull'astrologia mondiale, ai gradi zodiacali, ai nuovi planetoidi, all'astro-morfologia. Di particolare interesse è il modello del ciclo economico che ha chiamato *"astro-Kondratiev"* per la pianificazione strategica in Astro Management.

La sua attività si occupa di consulenza nelle aree del branding, della comunicazione, della corporate identity e sulla gestione nonché reclutamento del personale aziendale. Niederwieser è autore di diversi libri ed unisce il moderno pensiero imprenditoriale alla ricca esperienza astrologica.

André Barbault, scomparso nel 2019, è considerato tra i più importanti e influenti astrologi contemporanei. Ha rinnovato, dandole un volto completamente nuovo, l'astrologia mondiale introducendo la rivisitazione dell'Indice Ciclico Planetario misurando l'allineamento dei pianeti tra loro ed il concetto di Ciclo Planetario, come abbiamo visto nel capitolo precedente. Ha rivoluzionato la lettura del tema natale con l'uso delle dominanti planetarie in chiave psicologica e psicoanalitica.

E' stato indubbiamente un pioniere assoluto che lo porta ad essere una delle figure più importanti non solo per aver dedicato la sua intera vita alla ricerca e allo studio dell'astrologia ma anche per essere stato un esempio di chi non si è venduto né al potere né al denaro per ottenere consenso popolare che si raggiunge attraverso riviste e pubblicazioni di oroscopi del segno solare.

Questo gli ha permesso di dedicare il suo tempo e la sua attenzione nella materia astrologica a tempo pieno.

Ogni attività nel campo della ricerca e dello studio di Barbault è stato rivolto solo ed unicamente verso la rivalutazione di Urania per riportarla agli Antichi splendori così come testimoniano i suoi successi.

Rispetto a Niederwieser, che si è laureato all'"International Economics" presso l'Università di Innsbruck, l'approccio è indirizzato più a livello storico che non economico che viene fatto dall'astrologo tedesco.

Vedremo come i due autori affrontano la tematica del "Ciclo di Kondratiev" che postula un modello regolare di periodi di crescita e di decrescita dell'economia con Cicli che vanno da 50 a 60 anni.

Il Ciclo si basa sui cambiamenti dei paradigmi collettivi, causati dall'emergere di nuove tecnologie che rivoluzionano l'economia e la società in generale.

Il Ciclo di Kondratiev è uno dei cicli di macroeconomia più famosi, chiamato anche *Kondratiev Wave*.

E' stato presentato nel 1926 in un articolo dello stesso autore che fu anche il fondatore e direttore dell'Istituto economico mensile di Mosca.

Fornì la prova di *"onde lunghe nella vita economica"*, analizzando empiricamente una gamma completa di dati storici, economici e statistiche disponibili in quel momento storico.

Fu forse ispirato dall'economista italiano Vilfredo Pareto (1848-1923) che descrisse l'aggregato economico come qualcosa di vivo, che vibra costantemente, agitato da oscillazioni più o meno estese che risultano dai movimenti vibratori delle sue componenti. Kondratiev, infatti, descrisse il ciclo economico come il risultato di oscillazioni o di *"onde lunghe"* della durata di circa 50/60 anni.

Membro del Partito Socialista Rivoluzionario, si occupava del piano quinquennale per lo sviluppo dell'agricoltura dell'URSS.

Nel 1930 venne arrestato con l'accusa di far parte del Partito Laburista dei contadini e fucilato, dopo anni di prigionia, nel 1938.

Combinando l'intuizione di Pareto con la metodologia di Kondratiev, l'astrologo tedesco Christof Niederwieser ha identificato una stretta relazione tra il Ciclo di Kondratiev e il Ciclo Urano-Plutone e ha creato una sintesi: il modello *Astro-Kondratiev*.

Vedremo anche il modello di André Barbault con il Ciclo Saturno-Urano che, rispetto il primo che perde un progressivo sincronismo con il ciclo economico, conserva la corrispondenza per ogni onda Kondratiev.

Si rivela, quindi, quello più efficace a descrivere il ciclo economico.

Ma in cosa consiste il Ciclo di Kondratiev?

Vediamo in cosa consiste:

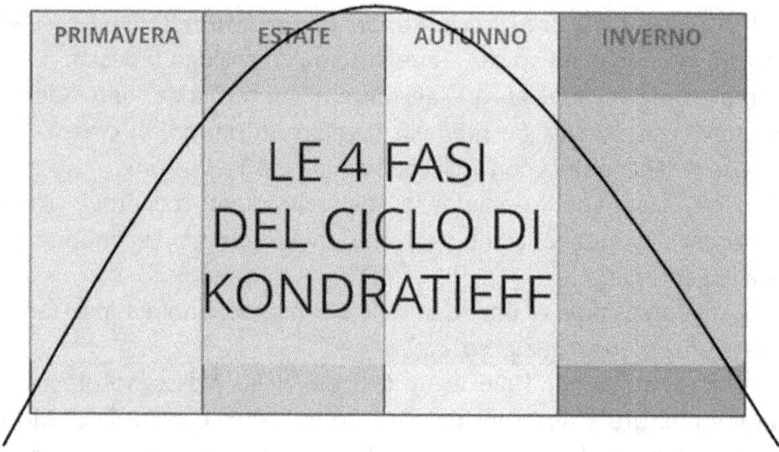

E' composto da 4 fasi:

- **Primavera:** caratterizzata dall'introduzione di un nuovo fattore di produzione e dai tempi di boom economico. Ha inizio una fase di espansione e con essa, si registra un aumento dell'inflazione.

- **Estate:** continua la crescita fino a quando cominciano a comparire dubbi e l'inflazione inizia a essere molto alta.

- **Autunno:** in cui la correzione finanziaria dell'inflazione porta a un boom del credito creando un falso plateau di prosperità che si conclude in una bolla speculativa.

- **Inverno:** in cui appaiono la deflazione e la depressione economica. L'ultima ondata o ciclo tende ad essere la più estesa di tutte, dovrebbe durare fino a 70 anni.

Nell'immagine successiva, vedremo come il Ciclo di Kondratiev venga sovrapposto ai cicli economici:

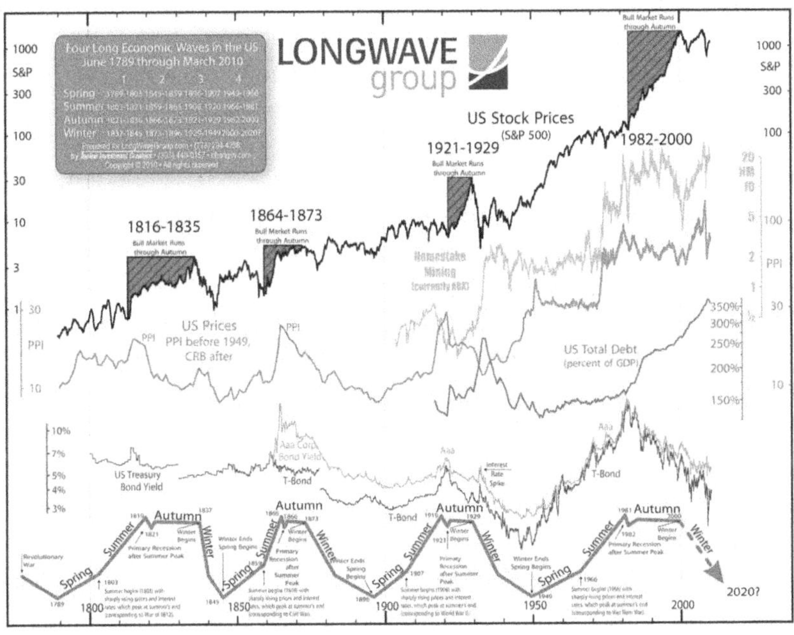

[fonte Longwave Group]

Nel grafico possiamo vedere l'andamento dell'onda Kondratiev con l'andamento economico:

- Prima Onda.

La prima onda Kondratiev conosciuta fu iniziata dal motore a vapore e dal telaio meccanico. Basandosi su queste tecnologie, la Rivoluzione industriale iniziò intorno al 1790 e portò la crescita economica. Nel 1815, questo settore raggiunse il suo massimo potenziale. La crescita rallentò e alla fine portò al declino e alla recessione. Durante il periodo di decelerazione del primo ciclo, fu inventata la tecnologia di base del secondo ciclo. Kondratiev identifica il treno a vapore (1825), la turbina (1824-1827), cemento Portland (1824), il telegrafo (1832), la macchina da stampa (1846).

- Seconda Onda.

Il crescente uso pratico di queste innovazioni iniziò con la seconda ondata di Kondratiev avvenuta intorno al 1850. Il trasporto di massa e la comunicazione divennero i nuovi motori della crescita. Le reti ferroviarie e i telegrafi si diffusero ovunque. Per un quarto di secolo, l'economia registrò un'enorme crescita. Ma nel 1873 la bolla della rete ferroviaria esplose e iniziò la *"lunga depressione"*, una recessione economica che durò venti anni.

- Terza Onda.

Nel 1890 la terza ondata di Kondratiev iniziò con l'emergere di una nuova tecnologia: l'elettricità. In combinazione con un'altra nuova invenzione, la catena di montaggio, iniziò l'era della moderna produzione di massa. Il terzo ciclo portò la transizione verso la moderna società dei consumi. Quando Kondratiev pubblicò le sue scoperte nel 1926, era convinto che questo ciclo avrebbe raggiunto presto il suo limite e che si stava preparando il declino. Tre anni dopo la pubblicazione della sua predizione, si verificò il *"Giovedì nero"* causando la più pesante crisi economica nella storia dell'umanità.

- Quarta Onda.

La quarta ondata di Kondratiev iniziò a metà degli anni '40 con le industrie automobilistiche e aeronautiche. Il tema centrale era *"mobilità individuale"*.

- Quinta Onda.

La quinta ondata ebbe inizio negli anni '80 con l'emergere della tecnologia dell'informazione. I computer divennero uno strumento per tutti. L'industria della telefonia mobile su Internet si diffuse e collegò milioni di persone in tutto il mondo. L'elettronica di consumo incominciò a dominare il mercato globale.

- Sesta Onda.

Dovrebbe iniziare nel 2020 e molti autori sono concordi nell'identificarla negli aspetti che riguardano: la protezione ambientale, la salute olistica e la biotecnologia medica nonché ad un'accelerata tecnologica. La società e il ciclo economico saranno centrati sulla *"salute umana e ambientale"*.

Inizialmente la teoria di Kondratiev non ottenne molta attenzione. Le cose cambiarono nel 1939, quando l'economista austriaco Joseph Schumpeter (1883-1950) pubblicò un autorevole libro sull'argomento. Introdusse le ondate di Kondratiev a un pubblico più vasto e le confermò empiricamente sulla base dei cicli economici americani. Le reazioni della comunità scientifica furono controverse, soprattutto perché la ripetizione di tre onde non furono considerate sufficienti per dimostrare l'esistenza di un Ciclo a onda lunga.

All'inizio del XXI° secolo le onde lunghe sono ancora popolari e spesso dibattute, in particolare nelle aree degli studi dedicati all'innovazione, alla ricerca sulle tendenze e alla futurologia.

Siamo attualmente nella fase finale dell'*inverno* della quinta onda che è stata rilevata nel 2000 e che dovrebbe concludersi tra il 2015 e il 2020.

Trasferito sul piano storico, abbiamo:

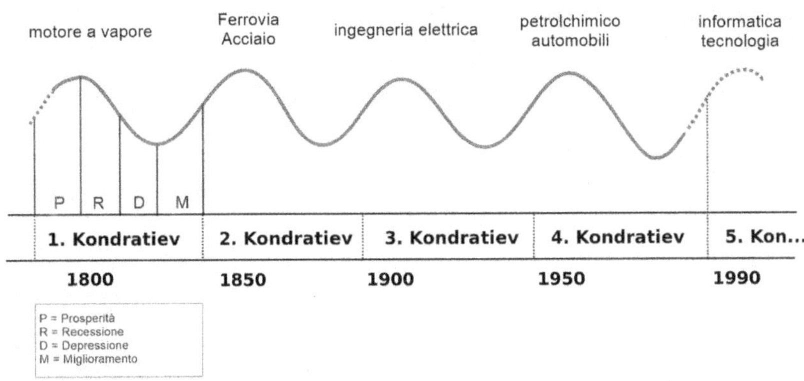

E' naturale chiedersi se esiste una corrispondenza tra questi cicli economici con i Cicli astrologici.

Ad oggi il modello di Kondratiev è tuttora molto popolare. È una delle rarissime teorie macroeconomiche che consentono previsioni concrete a lungo termine, spiega i fattori chiave della crescita negli ultimi 200 anni.

Ci sono opinioni diverse sui dettagli teorici come l'esatto momento in cui i cicli iniziano o finiscano. Ma molti ricercatori concordano sul fatto che c'è *'qualcosa'* dietro questi cicli. Tuttavia, ci sono alcuni punti critici, specialmente quelli metodologici che non hanno interesse per questo capitolo.

Dopo aver trattato l'aspetto economico del ciclo, vediamolo di interpretarlo In chiave astrologica con il tedesco Niederwieser e il francese Barbault. Successivamente, lo vedremo con il modello Universis. Entrambi gli autori utilizzano i Cicli Planetari (Urano-Plutone per il primo e Saturno-Urano per il secondo), con Universis metteremo in relazione: Ciclo degli Elementi, il Ciclo Planetario e il Ciclo di Kondratiev.

Le argomentazioni di Niederwieser le possiamo rappresentare con questo schema:

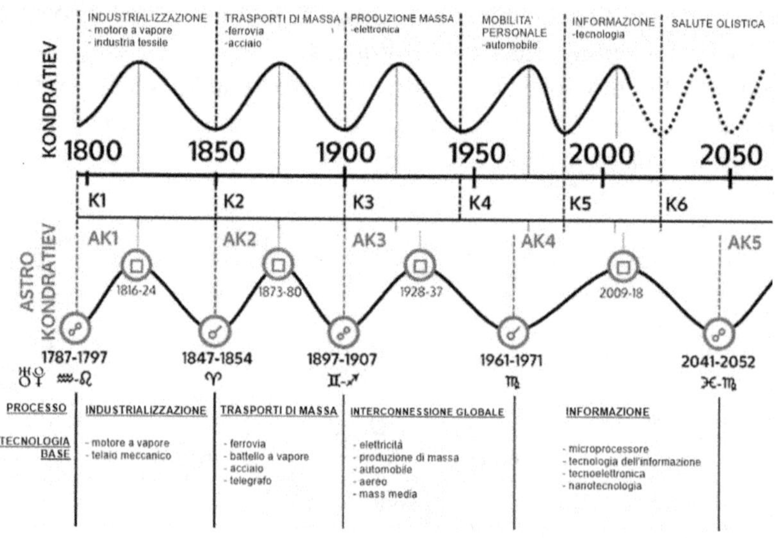

[foto *Christof Niederwieser, modificata Argo*]

In alto della figura possiamo osservare le onde da K1 a K6, ossia le onde Kondratiev, sotto, il modello proposto dall'astrologo tedesco con il Ciclo Urano-Plutone con gli aspetti di congiunzione, quadratura e opposizioni ritenuti i più significativi del Ciclo.

Le nuove tecnologie portano un cambiamento profondo del paradigma collettivo tipico del Ciclo Urano-Plutone secondo l'autore: le innovazioni tecniche (Urano) interrompono i sistemi consolidati di potere e ideologie (Plutone) e diventano il nuovo punto di riferimento per lo sviluppo collettivo (Plutone).

Le congiunzioni e le opposizioni segnano l'inizio del Ciclo di Kondratiev. Le Quadrature segnano gli anni in cui le onde di Kondratiev raggiungono il loro apice e iniziano la fase discendente.

I due Cicli sono completamente identici al 1920, per poi allontanarsi l'un dall'altro e la correlazione scompare.

Secondo l'autore ciò è dovuto al fatto che Plutone ha un'orbita fortemente ellittica con le sue fasi di perielio e di afelio e che quindi il suo Ciclo è molto irregolare. La conseguenza che ne trae è che le onde di Kondratiev sono, in realtà, molto più lunghe rispetto a come le aveva identificate l'economista russo.

L'autore passa, poi, ad analizzare la terza onda (K3 del grafico) con l'opposizione Urano-Plutone sull'asse Sagittario-Gemelli.

La tecnologia base, espressa in basso del grafico, sono la conseguenza di un Plutone/Gemelli che velocizza tutti i processi, che mette in contatto il *"mondo locale"* con il *"mondo globale"* di Urano/Sagittario: le prime case automobilistiche, le prime compagnie aeree, le reti stradali, la prima trasmissione radio transatlantica, la nascita di registrazioni radiofoniche, film e grammofono come nuovi mezzi di comunicazione di massa.

L'apice viene raggiunto con la quadratura negli anni che vanno tra il 1928 e il 1937.

Con la nuova congiunzione in Vergine tra il 1961 e il 1971 si verificarono nuovi eventi: il microprocessore Intel 4004, la conquista dello spazio, l'elettronica e la nanotecnologia.

Le nuove tecnologie diventano sempre più piccole, più veloci, più differenziate, più dettagliate e complesse.

Assistiamo a una fase caratterizzata da: ottimizzazione, razionalizzazione, perfezione, differenziazione, specializzazione, sistematizzazione, orientamento al dettaglio, miniaturizzazione. Il cambiamento socio-strutturale di questa fase storica sono tipiche della Vergine: società di servizi, società della conoscenza, ma anche sicurezza e controllo della società, riporta l'astrologo tedesco.

Sulla scia di Gemelli-Sagittario, la rete esterna, le connessioni materiali, l'infrastruttura del traffico e le linee di comunicazione vennero completate.

Con le quadrature Urano-Plutone del 2009-2018 assistiamo ad una fase polarizzata di questo processo con: sovraccarico di informazioni, la sorveglianza tecnologica, dati di grandi dimensioni, moltiplicazione di nuove leggi e regolamenti in campo sociale ed economico.

Questa fase corrisponde all'AK4 dell'astrologo tedesco, che è visibile nel grafico, mentre ci troviamo nella fase K5 del russo Kondratiev.

Il modello rimane sincronizzato fino alla fase storica che arriva agli anni 40, successivamente i due modelli del grafico perdono le corrispondenze. Attraverso l'astrologo francese André Barbault, analizzeremo il Ciclo Saturno-Urano: Ciclo di affermazione a tendenza capitalistica, espansione della potenza industriale, capitalismo moderno, circolazione monetaria, le invenzioni e le innovazioni energetiche, tecnologiche, industriali, motrici.

Interessante, poi, lo studio di Barbault in merito alle interferenze di Giove-Saturno nel Ciclo Urano-Plutone visto in precedenza a partire dal 1966, periodo in cui si accentua la separazione del Ciclo dei due pianeti nel modello proposto in precedenza. Ma questo argomento non fa parte dell'analisi di questo capitolo.

Ritorniamo a Barbault con il nuovo grafico:

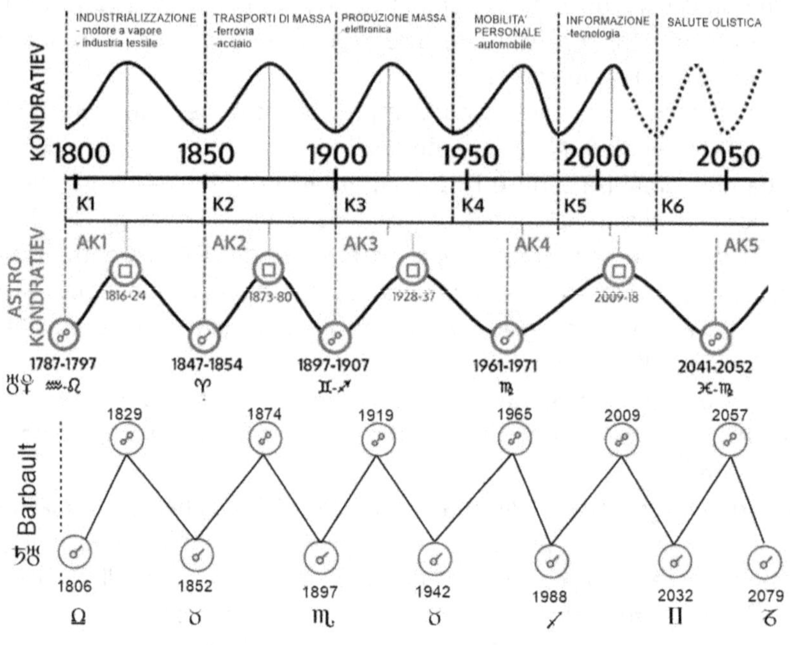

L'astrologo francese, ha affrontato l'argomento dei Cicli di Kondratiev nel libro "I Cicli Planetari"[2] in merito all'analisi della congiunzione Urano-Saturno-Giove. Barbault dice che *"[...] se accettiamo lo sfasamento delle prime due tappe, divergenza giustificata dall'intrusione del ciclo Giove-Urano, poiché vi fu la congiunzione nel 1789 e nel 1817, gli altri sette punti principali concordano con lo scenario economico e con il ritmo del ciclo Saturno-Urano, in una sequenza di congiunzioni e opposizioni [...]"*.

L'analisi del Ciclo Planetario viene anche rapportato con la caduta dell'Indice Ciclico Planetario delineando, così, un quadro più articolato del periodo storico del XX° secolo. Un esempio su tutti è il 2020: l'economista russo segnalava la nuova caduta del ciclo economico, Barbault segnala la caduta dell'Indice Planetario tra i più significativi della Storia recente.

Lo scritto che segue è tratto dal libro dell'autore "Il cicli planetari nella storia mondiale"[3], dove leggiamo: *"[...] Nel 2020 si potrà accusare la caduta più grande del secolo. Niente da meravigliarsi: 7 cicli su 10 sono discendenti e ciò spiega la maggiore accelerazione di caduta secolare di questo indice. La configurazione astrale che vi prende parte è una triplice congiunzione Giove-Saturno-Plutone che forma un quadrato con Urano e un semiquadrato con Nettuno, essi stessi in aspetto di semiquadrato [...]"*.

Senza dimenticare il picco di caduta dei 10 cicli dell'anno 2000.

Non è intenzione analizzare questi argomenti in questo capitolo che ha solo la funzione di mettere in evidenza gli studi effettuati dall'autore russo, tedesco e francese.

Le tre ricerche hanno il compito di evidenziare l'operatività di Universis in concomitanza del cambio di Triplicità: dal Fuoco alla Terra.

I Cicli Planetari visti fin qui, aiutano ad entrare in situazioni micro-storiche rispetto la visione macro di Universis attraverso il Livello 4, denominato *Chronosphaera*.

I due strumenti d'analisi sono interdipendenti in quanto aiutano ad evidenziare aspetti diversi in base al contributo di ogni singolo strumento che opera separatamente.

Vediamo la nuova rappresentazione:

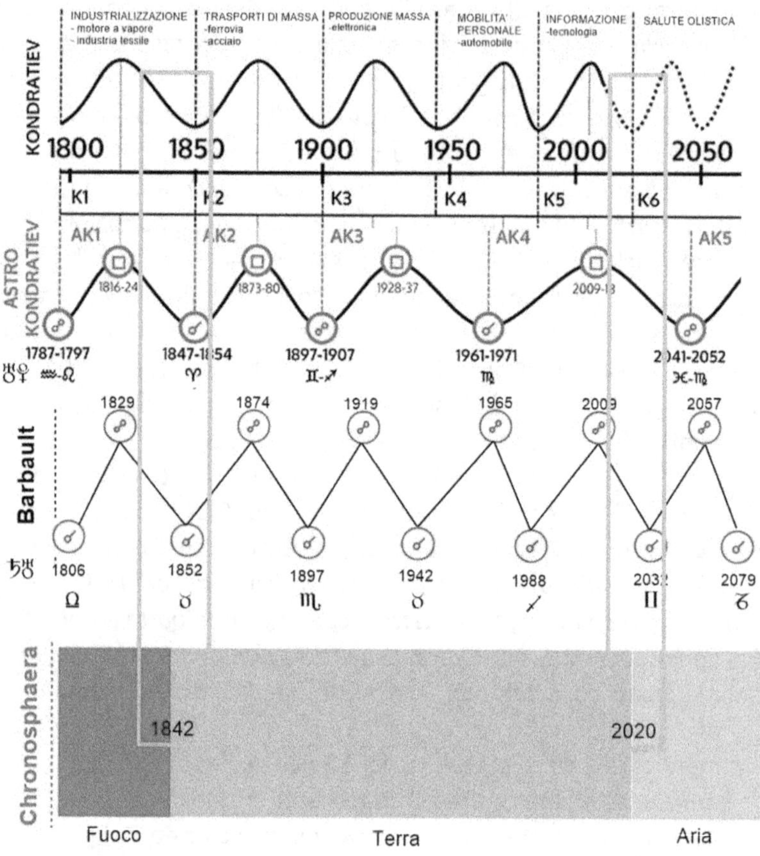

La prima onda, K1, di Kondratiev si manifesta all'interno della Triplicità di Fuoco iniziato nel 1603.

A Nicolas Léonard Sadi Carnot (1796–1832) fisico, ingegnere e matematico francese si devono importantissimi contributi alla termodinamica teorica. Tra queste, la teorizzazione di quella che sarà chiamata la macchina di Carnot, il ciclo di Carnot e il teorema di Carnot, il cui enunciato afferma che qualsiasi macchina termodinamica che lavori tra due sorgenti di calore a diversa temperatura, deve necessariamente avere un rendimento che non può superare quello della macchina di Carnot.

Scrive nel 1824: _"Riflessioni sulla potenza motrice del fuoco"_, titolo quanto mai significativo in virtù della Triplicità attiva di quel periodo: il Fuoco.

Abbiamo visto nei capitoli _"Fuoco, Terra, Aria, Acqua e la suddivisione Ternaria"_ e _"Il Ciclo dei 4 Elementi"_ alcune caratteristiche che applicheremo in questo contesto.

Nella fase K1, ci troviamo nel seguente ambiente della Chronosphaera che al momento viene sintetizzato solo in alcuni punti[4]:

- **Ciclo delle Triplicità:** Fuoco 1603-1841 e.c.
- **Collegato ai Cicli:**[5] 780-580 a.e.c., 14-252 e.c., 809-1046 e.c.
- **Spirito del Tempo:** l'Età dell'Esplorazione.
- **Dominio del Ciclo:** Giove su Saturno, per Segno e per Elemento.
- **Segno reggente del Ciclo:** Sagittario.
- **Segno ombra del Ciclo:** Gemelli.
- **Aspetto dell'Elemento:** congiunzione, inizio nuovo Ciclo di 800(i) anni.
- **Fase dell'Elemento:** finale, ossia la 3^, fase caratterizzata dalla modalità mobile.
- **Interferenza:** congiunzione Giove-Saturno in Vergine (1802-1820), inserimento dell'Elemento Terra nel Ciclo del Fuoco.

Riassumendo, ci troviamo nella _fase finale_ del Ciclo Fuoco caratterizzato dalla ricerca dei cambiamenti e rinnovamenti. E' in grado di sostituire una dinamica storica con un'altra. Il terzo stadio illumina il cammino o ne crea uno nuovo. Giove regge l'espansione modificando la struttura saturnina del processo, i valori sagittario (che caratterizzano l'intero Ciclo Fuoco) spingono verso la ricerca, la conoscenza, c'è forte intraprendenza, questo in estrema sintesi.

L'interferenza della Terra nel Fuoco, non solo fa da preludio al Ciclo successivo dell'Elemento Terra che inizierà nel 1842 ma introdurrà anche le tematiche di questo Elemento nella Storia.

L'interferenza del 1802-1820, produrrà lo stato solido che è espressione della forza della materia, ossia dopo la combustione del Fuoco, la materia si condensa, si materializza in forme solide, stabili. E' la manifestazione della _'materia'_. Questo avverrà principalmente durante la Triplicità di Terra. L'Interferenza Terra/Vergine produrrà le prime manifestazioni del cambiamento che si verificheranno successivamente in ogni contesto sociale. In questo caso, favorisce la spinta della prima onda Kondratiev.

La rivoluzione industriale in Inghilterra è delimitata dallo storico Thomas Ashton fra il 1760 e il 1780 e corrisponde alla **prima rivoluzione industriale**, e comportò un insieme di rivoluzioni settoriali: dall'agricoltura ai trasporti, dalla popolazione alle innovazioni tecniche e finanziarie.

Ritornando al grafico, cosa accade nel 1842?

Osserviamo quattro eventi:

- fase di caduta del Ciclo di Kondriatev;
- congiunzione Saturno-Urano in Terra/Toro, vista con Barbault;
- congiunzione Urano-Plutone Fuoco/Ariete, vista con Niederwieser;
- *inizio della Triplicità di Terra*, gerarchicamente superiore.

I Cicli Planetari hanno rafforzato il passaggio dal Ciclo di Fuoco al Ciclo di Terra tracciando una linea di confine tra due periodi storici.

La congiunzione Urano-Plutone ha dato il via a nuovi inizi, la congiunzione Saturno-Urano ha strutturato il rinnovamento che avrebbe avuto inizio nelle decadi successive, il tutto, canalizzato e indirizzato nel solco dell'Elemento Terra che guidava l'espressione planetaria.

Ci troviamo nella fase K2 del grafico, caratterizzato come *"processo"* attraverso i trasporti di massa e come *"tecnologia base"* le ferrovie, il telegrafo, l'acciaio.

Vediamo, ora, in dettaglio cosa ha comportato l'inizio della nuovo Ciclo di di Terra in questa fase del processo storico.

Nella fase K2, ci troviamo nel seguente ambiente della Chronosphaera:

- **Ciclo di Triplicità:** Terra 1842-2020 e.c.
- **Collegato ai Cicli:**[6] 581-401 a.e.c., 253-391 e.c., 1047-1225 e.c.
- **Spirito del Tempo:** l'Età Materiale.
- **Dominio del Ciclo:** Saturno su Giove, per Segno e per Elemento.
- **Segno reggente del Ciclo:** Capricorno.
- **Segno ombra del Ciclo:** Cancro.
- **Aspetto dell'Elemento:** quadratura, fase di maggiore produttività e di esteriorizzazione perché l'impulso tenderà a concretizzarsi. Avremo conflitti, ostacoli che faranno deviare dal sentiero iniziale, iniziato con il Fuoco, o si tradurranno in rottura o in scissioni del processo in corso.
- **Fase dell'Elemento:** iniziale, ossia la 1^, fase caratterizzata dalla modalità cardinale. Nel primo stadio è la fase involucro che nutre e gestisce il seme, è l'inizio di una fase ancora embrionale.

- **Interferenza:** congiunzione Giove-Saturno in Bilancia 1980-2000 con l'Elemento Aria (in qualità di preludio al Ciclo 2020-2218) che modificherà le caratteristiche della Terra nonché le dinamiche storiche.

Con la nuova Triplicità, dopo la combustione del Fuoco, la materia si condensa, si materializza in forme solide, stabili. La Terra convoglia le energie del Fuoco per renderle utili e utilizzabili. La forza si assesta e si concretizza. Con l'Elemento Terra si stabilizzano in periodi di grande produttività che alimentano il commercio e lo scambio. Lentezza, maturazione, tenacia, disciplina, analisi colorano l'aspetto pratico e concreto della vita. Siamo nell'Età Materiale dello Spirito del Tempo, Tempo che ha una sua 'Qualità' e identità propria.

Abbiamo la piena espressione di Saturno (strutturazione) su Giove (espansione) sia per Segno che per Elemento. Il Capricorno è il segno che regge la nuova Triplicità.

La combinazione Saturno/Capricorno, in questa fase iniziale del Ciclo di Terra, è predominante, ci troviamo alla vigilia della rivoluzione industriale per l'Europa e alla **seconda rivoluzione industriale inglese** (1870) nel periodo vittoriano (1831-1901) raggiungendo l'apogeo della propria economia, archetipo del sistema capitalista-industrializzato.

La simbologia Saturno/Capricorno ben si adatta a decodificare la dinamica storica dell'ultimo secolo.

L'Indice Ciclico Planetario di Barbault è in caduta:

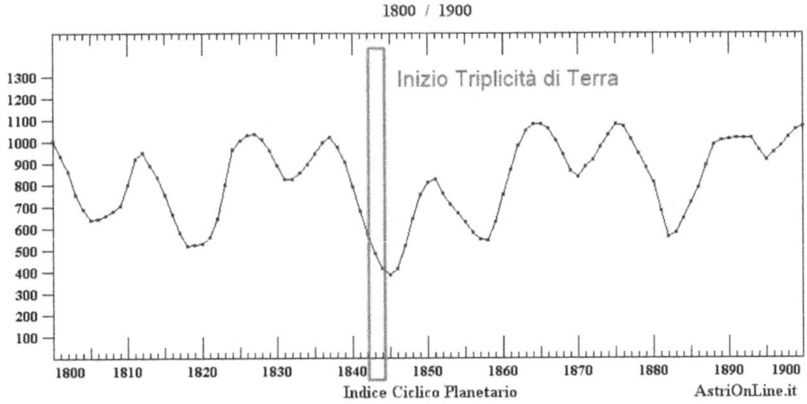

Si rafforza l'idea che la fase storica è caratterizzata da un forte e decisivo cambiamento rispetto al periodo precedente.

Con la risalita degli Indici, si assiste al rafforzamento di quel "Nuovo Spirito del Tempo" che si è accennato in precedenza.

Tutto questo, sintetizzando al massimo le caratteristiche della fase iniziale del Ciclo di Terra.

Giusto per dare un'idea di come, a livello pratico, si possa utilizzare Universis nell'interpretazione della Storia che identifica un'area temporale che ha una sua caratteristica propria e diversa rispetto alle precedenti.

Il modello fornisce un *climax*, un quadro di riferimento agli eventi su larga scala, contribuisce a dare una cornice ai vari Cicli Planetari inserendoli in un contesto macro di sviluppo e di corrispondenze celesti.

Il Livello 4 di Universis, la Chronosphaera, identifica lo *"Il Nuovo Spirito del Tempo"* che caratterizza i vari Cicli di Triplicità.

Come è stato detto in precedenza, il modello è forte su un livello superiore ma è carente in quelli inferiori.

Questa debolezza è sopperita con la combinazione dei Cicli Planetari che permettono una descrizione più accurata nella modalità d'espressione dello Spirito del Tempo.

Viceversa, i singoli Cicli di una coppia planetaria non permettono di identificare un'area così vasta se non si ricorre alla loro Ciclicità multipla o alla combinazione con altri Cicli planetari.

Si può osservare, brevemente, anche la fase del 2020:

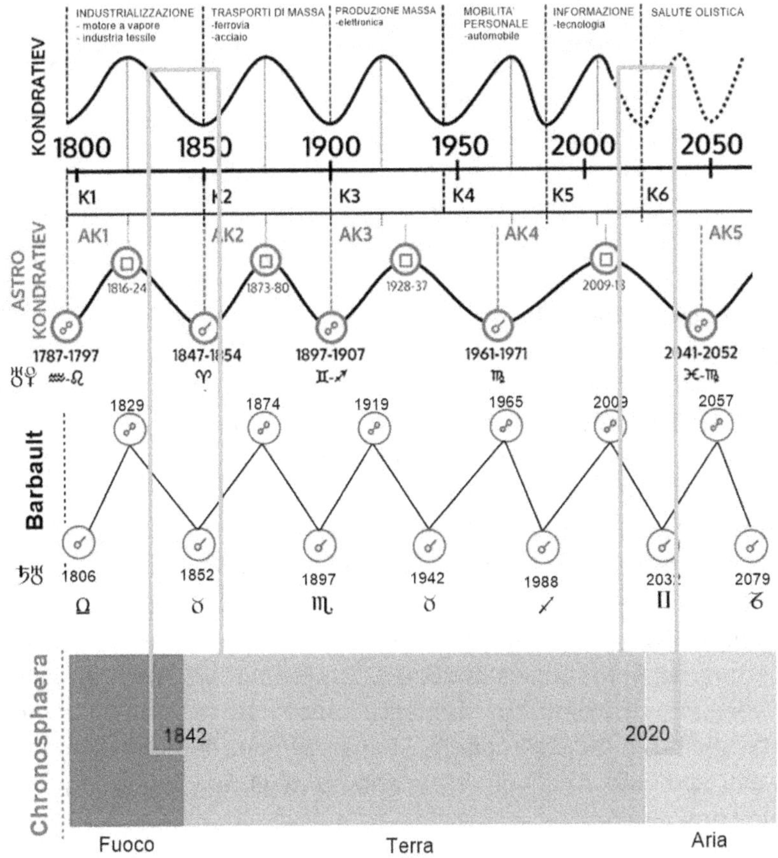

Il Ciclo di Kondratiev è in caduta, il Ciclo Saturno-Urano si sta avvicinando a un nuovo inizio, l'Indice Ciclico Planetario è in caduta come si può vedere dal grafico[7]

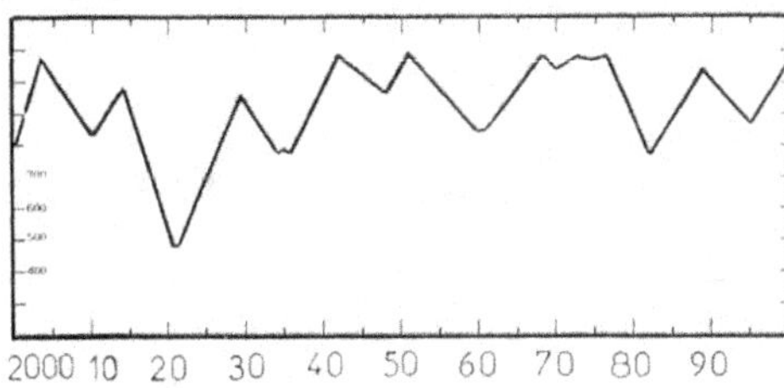

che rappresenta l'Indice Ciclico Planetario, l'algoritmo creato da André Barbault.

Nel 2020 assisteremo all'inizio della Triplicità d'Aria che porterà con sé il Nuovo Spirito del Tempo caratterizzato da:

- **Ciclo delle Triplicità:** Aria 2020-2218 e.c.

- **Collegato ai Cicli:** 402-223 a.e.c., 392-570 e.c., 1226-1424 e.c.

- **Spirito del Tempo:** l'Età Mentale.

- **Dominio del Ciclo:** Giove su Saturno per Elemento e Saturno su Giove per Segno.

- **Segno reggente del Ciclo:** Acquario.

- **Segno ombra del Ciclo:** Leone.

- **Aspetto dell'Elemento:** opposizione.

- **Fase dell'Elemento:** iniziale, ossia la 1^, fase caratterizzata dalla modalità cardinale. Nel primo stadio è la fase involucro che nutre e gestisce il seme, è l'inizio di una fase ancora embrionale.

- **Interferenza:** congiunzione Giove-Saturno in Scorpione nel 2159-2178, inserimento dell'Elemento Acqua nel Ciclo di Aria preludio al nuovo Ciclo d'Acqua.

Vedremo questo argomento nei capitoli successivi. Tuttavia si rimanda alla lettura del libro "Universis 2020-2218: Evento Rinascimento 2.0" in cui vengono esplorati in dettaglio tutti gli argomenti trattati sinteticamente in questo capitolo. Si analizzeranno in dettaglio ben tre Cicli dell'Elemento Aria per evidenziare tutti gli argomenti trattati in questo libro base.

---

[1] First published in "ISAR International Astrologer", December 2015 German version originally published by ASTROLOGIE HEUTE magazine No. 176, August 2015, link astro.com http://www.astro.com/cgi/xa.cgi/astrologie/in_kondratiev_e.htm

[2][3] I Cicli Planetari nella Storia Mondiale, A. Barbault, Capone, 2016

[4] in "Universis 2020-2218. Evento Rinascimento 2.0", Argo, KDP, 2020, i punti sintetizzati vengono ulteriormente allargati con altre caratteristiche e spiegati ulteriormente. Qui,vengono semplicemente date delle indicazioni per articolare l'analisi del capitolo.

[5][6] in questo capitolo non vengono esposte le correlazioni temporali con i cicli precedenti. Verranno esposte in modo sintetico nei prossimi capitoli e in modo ampio nel libro indicato in [4]

[7] fonte http://www.enzobarilla.eu/articoli/la%20crisi%20mondiale%20del%202010.pdf

2.4 Analisi eventi storici con Universis e i Cicli Planetari.

La visione astrologica della Storia ci dice che essa si riproduce in modo periodico. Segue un cammino ritmico, per la durata di un periodo cosmico, misurato attraverso il Tempo che impiegano i pianeti a riprendere le posizioni identiche a quelle iniziali se si parla del Grande Anno o all'ultima congiunzione se si parla di Ciclo Planetario. Un ritorno al punto d'origine, possiamo dire, con significati diversi.

Quello che vale per il Ciclo dei Pianeti, vale anche per il Ciclo degli Elementi.

Mentre per i primi, se presi senza un punto di riferimento di livello superiore che aiutano a comprendere l'influenza di altri Cicli superiori che creano interferenze, perdono i riferimenti temporali, i Cicli degli Elementi procedono in maniera quasi autonoma in quanto non c'è un livello superiore a quest'ultimi che possa influenzarli se non quello delle grandi Ere Cosmiche che operano a livello di migliaia di anni non utili ai fini delle indagini in virtù della loro eccessiva ampiezza.

Nel Ciclo degli Elementi c'è sempre un nuovo inizio che si ripete ogni 800(i) con il ritorno all'Elemento di partenza, il Fuoco.

In una visione gerarchica, i Cicli Planetari si trovano all'interno dei Cicli degli Elementi che trasferiscono lo Spirito del Tempo attraverso la dinamica planetaria. In quest'ottica, sono gli Elementi ad influenzare i Pianeti. Gli Elementi trasferiscono un'*informazione*, i pianeti si fanno messaggeri di questa informazione all'umanità.

Barbault ha evidenziato gli eventi su una scala temporale ridotta facendo riferimento all'ultimo Ciclo Planetario che l'ha preceduto oltre allo svolgimento del Ciclo stesso con grande successo. Il suo studio si è articolato non solo sul singolo Ciclo ma anche all'interazione tra Cicli. Tuttavia, nei suoi scritti, l'astrologo francese più volte ha sottolineato la mancanza di una *"struttura"* globale e che i Cicli Planetari rappresentavano l'unico modello attendibile disponibile all'astrologo per lo studio della Storia ma che non era sufficiente a rappresentarla nella sua complessità.

Conscio di tale carenza nella potenzialità interpretativa dei Cicli Planetari con il loro Indice Ciclico, ha fornito, tuttavia, una base solida in termini di conoscenza per lo sviluppo futuro che aiutasse a modellare una struttura complessiva. Barbault ha sempre sentito necessario un tale sviluppo per fare ulteriori passi nella comprensione della dinamica celeste-terrestre.

Leggiamo, infatti *"[...] esiste ancora, nell'ambito del paradigma scientifico di "modello", riproducibile, nel quale possano inserirsi i "fatti "astrologici, non per questo essi smettono di esistere [...] E poi, non c'è soltanto l'esperienza previsionale mondiale che domanda poiché è il fascicolo intero dell'astrologia che si trova di nuovo aperto, in attesa di una revisione del suo status [...]."*[1]

Universis non è un'alternativa ai Cicli Planetari, è un ulteriore salto nella loro comprensione attraverso una visione unificata dei processi e delle dinamiche che prendono vita dalla loro interazione su piani differenti ma appartenenti entrambi in un unico insieme, la Chronosphaera vista nel Livello 4.

Ogni Ciclo di Triplicità opera da collegamento tra eventi distanti tra loro nel Tempo, eventi che non si ripetono come semplici concatenazioni di fatti, ma si evolvono e aggiungono nuove informazioni che tenderanno a ripresentarsi nel Ciclo successivo dello stesso Elemento che li ha visti nascere. Alcune informazioni precedenti, invece, tenderanno a scomparire mentre altre continueranno il loro corso.

Nel Livello 2 abbiamo visto due rappresentazioni: il cerchio e la sinusoide/elica. Esse sono espressione di un unico concetto: il *Tempo Sferico*. Sono rappresentazioni bidimensionali di un modello che ha la sua vera espressione nella terza dimensione e da cui hanno origine. Le rappresentazioni bidimensionali, quindi, sono un 'appiattamento' geometrico. Si perdono alcune importanti proporzioni, quindi, relazioni e informazioni.

La "congiunzione", ad esempio, non è in realtà una proiezione geometrica?

"[...] Scopo della geometria descrittiva è quello di rappresentare le figure spaziali sopra un piano in modo che dalla rappresentazione piana e dalla conoscenza della legge di rappresentazione si possa risalire alla figura spaziale [...]"[2].

Il Tempo Sferico è il superamento del concetto della linearità e della circolarità del Tempo in quanto esso, come abbiamo visto, non è né l'uno né l'altro ma è entrambi: assistiamo a una sequenza 'lineare' di 800(i) anni con i sui collegamenti 'circolari' all'interno di una dinamica 'sferica' che mette in relazione ogni singolo Ciclo della Triplicità.

Tuttavia, la cultura secolare del Tempo lineare, ci impedisce di narrare la Storia tramite gli astri su una dimensione tridimensionale e di vederli localizzati in dinamiche relazionali.

Per questo nel Livello 2 si fa uso di modelli bidimensionali che permettono di proiettare gli eventi su una linea unidimensionale e sequenziale che facilita l'analisi, la 'narrazione' astrostorica.

Il Livello 2 è una proiezione del Livello 4, è una sua rappresentazione bidimensionale più semplice, è una variante geometrica che prende forma in un'immagine lineare che permette l'uso di un linguaggio lineare.

I progressi scientifici degli ultimi decenni stanno producendo teorie e modelli in cui appare sempre più chiaro come le loro nozioni e rappresentazioni superino sia la linearità che la circolarità e che stanno andando alla ricerca di modelli ripetitivi spazio-temporali a più dimensioni. La *Sfera* è una di queste rappresentazioni.

Accettare che nel Ciclo di Triplicità il significato degli Elementi si manifesti seguendo un trend evolutivo, cioè su piani sempre diversi (sociale, politico, culturale, economico), è l'approccio che dovrà essere applicato per l'interpretazione degli eventi per gli stessi Cicli Planetari che di congiunzione in congiunzione non tornano allo stesso punto ma riprendono a livelli differenti sia di Tempo (=data) che di Spazio (=segno).

La ripetizione significativa di eventi simili, giustifica una correlazione che diventa *"prova previsionale"*, come direbbe Barbault.

Nell'articolo "Per una riabilitazione dell'astrologia"[3], l'astrologo francese metteva sull'avviso, in merito ai rischi che si corrono quando si fa la comparazione e la correlazione tra gli eventi quando si collegano le configurazioni planetarie e che vale anche in merito al Ciclo degli Elementi, ossia *"[...] si fa tuttavia, il salto sicuro da un circuito chiuso, dove si ripete lo stesso fenomeno, dal risultato incontestabile, a quello rischioso, di un rapporto aperto sul ventaglio della diversità. Ragione sufficiente per non poter accontentarsi di similitudini reperite dal passato, prodotto speculativo a discrezione del sognatore: il solo credito, che possa essere concesso alla correlazione considerata, è di sottometterla alla prova dell'atto previsionale, al fine di ottenere un risultato concordante in serie, obbligatorio, che diviene il riconoscimento di verità del suo risultato. E' anche al caro prezzo di un riscontro enorme, che bisogna giudicare il fenomeno, anche se la configurazione ha dietro di sé una potenza fisica, fino ad allora insospettata, bisogna ancora che la predizione del suo effetto raggiunga la sua meta, termine dell'operazione [...]"*.

La prima congiunzione Giove-Saturno, che dà l'avvio a una nuova Triplicità, darà l'imprinting a tutto il Ciclo stesso con un segno e pianeta dominante. L'inizio di un Ciclo (esempio, Aria) attiverà le relazioni con i Cicli passati dello stesso Elemento (Aria), inanellando il Tempo con un ritorno probabile di avvenimenti simili del passato in virtù di una 'risonanza' che attiva tutta la catena temporale dello stesso Elemento.

Per comprendere come si inseriscono i Cicli Planetari all'interno di Universis, è utile rappresentarli in una prospettiva gerarchica che va dall'Alto verso il basso:

- va considerato il periodo di 800(i) anni, ossia il ritorno di una Triplicità (dall'Elemento Aria all'Aria) o l'inizio del Ciclo della Triplicità stessa che parte sempre con l'Elemento Fuoco per concludersi con l'Acqua;
- va considerato il periodo di 200(i) anni, ossia l'arco di Tempo in cui rimane attivo un singolo Elemento;
- va considerato il periodo di 60(i) anni, ossia la conclusione del passaggio nei tre segni dello stesso Elemento;
- va considerato il periodo di 20(i) anni, ossia da una congiunzione alla successiva di Giove-Saturno nonché lo stesso Ciclo Planetario con le sue opposizioni e quadrature che si ripetono in 5(i) anni.

A tutto questo vanno aggiunte le informazioni che sono state viste in precedenza, ossia:

- Ciclo dell'Elemento (attivato)
- Collegamento ai Cicli passati
- Spirito del Tempo
- Dominio del Ciclo
- Segno reggente del Ciclo
- Segno ombra del Ciclo
- Aspetto dell'Elemento
- Fase dell'Elemento
- Dinamica
- Interferenza

I vari Cicli Planetari (Giove, Saturno, Urano, Nettuno, Plutone) che hanno una durata eterogenea, andranno inquadrati all'interno della dinamica temporale regolare e ritmica che prende vita dalle congiunzioni Giove-Saturno.

Le congiunzioni all'interno degli Elementi indicheranno una *rotta* per il viaggio interpretativo degli eventi previsionali in termini di probabilità e di possibilità.

Il modello Universis crea relazioni su una scala temporale estesa, permette di collegare periodi storici altrimenti non collegabili attraverso i Cicli Planetari.

Analizzeremo alcuni eventi storici unificando la teoria dei Cicli Planetari con i Cicli degli Elementi di Universis per osservare come interagiscono e verificare l'apporto di nuove informazioni in merito alle dinamiche celesti e storiche.

Si procederà su due livelli di analisi:

- i due modelli verranno unificati in un'unica *Time Line* (fig. 1);

- si cercheranno eventi distanti nel Tempo ma vicini in termini di Ciclo delle Triplicità.

Nel grafico (fig. 2), vengono riportate quattro date storiche che Barbault riporta nel suo testo de "I Cicli Planetari"[4] identificandole con i Cicli Planetari. Vengono identificati dall'autore come un *"segnale cosmico"* che segnala la fine di un'epoca e l'inizio di un Tempo nuovo che nasce dalle concentrazioni planetarie, sia strette che larghe in termini di gradi. Prende il nome di *doriforie*, termine tradizionale, l'ammasso di congiunzioni. In questa immagine sovrapponiamo le date riportate da Barbault con i Cicli degli Elementi:

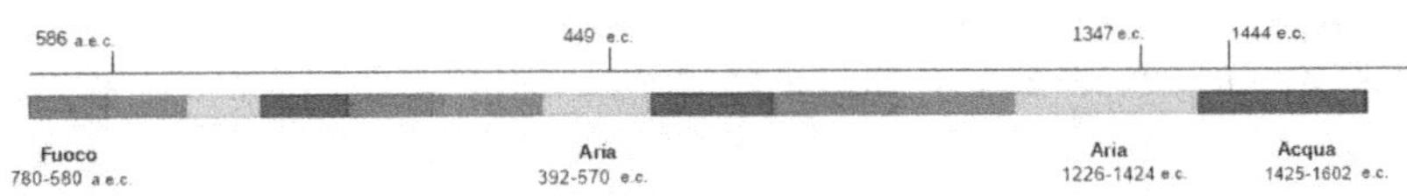

[fig. 2]

1° Evento: 574 a.e.c.

Barbault:

identifica nella tripla congiunzione Urano-Nettuno-Plutone in Toro un *micro-Grande-Anno* preceduto dalla congiunzione di Giove nel 586 a.e.c. in cui si verificò la caduta di Gerusalemme da parte dell'Impero Babilonese. La tripla congiunzione in Toro portò l'arrivo di grandi personaggi storici: Pitagora, Budda, Confucio, Zarathustra, fondatori della spiritualità orientale. Questo è l'anno che l'autore considera come punto di partenza per le analisi storiche visto che la tripla congiunzione si ripeterà solo nel 3369 e.c.

Universis:

la congiunzione di Giove alla triplice congiunzione planetaria verso il 586 a.e.c. porta a conclusione il Ciclo di Fuoco 780-580 a.e.c. (pianeta reggente Giove, segno reggente Sagittario) nell'ultimo ventennio della congiunzione Giove-Saturno avvenuta nel 601 a.e.c.

Troviamo Isaia, nato intorno al 765 a.e.c. che profetizzò la caduta di Israele così come avvenne successivamente. Israele era divisa in due: a cadere fu il Regno di Giuda situato a Sud mentre a Nord il Regno di Samaria, cadde in precedenza nel 720 a.e.c. per mano dell'Impero Assiro.

Il Ciclo di Fuoco si estese dal 780 a.e.c. al 580 a.e.c., i semi della caduta definitiva dell'era giudaica, che avvenne all'inizio del Ciclo di Terra, furono posti nell'Elemento Fuoco, la caduta era già iniziata.

Il nuovo Ciclo coincise con la triplice congiunzione Urano-Nettuno-Plutone. Ci troviamo nella 1^ fase del Ciclo di Terra che è la fase involucro che nutre e gestisce il seme, è l'inizio di una fase ancora embrionale che fa nascere i profeti della nuova spiritualità orientale.

Il micro-Grande-Anno di Barbault, prende vita nel Ciclo di Terra 581 a.e.c.-401 a.e.c. La Terra convoglia le energie del Fuoco per renderle utili e utilizzabili. La forza si assesta e si concretizza.

Abbiamo una fase in cui si assiste alla contrapposizione tra materia e spirito in quanto questo Elemento ha come intento primario la 'costruzione', ossia mettere le basi per qualcosa che dovrà crescere, sia che esso sia un fine di un bene materiale o/e benessere spirituale.

Il Ciclo di Terra, che durerà 200(i) anni, avrà come pianeta reggente Saturno (per Elemento e per Segno) e come segno reggente la Vergine.

Nel modello Universis, la tripla congiunzione planetaria, viene vista come *"marcatore"* di passaggio tra il Ciclo Fuoco e il Ciclo Terra, rafforzando questo Elemento in quanto la tripla congiunzione si verificò in Toro (=Terra).

(a lato la fig.1)

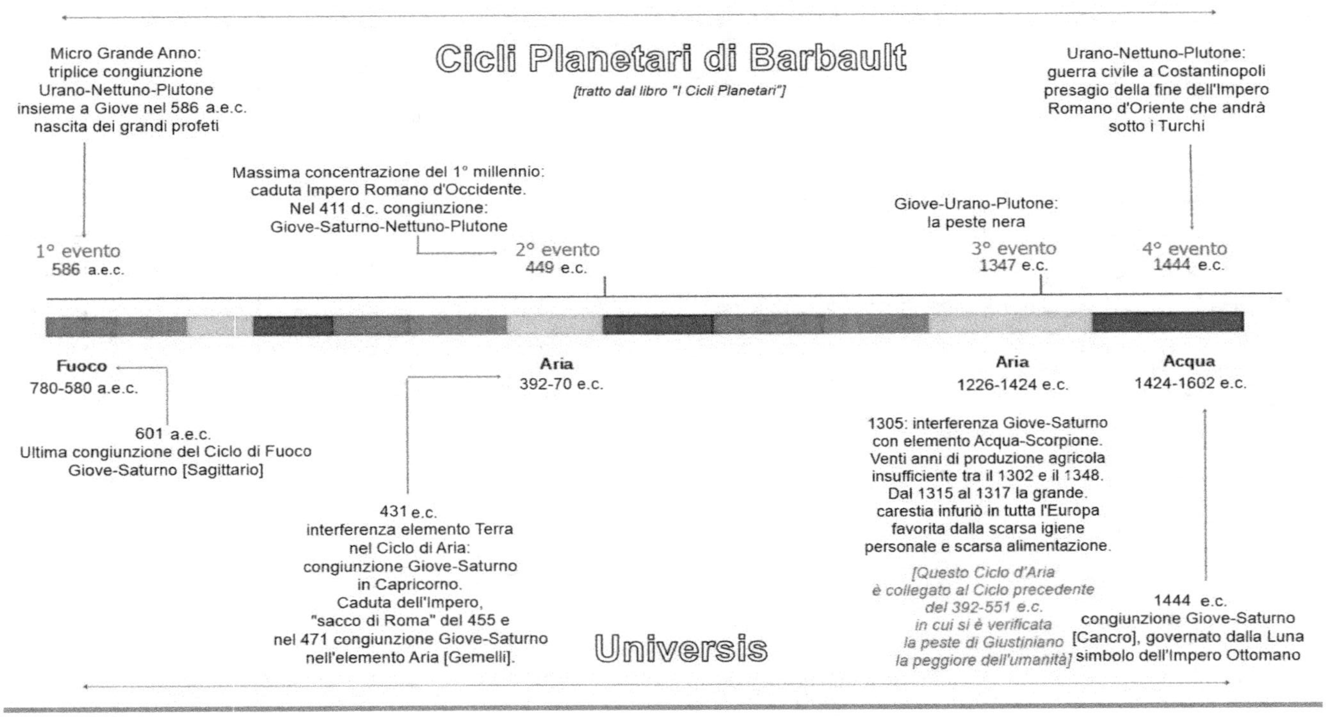
Cicli Planetari di Barbault
[tratto dal libro "I Cicli Planetari"]
Micro Grande Anno: triplice congiunzione Urano-Nettuno-Plutone insieme a Giove nel 586 a.e.c. nascita dei grandi profeti
Massima concentrazione del 1° millennio: caduta Impero Romano d'Occidente. Nel 411 d.c. congiunzione: Giove-Saturno-Nettuno-Plutone
Giove-Urano-Plutone: la peste nera
Urano-Nettuno-Plutone: guerra civile a Costantinopoli presagio della fine dell'Impero Romano d'Oriente che andrà sotto i Turchi
1° evento 586 a.e.c.
2° evento 449 e.c.
3° evento 1347 e.c.
4° evento 1444 e.c.
Fuoco 780-580 a.e.c.
Aria 392-70 e.c.
Aria 1226-1424 e.c.
Acqua 1424-1602 e.c.
601 a.e.c. Ultima congiunzione del Ciclo di Fuoco Giove-Saturno [Sagittario]
431 e.c. interferenza elemento Terra nel Ciclo di Aria: congiunzione Giove-Saturno in Capricorno. Caduta dell'Impero, "sacco di Roma" del 455 e nel 471 congiunzione Giove-Saturno nell'elemento Aria [Gemelli].
1305: interferenza Giove-Saturno con elemento Acqua-Scorpione. Venti anni di produzione agricola insufficiente tra il 1302 e il 1348. Dal 1315 al 1317 la grande. carestia infuriò in tutta l'Europa favorita dalla scarsa igiene personale e scarsa alimentazione.
[Questo Ciclo d'Aria è collegato al Ciclo precedente del 392-551 e.c. in cui si è verificata la peste di Giustiniano la peggiore dell'umanità]
1444 e.c. congiunzione Giove-Saturno [Cancro], governato dalla Luna simbolo dell'Impero Ottomano
Universis

La triplice congiunzione viene considerata come manifestazione e portatrice del nuovo Spirito del Tempo, viene considerata come attore principale dell'idea astrale, messaggera del Tempo che cambia.

Troviamo come personaggio storico Anassimandro, filosofo e primo cartografo, che fu padre del modello meccanicistico del mondo. *"[…] L'uso delle spiegazioni naturalistiche anziché mitico-religiose cambiarono la cosmologia. Egli comprese che la Terra galleggia libera nello spazio senza cadere e senza bisogno di essere sostenuta da qualcosa è stato indicato da molti come la prima grande rivoluzione cosmologica, e una delle sorgenti del pensiero scientifico. Il filosofo della scienza Karl Popper ha chiamato questa idea "una delle più coraggiose, più rivoluzionarie, più portentose idee nella storia del pensiero umano". Il modello di Anassimandro permette ai corpi celesti di passare sotto la Terra, e apre la via alla grande astronomia greca dei secoli successivi […]"*. [Wikipedia]

Il periodo del Ciclo di Terra è definito come *"un secolo straordinario della storia dell'umanità: vissero a cavallo di questo periodo molti tra i maggiori pensatori della storia, si sviluppa la prima Repubblica, la Repubblica di Roma che svilupperà le leggi delle dodici tavole, nascono il buddhismo, il giainismo e il confucianesimo. In Cina viene probabilmente scritto il più antico trattato di matematica conosciuto e il Tao Te Ching di Lao Tzu. In India, il matematico indiano Aryabhata scrive del bija-ganitam (tr. la seconda matematica): alcuni studiosi, intendendo il termine bija nel senso di seme, ipotizzano che l'algebra fu il primo e più antico sistema di calcolo indiano. In Palestina gli Ebrei ricostruiscono il Tempio di Salomone distrutto dai Babilonesi. Sotto la guida di Pericle, Atene raggiunge la sua età d'oro; viene costruita l'Acropoli con il suo Partenone."* [Wikipedia].

In Universis, la triplice congiunzione in Toro non viene vista come un micro-Grande-Anno, ma è considerata come rafforzativo del Ciclo di Terra dando vigore e un'accelerazione al significato dell'Elemento attivo. La caduta del Regno di Giuda, che decretò la fine del periodo giudaico, ebbe luogo nel Ciclo di Terra ma la sua decadenza iniziò con la caduta a Nord del Regno di Samaria nel Ciclo di Fuoco che diede inizio alla fase discendente del regno di Israele, predetta dal profeta Isaia durante la fase Fuoco antecedente a quello di Terra. Quello che accadde a Sud, con Gerusalemme, fu la conseguenza della caduta a Nord.

2° evento: 449 e.c.

Barbault:

in questo periodo si manifesta una delle massime concentrazioni del primo millennio che l'autore elenca:

411 e.c.: quadruplice congiunzione Giove-Saturno-Nettuno-Plutone

415 e.c.: congiunzione Nettuno-Plutone

441 e.c.: congiunzione Urano-Plutone

453 e.c.: congiunzione Urano-Nettuno

Episodi storici: caduta dell'Impero Romano d'Occidente, Attila attacca l'Impero, inizio del Medioevo.

L'autore indica, anche in questa occasione, un nuovo micro-Grande-Anno.

Universis:

i precedenti Cicli Planetari si inserisco nel Ciclo d'Aria (392 e.c. - 570 e.c.), pianeta reggente Giove (per Elemento ma Saturno per Segno), segno reggente Bilancia.

Nel 395 e.c., tre anni dopo dell'inizio del Ciclo, con la morte di Teodosio, abbiamo la scissione dell'Impero Romano: quello d'Occidente e quello d'Oriente.

La 1^ fase del Ciclo è caratterizzata da situazioni che richiedono scelte, decisioni, selezioni. E' l'incontro con il Tu/Altri ma proprio perché siamo all'inizio di questa fase evolutiva, l'incontro provocato dall'Aria che pervade e mescola può risultare uno "scontro" culturale, un rafforzamento delle opposizioni e dicotomie io/noi. La 1^ fase è alimentata dall'energia Cardinale: è una forza che inizia, che mette in movimento.

Nel 431 e.c. abbiamo l'Interferenza dell'Elemento Terra con la congiunzione Giove-Saturno in Capricorno che influenzerà il ventennio successivo. L'impero Romano d'Occidente perde la sua seconda grande città dopo Roma: Cartagine e buona parte del nord Africa. Nello stesso periodo, Attila, divenne la minaccia Europea. E' un ventennio in cui l'Impero riesce ad arginare la sua caduta.

Nel 452 riprende il Ciclo d'Aria dopo l'Interferenza dell'Elemento Terra e si verifica 3 anni dopo, l'episodio del "sacco di Roma". I Vandali, partiti da Cartagine, depredarono la capitale dell'Impero.

Siamo nella 2^ fase del Ciclo d'Aria. Si assiste a un intensificarsi di rivoluzioni e cambiamenti, si prende atto di un processo che è in corso. Fase dell'energia Fissa: figure storiche/eventi con qualità di costruttori/distruttori.

Caduta dell'Impero nel 476 e.c. che avvenne tre anni dopo la congiunzione Giove-Saturno in Gemelli del 471 e.c.

3° evento: 1347 e.c.

Barbault:

identifica una nuova concentrazione planetaria, periodo un cui si presentò la "peste nera". Troviamo la tripla congiunzione in Ariete di Giove-Urano-Plutone.

Universis:

ci troviamo nel Ciclo d'Aria 1226 e.c.-1424 e.c., Elemento che produce grandi cambiamenti culturali, il concetto del sociale è focalizzato al riconoscimento dell'altro da sé e per superare tale 'separazione' occorrono mezzi capaci di colmare tale 'distanza'. Gli eventi di questo Ciclo ruoteranno intorno a queste tematiche. In questo contesto, la peste nera, produce un cambiamento epocale successivo: nella medicina, nella cultura, nella demografia, nella politica. La società tenderà a cambiare completamente. E' in questa fase che assisteremo alla nascita dell'Umanesimo e del primo Rinascimento.

Il fenomeno della peste si presenta nella 2^ fase del Ciclo: si assiste a un intensificarsi di rivoluzioni e cambiamenti, sia sociali che politici. Prendendo in considerazione l'evento della peste nera, possiamo osservare come essa sia preceduta da altri eventi anticipatori.

Nel 1305-1306 e.c. si verifica l'Interferenza dell'Elemento Acqua con la congiunzione Giove-Saturno in Scorpione. E' un ventennio in cui cala la produzione agricola producendo le prime carestie dal 1315, abbassamento delle temperature che danno inizio a una mini era glaciale, così come riportano le fonti storiche. La scarsa alimentazione, unita alla scarsa igiene e la continua caduta della produzione agricola crea in Europa i presupposti di una pandemia.

Le fonti storiche datano l'arrivo della "Morte nera" nel 1347 e.c., due anni dopo la congiunzione Giove-Saturno in Acquario, attraverso le vie commerciali e di scambio dall'oriente.

I Cicli d'Aria sembrano essere associati con questa specifica pandemia. La ritroviamo nel 541 e.c. e fu chiamata "peste di Giustiniano". Si ripresentò nel successivo Ciclo d'Aria, ossia, di quello che stiamo parlando adesso.

In merito a questo argomento, verrà pubblicata una ricerca dettagliata per evidenziare le relazioni tra Cicli in merito ad alcuni eventi storici significativi. Verranno messi a confronto diverse variabili temporali con l'ausilio di altre discipline in modo da articolare il fenomeno della pandemia anche in termini previsionali nel Ciclo successivo 2020-2218 utilizzando il modello Universis.

4° evento: 1444 e.c.

Barbault:

dal 1444 al 1446 si verifica la seconda grande congiunzione del millennio con Urano-Nettuno-Plutone che si era già verificata nel 574 a.e.c. (leggi 1° evento). La nuova triplice congiunzione porta la guerra civile a Costantinopoli, presagio della fine dell'Impero Romano d'Oriente che andrà ai Turchi. L'autore evidenziò un picco a partire dal 1492 che corrisponde alla scoperta dell'America da parte di Colombo.

Universis:

ci troviamo all'interno del Ciclo d'Acqua 1425-1602 e.c., segno reggente è lo Scorpione, pianeta Reggente del Ciclo è Saturno per Elemento. Neutro per Segno.

Ci troviamo nella 1^ fase del Ciclo che comporta un'agitazione che mette alla prova la stabilità della mente che viene disorientata dalle sensazioni provenienti dall'inconscio collettivo. E' una fase legata all'oscurità che porta alla rigenerazione attraverso una metamorfosi. Siamo nella fase ombra. La fase storica risente di queste tendenze dell'Elemento Acqua che tenderà ad inserirsi nelle nuove dinamiche umane influenzando le vicende storiche. L'Acqua e il Fuoco sono elementi di rigenerazione e di purificazione storica.

Assistiamo alla caduta definitiva dell'Impero sotto l'Elemento Acqua, lo stesso Elemento in cui era nato nel 27 a.e.c.: un Impero nato e che finisce con il Ciclo d'Acqua. Si chiude il Ciclo dell'Età Imperiale.

Ricordiamo che il fondatore, Romolo, fu salvato dalle *acque* del fiume. La fondazione di Roma viene fatta risalire all'anno 753 a.e.c. in pieno Ciclo di Fuoco: i nuovi inizi.

Ritornando al 1444 con la caduta dell'Impero d'Oriente, possiamo notare il verificarsi della congiunzione Giove-Saturno in Cancro. Curioso vedere come il segno del Cancro sia governato dalla Luna, Luna che è simbolo dell'Impero Ottomano che conquistò Costantinopoli.

Il picco individuato dall'astrologo francese nel 1492, la scoperta dell'America, rientra sempre nel Ciclo d'Acqua, periodo e fase in cui si svilupparono le grandi attraversate oceaniche alla scoperta di nuove terre. L'Elemento Acqua, in questo caso, ha una manifestazione concreta collegandosi alle distese dei mari.

L'Elemento Acqua diventa il reggente della fase storica portando il nuovo Spirito del Tempo cadenzato e manifestato dai Cicli Planetari, lancette del grande orologio del Tempo.

Fin qui un'estrema sintesi di come possono operare insieme i Cicli Planetari con i Cicli degli Elementi del modello Universis attraverso gli eventi della Storia, organizzandoli, relazionandoli, collegandoli con altri periodi storici lontani nel Tempo ma accomunati da alcune caratteristiche che tendono a ripetersi o a cui essi si ricollegano così come è stato visto per l'Impero Romano. Tuttavia l'analisi è estremamente semplificata ma serve giusto per dare alcune utili indicazioni.

Universis permette di evidenziare nuove *informazioni*, crea una trama e una narrazione su vasta scala temporale, infonde uno Spirito del Tempo che si anima attraverso i Cicli Planetari che gli danno manifestazione, esprimendo la Qualità del Tempo, offrendo non solo una rilettura degli eventi ma anche tracciando probabili linee di evoluzione future. Il quadro di riferimento generale che riesce ad offrire, permette di delineare anche al meglio l'espressività simbolica di un Ciclo Planetario.

Questi argomenti vengono trattati dettagliatamente nel libro "Universis 2020-2218: Evento Rinascimento 2.0" in cui è stato fatto uso di questo protocollo d'indagine astrostorica. Si potrà osservare in dettaglio ciò che è stato visto in questo capitolo che ha richiesto una forte sintesi della modalità operativa di Universis nell'analisi del nuovo Ciclo d'Aria, l'Età

Mentale. Uno studio e una ricerca interdisciplinare nell'analisi delle diverse variabili temporali.

Gli eventi futuri, pur nella loro originalità e imprevedibilità, non emergono dal nulla ma poggiano su delle radici che sono nate e si rafforzano nel Tempo. Piccoli eventi passati, che possono essere visti come idee-seme, anche se non più rilevanti, possono avere conseguenze significative in Tempi successivi quando giungono a maturazione dopo decenni o secoli. Il Ciclo degli Elementi, permette di collegare dei frammenti unificandoli in un puzzle, sostituendo la discontinuità con la continuità temporale attraverso un modello sferico.

Tutte le traiettorie che evolvono nel Tempo si alimentano di possibilità mentre altre si perdono, traiettorie di personaggi storici, di popoli, di tendenze culturali, politiche, economiche, biologiche. Lo richiede la necessità di adattarsi ai cambiamenti che emergono quando il percorso di un popolo o di un individuo si apre tra direzioni divergenti in cui si devono operare delle "scelte". C'è la via d'uscita da una strada segnata, si manifesta un'opportunità di cambiamento e c'è l'inizio di un sentiero nuovo che guarda al futuro. Le Stelle indicano la via ma spetta all'uomo la scelta finale, scelta che si tramuterà in Storia.

[1][3] Per una riabilitazione dell'Astrologia, A. Barbault, online http://www.enzobarilla.eu/barbault/per%20una%20riabilitazione%20della%20astrologia.pdf
[2] Enciclopedia Treccani
[4] I Cicli Planetari, A. Barbault, Capone, 2016
NOTA: Le fonti storiche, utilizzate per questo capitolo, derivano da Wikipedia reperibili e consultabili online.

2.5 Congiunzione Marte-Saturno.

Nella Teoria delle congiunzioni Giove-Saturno dell'opera di Albumasar è considerata di grande importanza anche la congiunzione Marte-Saturno che viene descritta da Stefano Buscherini in "La teoria della congiunzione Giove-Saturno tra Tardo Antico e Alto Medioevo".[1]

Secondo la dottrina degli Antichi, per quanto riguarda gli avvenimenti generali, Saturno indica le grandi vicissitudini e i mutamenti radicali delle leggi e delle religioni. Giove significa l'incremento e il completamento delle cose indicate da Saturno, le leggi e le disposizioni che regolano le nuove religioni o i nuovi ordinamenti politici. Da ultimo viene Marte che indica la dissoluzione e la distruzione dello stato precedente, la distruzione di ciò che garantisce l'ordine e l'introduzione di qualcosa di nuovo.

Albumasar dedica interi studi sull'argomento indicando Marte come attivatore di eventi che riguardano sovrani e dinastie. L'effetto maggiore lo si riscontra quando Marte si congiunge a Saturno nel segno del Cancro. Da alcune verifiche fatte, tendono a presentarsi con una certa frequenza nel Ciclo Terra con 5 congiunzioni suddivise tra Capricorno e Cancro e meno rispetto gli altri Elementi/Segni.

Albumasar descrive la storia astrologica della sua epoca ricostruendola attraverso la congiunzione dei due pianeti all'interno delle Triplicità. L'intento era quello di creare un flusso continuo tra le congiunzioni Giove-Saturno, ogni 20 anni, e le congiunzioni Marte-Saturno, ogni 30 anni.

Così, l'astrologo arabo, *"[...] scandisce ed analizza tutta la storia araba dal 570 fino al 954: in questo intervallo di 384 anni vengono distribuiti 21 eventi storici che possono essere raccolti in una tabella che ad ogni data affianca il fenomeno o lo strumento astrologico del fatto cui è collegata (congiunzione di Giove e Saturno, di Saturno e Marte) [...]"*.[2]

Fin qui i cenni storici.

Per quanto riguarda l'uso delle congiunzioni Saturno-Marte in Universis è al momento tenuto in secondo piano. Verrà analizzato quando si saranno conclusi gli studi e le ricerche sull'argomento, verificando successivamente la possibilità della loro integrazione nel modello.

La priorità, in questo momento, è definire concettualmente Universis, vedere come opera nell'ambiente storico prima separatamente e, successivamente, in collaborazione con i Cicli Planetari verificando la sinergia dei due modelli nell'interpretazione e previsione storica unificata anche con la dinamica delle congiunzioni Marte-Saturno che riveste un ruolo fondamentale.

[1][2] Stefano Buscherini in "La teoria della congiunzione Giove-Saturno tra Tardo Antico e Alto Medioevo". Tesi di dottorato presso l'Università degli Studi di Bologna, online.

2.6 Il Ciclo delle Triplicità.

In questo capitolo verrà fatta una breve sintesi introduttiva e, al momento, parziale di come vengono analizzati i vari Cicli della Triplicità. L'elenco è da ritenersi parziale, il loro compito è di fornire un'indicazione di massima. Seguirà una pubblicazione per completare e articolare i vari periodi storici.
Nei prossimi capitoli, verranno considerati in sintesi:
- il Ciclo di Fuoco del 1603-1841
- il Ciclo di Terra del 1842-2020
- il Ciclo d'Aria del 2020-2218
- il Ciclo d'Acqua del 2219-2456
Al momento non vengono correlati con le Triplicità passate in modo da semplificare, al momento, l'intera esposizione.
Inoltre, non verranno inseriti le configurazioni planetarie per tre motivi:
- rendere chiara l'esposizione basata sugli Elementi;
- offrire un quadro generale e ampio in cui si muovono i Cicli Planetari per poter indirizzare al meglio la loro interpretazione;
- evitare, in questa fase, l'eccesso di informazioni unificando il macro con il micro.
Seguirà in futuro la combinazione tra Cicli delle Triplicità e Cicli Planetari, rappresenterà il passaggio successivo di Universis nell'unificazione dei due approcci di analisi astrosociostorica.
Inoltre, non verranno applicate le tecniche di:
- tema d'ingresso del Sole in Ariete;
- carta del cielo della congiunzione Giove-Saturno;
- eclissi solari;
- la congiunzione Marte-Saturno;
- Stelle fisse attivate dalla Triplicità.
Il Cicli Planetari avranno come scenario di riferimento il Ciclo degli Elementi in cui si troveranno ad agire.
Nei capitoli successivi si avrà un'indicazione di massima su come identificare lo *"Spirito del Tempo"* nel corso dei secoli che influenzerà anche l'analisi e le interpretazioni delle configurazioni planetarie.
Quest'ultimi saranno gli artefici e gli attori primari della manifestazione del contenuto portato dai singoli Elementi nelle vicende storiche oltre

che a scandire i vari passaggi, rafforzandoli (se si verificano nello stesso Elemento del Ciclo della Triplicità), indebolendoli (se si verifica in un Elemento che contrasta il Ciclo in corso) producendo, quindi, o un acceleramento o un rallentamento/blocco della Triplicità in corso.

Nei capitoli successivi, vedremo gli eventi storici in modalità 'tabella' che aiuta solo parzialmente a comprendere le relazioni temporali in quanto andrebbero unificate per poter rintracciare il "filo conduttore" che viene rappresentato non solo dal Ciclo ma anche dal suo "Spirito del Tempo" che traccia la direzione dell'evoluzione storica.

Non si deve dimenticare che il modello Universis ha la sua rappresentazione nella terza dimensione, nella Sfera.

Ogni Ciclo verrà suddiviso in 3 Fasi con un arco di Tempo di 60(i) anni, ossia in base periodo di Tempo che Giove-Saturno impiegano per incontrarsi nei tre Segni dello stesso Elemento.

Tuttavia, quando verrà creata una rappresentazione di animazione grafica interattiva di Universis, quelle che sembrano un semplice elenco di dati, diventeranno degli indici interni che, se selezionati, compariranno come *informazioni* in modo da facilitare la navigazione tra diverse epoche storiche.

Annotazione finale, le congiunzioni triple di Giove-Saturno, i grandi Cronocratori, sono abbastanza rare che possono essere considerate come indicatori di importanti cambiamenti culturali, proprio come i *Trigonalis*, ossia come la prima congiunzione che da inizio al nuovo Ciclo della Triplicità.

Possiamo definirla, quasi di pari intensità. Occorrerà, pertanto, studiarle con particolare attenzione quando si inseriranno all'interno di un Ciclo.

Per misurare gli intervalli di Tempo occorre confrontarli solo con altri intervalli di Tempo e, il Ciclo delle Triplicità, permette di operare in questa direzione.

2.7 Lo Spirito del Tempo.

Che cos'è lo *Spirito del Tempo*?

Lo *Spirito del Tempo* è il senso della realtà socio-culturale in cui l'individuo si può riconoscere in un particolare momento storico di cui fa parte insieme alla collettività.

Esso prende vita ed è animato da una visione del mondo ancora più Antica: quella dell'*Anima Mundi*. Vediamo di comprendere meglio questa relazione nel corso del Tempo.

L'idea dell'Anima Mundi sembra essere nata fin dagli albori dell'umanità e, pur essendo di origine orientale, fu un tratto caratteristico del paganesimo o delle religioni animiste, secondo cui la realtà contiene una presenza spirituale, collegata all'Anima del Tutto.

Quando parliamo dello Spirito del Tempo, in prospettiva Universis, stiamo parlando di una manifestazione dell'Anima Mundi ma viene identificata nelle caratteristiche dei Quattro Elementi. L'Anima Mundi, da questa prospettiva attraverso il susseguirsi dei Cicli Temporali, si colora di una qualità, di una tonalità con caratteristiche proprie che hanno un'unica origine universale e spirituale che può essere paragonata alla concezione antica dell'Anima Mundi ma che potremmo anche chiamare, in ottica moderna, *Anima Universalis*.

Lo Spirito del Tempo, lo possiamo caratterizzare sinteticamente in:
- il Ciclo Fuoco come l'"Età Esplorativa";
- il Ciclo Terra come l'"Età Materiale";
- il Ciclo Aria come l'"Età Mentale";
- il Ciclo Acqua come l'"Età Spirituale".

Se indaghiamo la *Connessione del Flusso Temporale* che unisce in un'unica sequenza gli ultimi tre Cicli della Triplicità d'Aria, potremo osservare come l'idea dell'Anima Mundi tenda a ripresentarsi con una certa costanza nel Tempo in un unico Elemento.

Vediamoli.

Ciclo d'Aria del 402-223 a.e.c.

Platone (428-347 a.e.c.), dalla creazione dell'Accademia al 367 a.e.c. scrisse i Dialoghi in cui si sforzava di determinare le condizioni che permettevano la fondazione della scienza. Ricordiamo il Simposio, la Repubblica e Timeo nel 360 a.e.c. dove trattava la cosmologia e i Quattro

Elementi. E' in quest'ultima opera che prese vita l'idea dell'*Anima Mundi*. La vita non opera assemblando singole parti fino ad arrivare agli organismi più evoluti e intelligenti, ma al contrario parte da un principio unitario e intelligente da cui prendono forma le piante, gli animali e gli esseri umani, affermò Platone. È da questo principio universale che è possibile comprendere i singoli Elementi della natura, non viceversa.

(fig. 1 fonte: Studies in the history and method of science - 1917)

Platone, nel *Timeo,* fu tra i primi a parlare di un'Anima del Mondo, ereditando questo concetto da tradizioni orientali, orfiche e pitagoriche.
Platone nel Timeo descriveva il Logos (fig. 1) attribuendogli una forma a **X** con cui risultava disposto ogni Elemento dell'Anima del Mondo. Prima del cristianesimo, la *croce* era un simbolo utilizzato nel paganesimo, come emblema del macrocosmo riflesso nel microcosmo.
Giustino (100-167 e.c.), filosofo cristiano e padre della chiesa, era convinto che Platone si fosse ispirato alla Genesi e che non avesse compreso che l'immagine della croce rappresentava l'ordine di Dio. I cristiani della Chiesa primitiva assegnarono alla croce una funzione accentratrice e riassuntiva del cosmo divino ma le sue origini erano molto più antiche collegate all'Anima Mundi. Le idee di Platone vennero

successivamente arricchite da Plotino erede del grande filosofo nei secoli successivi.

Ciclo d'Aria del 392-570 e.c.

Agostino d'Ippona (354-430 e.c.) è stato definito *"il massimo pensatore cristiano del primo millennio e uno dei più grandi geni dell'umanità in assoluto"*. Le 'Confessioni' sono la sua opera più celebre. Agostino, gradualmente, conobbe la dottrina cristiana e, nella sua mente, iniziarono a fondersi la filosofia platonica e i dogmi rivelati.

La centralità dell'*Anima Mundi* permeò in particolare l'agostinismo, soprattutto in seguito al commentario del Timeo di Platone e dal neoplatonismo di Plotino. Il concetto venne assorbito facilmente dal Cristianesimo, il quale analogamente, partendo anche lui da una visione spirituale della realtà, vedeva l'origine della vita in un principio unitario e intelligente, rappresentato da Dio. Agostino continuò quello che 800(i) anni prima aveva iniziato Giustino.

Ciclo d'Aria del 1226-1424 e.c.

Tommaso d'Aquino (1225-1274) rappresenta uno dei principali pilastri teologici e filosofici della Chiesa cattolica: egli è anche il punto di raccordo fra la cristianità e la filosofia classica di Socrate, di Platone, di Aristotele e di Plotino. Nelle opere di Tommaso, l'Universo aveva una struttura rigorosamente gerarchica: al vertice c'era Dio che veniva posto al di là della fisicità e, al di sotto di Dio, si trovavano gli angeli ai quali Tommaso attribuiva la definizione di intelligenze motrici dei cieli anch'esse ordinate gerarchicamente tra di loro. Poi, un gradino più in basso, si trovava l'uomo, posto al confine tra il mondo spirituale e il mondo fisico.

Nel Rinascimento, in cui prese vita una nuova stagione del neoplatonismo, la nozione di *Anima Mundi* godette di particolare fortuna, legandosi agli elementi magici, alchemici ed ermetici propri della filosofia rinascimentale.

L'intero Universo era allora concepito come un organismo vivente, popolato da presenze, da forze vitali. La visione neoplatonica, unita a quella cristiana, consentiva di vedere organicamente la totalità di materia e spirito in virtù dell'amore che Dio irradiava nel Cosmo dandogli vita. L'amore di Dio era posto così a fondamento non solo della vita ma anche dell'ordine geometrico del mondo. La concordanza tra spirito e materia, tra eventi celesti ed eventi terreni, in quanto espressioni di un medesimo principio vitale, portò a una maggiore fiducia nell'astrologia e nella possibilità di predire il futuro. Lo studio delle stelle era concepito e posto al servizio dell'uomo che guardava al futuro con fiducia esercitando il proprio libero arbitrio.

Ciclo d'Aria del 2020-2218 e.c.

Ritroviamo l'Anima Mundi nella concezione de *"Il Nuovo Spirito del Tempo"* nella presentazione di *""Universis. Il codice del Tempo"* in cui i Cicli degli Elementi danno origine a fasi storiche diversificate con una propria Anima che fa parte di un'Anima più grande, quella *Universalis*.

Gli Elementi, che hanno una propria identità con determinate caratteristiche e qualità temporali, esprimono una parte di questa grande Anima in chiave strettamente astrologica.

Nella Triplicità d'Aria assistiamo, come si è visto, a un'evoluzione *verticale* dell'Anima Mundi che influenzò l'intero panorama culturale, sociale e religioso dei Cicli precedenti.

Tuttavia, l'idea platonica, si ripresentò nella Triplicità di Fuoco del 1603-1842 con i filosofi tedeschi Schelling (1775-1854) ed Hegel (1770-1831) ma il suo sviluppo ebbe un carattere *orizzontale*. E' una fase storica della diffusione della cultura illuministica, detto secolo dei lumi della ragione. Un'epoca in cui si verificò la prima rivoluzione industriale, la rivoluzione francese e la rivoluzione americana che cambiarono gli assetti socio-geopolitici.

La rivoluzione industriale comportò un generale stravolgimento delle strutture sociali dell'epoca, attraverso una impressionante accelerazione di mutamenti che portò nel giro di pochi decenni alla trasformazione radicale delle abitudini di vita, dei rapporti fra le classi sociali. La ripresa delle idee platoniche, neo-platoniche e le diserzioni tra trascendenza e immanenza di Schelling ed Hegel furono un tentativo di risposta al cambiamento culturale che era già in atto e tentarono di comprendere la dinamica storica del loro Tempo sottoponendola al concetto dell'Anima Mundi.

La differenza con la Triplicità d'Aria è che in quest'ultima, l'idea dell'Anima Mundi s'impose sui cambiamenti della società, non fu una risposta per comprendere i cambiamenti come nella Triplicità di Fuoco. Da qui, la differenza dello sviluppo *verticale* e *orizzontale* di un'idea che ha attraversato i secoli e che si è mantenuta costante solo nell'Elemento Aria.

2.8 Ciclo Elemento Fuoco 1603-1841.

Ciclo dell'Elemento: Fuoco.

Agente di trasformazione e, allo stesso tempo, agente di distruzione e di rinnovamento storico. Segna l'inizio del Ciclo di 800(i) anni che si concluderà con l'Acqua. E' la 'semina' di un nuova idea, di un nuovo progetto per l'evoluzione dell'umanità.

Collegato ai Cicli di Fuoco: 780-580 a.e.c. – 14-252 e.c. – 809-1046 e.c.

Spirito del Tempo: l'Età dell'Esplorazione.

La sfida che si pone è quella di superare i limiti dell'esistenza per esplorare altri spazi sia fisici quanto mentali. E' la spinta a spostare i limiti del proprio campo di azione, allargandolo, per poter entrare in contatto con altre idee, altre tradizioni, per conoscere altre culture e altri luoghi.

Dominio del Ciclo: Giove su Saturno per Elemento e per Segno. L'espansione prevarica lo status quo e il mantenimento della linea storica che verrà rinnovata.

Segno reggente del Ciclo: Sagittario.

Spinge alla ricerca di una 'legge' che possa guidare la vita individuale/collettiva svincolata dalle dinamiche del dualismo prodotta dal Segno Ombra. Rappresenta il Sacro e il profano, il senso della trascendenza contro l'istinto che si contrappone alla ragione. C'è la spinta verso l'integrazione di forze contrapposte. La dinamica storica spinge verso l'evoluzione della coscienza collettiva.

Segno Ombra del Ciclo: Gemelli.

La dualità si manifesta nel conflitto tra il corpo e la mente, nella difficoltà a distinguere tra l'Io e il Non Io. Predominio di una polarità tra gli opposti. Un vissuto esperienziale caratterizzato da uno *"spirito senz'anima"* come lo definì Barbault. Esasperazione del dualismo: bene-male, corpo-spirito. Separazione che produce conflitto su diverse aree collettive.

Aspetto dell'Elemento: congiunzione.

Inizio, nascita, formazione, comparsa di un movimento storico o di una tendenza generale importante.

Questo concepimento/nascita eseguirà un percorso di assimilazione e di integrazione completa, caratterizzato da un periodo di conflitto che emerge inevitabilmente sia per eliminazione delle situazioni del Ciclo precedente (Acqua) sia dall'introduzione di nuovi elementi in contrasto con quelli già assimilati. Viene quindi introdotta una prima polarizzazione laddove, prima, tutto sembrava più chiaro. Ci troviamo anche davanti alla conclusione della fase precedente Acqua o al nuovo rilancio del Ciclo precedente ma su un nuovo livello.

Fase dell'Elemento: 1, 2, 3.

Dinamica: asse zodiacale della conoscenza, della comunicazione, dell'esplorazione fisica e mentale. Ambiente fisico/mentale vicino contro l'ambiente fisico/mentale lontano, ordinario/straordinario

Interferenza dell'Elemento: Acqua 1643-1662, Terra 1802-1820.

Durata del Ciclo: 238(r) anni=200(i) con Universis.

N.B.: nella descrizione che seguiranno successivamente, verranno inserite le date dei Cicli Planetari più significativi senza descriverli e mancheranno i transiti planetari nei Segni che a loro volta potranno accelerare, rallentare o bloccare l'espressione dello Spirito del Tempo. Inoltre le indicazioni delle Fasi 1,2 e 3 sono indicative e non sono calcolate sulla base dei 60 anni (20 anni per ogni segno della Triplicità).

Considerazioni preliminari.

Durante il Ciclo di Fuoco le culture diventano intraprendenti ed eccitate per la rapida espansione dei contatti tra popoli e culture. Avvengono conquiste ispirate da leader carismatici, si verificano rivoluzioni scientifiche e scoperte tecnologiche.

Nel Ciclo del Fuoco avvenne la fase dell'Età dell'Illuminismo, un periodo di attività filosofica accesa, circoli intellettuali di élite socialmente dominanti e di grande importanza politica. Questo è coerente con le qualità energetiche, che cercano la verità e che guidano o che sono elitarie del Fuoco. Ricordiamo che successivamente nel XIX secolo si usò il 'fuoco' per far funzionare le cose: tutto ebbe inizio con la macchina a vapore.

1^ Fase cardinale del Fuoco: *dal 1603(r) al 1682(i):*
passaggio come rito di nascita nell'evoluzione umana, è energia che crea figure storiche che hanno il ruolo di iniziatori, c'è una visione chiara di ciò che si vuole raggiungere e si agisce per raggiungere lo scopo.
Un Fuoco visto come rito di glorificazione, di purificazione, di passaggio ma anche e soprattutto come rito di nascita nell'evoluzione umana all'interno della ripetizione dei Cicli degli Elementi. E' la scintilla che da inizio alla Vita, energia esplosiva iniziatrice ma anche di sacrificio, di

perdita perché qualsiasi cosa, quando si realizza, presuppone il sacrificio dell'energia che l'ha realizzata che viene alterata, modificata o cancellata. Questa è la sua prima fase di sviluppo.

L'inizio della Rivoluzione scientifica, il post-rinascimento scientifico, prestava attenzione al recupero della conoscenza degli Antichi. E' generalmente considerato come termine di questo periodo l'anno 1632, con la pubblicazione del *Dialogo sopra i due massimi sistemi del mondo* di Galileo. Il completamento della Rivoluzione scientifica è attribuito alla "grande sintesi" dei *Principia* di Isaac Newton del 1687 (2^ Fase del Ciclo), il quale formulò le leggi del moto e della gravitazione universale. Completò la sintesi di una nuova cosmologia. Dalla fine del XVIII° secolo, la Rivoluzione scientifica diede luogo alla *"Age of Reflection"*. Fonte: Wikipedia

Cicli Planetari:
esprimono un rafforzamento del Ciclo di Fuoco con una fase intermedia di rallentamento e di consolidamento con l'Interferenza Terra.
1616 congiunzione Saturno-Plutone a 39° Toro (Terra).
1648 congiunzione Saturno-Plutone a 69° Gemelli (Aria).
1650 congiunzione Urano-Nettuno a 256° Sagittario (Fuoco). Nota aggiuntiva: ultima congiunzione nel 1478 in Scorpione.

Eventi storici significativi:
1596-1650 presenza di Cartesio.
1609-1610 Nel libro *"Sideos Nuncros"*, Galileo Galilei dimostrò tramite telescopio che l'Universo tolemaico non corrispondeva all'esperienza, ma si dimostrò vero quello che aveva osservato Tito e formalizzato Keplero. Con Galilei non si ha solo l'affermazione di una rivoluzione astronomica ma anche del metodo scientifico. Iniziò, quella che venne chiamata la "rivoluzione scientifica": venne inventato il microscopio, nacque così la microbiologia. Harvey scoprì la circolazione sanguigna.
1616 La Chiesa condanna il sistema copernicano.
1620 "Novum Organum" di F. Bacone trattato della logica del procedimento tecnico-scientifico.
1632-1704 John Locke, padre teorico della politica liberale che influenzò il XX° secolo.

1632 Dialogo sopra i due massimi sistemi del mondo di Galileo, inizio della rivoluzione scientifica.

***1643-1662** interferenza Elemento Acqua, congiunzione Giove-Saturno in Pesci.*

1656 scomunica di Spinoza, rivendicò la libertà di pensiero.

1666 l'interdizione dell'astrologia da parte di Colbert.

***2^ Fase fisso del Fuoco:** dal 1683(i) al 1762(i):*

Nel suo secondo stadio di sviluppo, il Fuoco è un'energia che si struttura in una forma stabile, si centralizza, prende forma ed emana tutto il suo potere verso uno scopo, legato all'espressione dei propri valori e della propria forza. Possiamo dire che l'energia del secondo stadio prende forma e si espande. Energia predisposta a continuare nella costruzione di ciò che già esiste e viene organizzato in modo efficiente. Viene data stabilità a ciò che è già costruito e la si organizza in modo più efficiente.

Siamo nella Fase della continuità, della costanza e della prosecuzione delle cose nel Tempo. Una Fase caratterizzata dalla resistenza del 'nuovo' rispetto al 'vecchio' che tende a preservare la propria visione storica.

Cicli Planetari:

esprimono una tendenza di rafforzamento del Ciclo di Fuoco che verrà consolidata dall'interferenza Terra e ostacolata dall'Elemento Acqua.

1680 congiunzione Saturno-Plutone a 103°Cancro (Acqua).

1710 congiunzione Urano-Plutone a 148° Leone (Fuoco). Nota aggiuntiva: precedente nel 1598 in Ariete.

1713 congiunzione Saturno-Plutone a 155° Vergine (Terra).

1750 congiunzione Saturno-Plutone a 243° Sagittario (Fuoco).

1682 tripla congiunzione Giove-Saturno in Leone.

1687 *Principia* di Isaac Newton, completamento della Rivoluzione scientifica, formulò le leggi del moto e della gravità universale, completò la sintesi di una nuova cosmologia.

1707 creazione del Regno di Gran Bretagna con Inghilterra, Galles e Scozia.

1751-1772 Illuminismo: ci si riferisce ad un movimento culturale, sociale e politico che per tutto il Settecento, a partire dall'Inghilterra, si diffonde in Europa trovando il centro di maggior espansione in Francia (Parigi diventa la capitale della cultura). Pubblicazione de *Encyclopédie, ou Dictionnaire raisonné des sciences, des arts et des métiers* di due fra i più grandi illuministi del secolo: Denis Diderot e Jean-Baptiste D'Alembert. L'opera sarà tradotta in tutta Europa diventando il modello di ogni altro tipo di enciclopedia successiva e in questo testo gli illuministi vollero indicare il risultato delle nuove interpretazioni date ad ogni ambito del sapere secondo l'osservazione diretta e la critica ragionata della realtà e della cultura.

Mito del "buon selvaggio" (Sagittario: metà uomo e metà animale) espressione già nata nel 1672 da John Dryden.

Gli intellettuali francesi in questo secolo partoriscono idee che influenzeranno il pensiero di tutti gli altri intellettuali europei, con ripercussioni che non si limitano solamente alle opere letterarie: l'ideologia degli illuministi riesce infatti a stimolare anche un cambiamento politico.

1759 *"Candido"* di Voltaire, esprime i fermenti dell'**Illuminismo**. Unica religione possibile è, per lui, quella che prevede di seguire la ragione e di rinnegare la cultura tradizionale, bisogna essere **ottimisti** (Giove-Sagittario) guardare al futuro con la fede nel progresso razionale.

*3^ **Fase mobile del Fuoco**: dal 1763(i) al 1841(r):*
Il terzo stadio illumina il cammino storico in quanto la sua funzione principale è quella di introdurre il cambiamento. Il panorama culturale diventa intraprendente, è in rapida espansione, assistiamo a fasi di conquiste, si trovano leader carismatici e ispirati, accadono rivoluzioni scientifiche e scoperte tecnologiche. Questa fase è a metà strada tra il progresso della modalità Cardinali, Fase 1, e il conservatorismo della modalità dei Fissi della Fase 3. E' energia che produce adattabilità, versatilità, trova alternative al problema o riesce ad aggirare un problema che si presenta nella fase storica. Questa Modalità tende a ricercare cambiamenti e rinnovamenti. E' in grado di sostituire una cosa con un'altra e allineano le loro azioni con procedimenti chiari. Questa è una Fase in cui l'energia spinge sia verso l'esterno e il futuro, sia verso l'interno e il passato. Si tratta di un periodo 'ponte' tra il Ciclo di Fuoco che finisce e l'inizio del Ciclo di Terra che inizierà successivamente. E' una fase storica che attraversa una zona di transizione in cui alcune

caratteristiche del Ciclo uscente si sovrappongono a quelle del Ciclo entrante.

Cicli Planetari (omissione di Giove):
dopo una spinta con l'accelerazione dell'Elemento Aria, assistiamo ad una fase di verifica e di consolidamento del processo storico in atto con l'Elemento Acqua e Terra (Femminili e passivi).
1786 congiunzione Saturno-Plutone a 314° Acquario (Aria).
1819 congiunzione Saturno-Plutone a 357° Pesci (Acqua)
1821 congiunzione Urano-Nettuno a 273° Capricorno (Terra). Nota aggiuntiva: precedente nel 1650 a 255° Sagittario (Fuoco).

1763-1775 La macchina a vapore di Watt (anche nota come macchina a vapore di Boulton e Watt) fu il primo esempio di macchina a vapore con condensatore separato proposta al mercato mondiale. Venne sviluppata in questi anni come miglioramento della macchina di Newcomen.
1775-1783 Guerra d'indipendenza americana.
1780-1830 prima rivoluzione industriale – vapore.
1789-1799 prima rivoluzione francese, fine delle monarchie.
1802 interferenza elemento Terra, congiunzione Giove-Saturno in Vergine, preludio al Ciclo Terra.
1824 - Nicolas Léonard Sadi Carnot (1796 – 1832) è stato un fisico, ingegnere e matematico francese. A lui si devono importantissimi contributi alla termodinamica teorica. Tra queste, la teorizzazione di quella che sarà chiamata la macchina di Carnot, il ciclo di Carnot e il teorema di Carnot, il cui enunciato afferma che qualsiasi macchina termodinamica che lavori tra due sorgenti di calore a diversa temperatura, deve necessariamente avere un rendimento che non può superare quello della macchina di Carnot.
Scrive nel 1824: <u>"Riflessioni sulla potenza motrice del fuoco"</u> , curioso nell'osservare la parola 'fuoco' all'interno del Ciclo di Fuoco.

2.9 Ciclo dell'Elemento Terra 1842-2020

Ciclo dell'Elemento: Terra.

Agente storico con cui si stabilizzano periodi di grande produttività che alimentano il commercio e lo scambio. E' un Elemento caratterizzato spesso da un aumento della popolazione unito a un interesse verso l'ambiente in cui l'uomo o è integrato alla natura o la domina e la saccheggia. Fase storica caratterizzata dalla lentezza, maturazione, tenacia, disciplina, analisi, viene alimentato l'aspetto pratico e concreto della vita. Si guarda con sospetto tutto ciò che non può essere verificato in modo certo ed empiricamente. Dominio della scienza.

Collegato ai Cicli Terra: 581-401 a.e.c., 253-391 e.c., 10471225 e.c..

Spirito del tempo: l'Età Materiale.

La spinta è indirizzata verso la ricerca della *'sicurezza materiale'* quella che Bowlby chiama la *"base sicura"*. Abbiamo una fase in cui si assiste alla contrapposizione tra materia e spirito in quanto lo Spirito del Tempo ha come intento primario la costruzione, ossia, vuole mettere le basi per qualcosa che dovrà crescere, essere duraturo nel Tempo e visibile sia che si tratti per un fine materiale quanto per un benessere spirituale. Gli aspetti materiali dominano sugli aspetti spirituali. La direzione è costruire, manifestare e consolidare lo sviluppo umano.

Dominio del Ciclo: Saturno su Giove per Elemento e per Segno.

L'espansione dinamica e veloce viene meno in quanto la spinta è verso un lento progresso che matura nel Tempo che tende a salvaguardare la linea temporale senza rivoluzionarla per proseguire un cammino già tracciato. La metafisica lascia il passo alla fisica.

Segno reggente del Ciclo: Capricorno.

Spinge verso la 'sicurezza materiale', l'affermazione individuale/collettiva/ nazionale attraverso il duro lavoro, il senso del dovere e del sacrificio. Regole e leggi. Controllo, conquista e dominio culturale/territoriale. Privazioni per conseguire obiettivi concreti fino al loro raggiungimento. Il segno spinge al distacco dell'individualità dal valore spirituale universale per consolidarla nel materiale e nell'affermazione nel mondo concreto con lo status e posizione sociale.

Segno Ombra del Ciclo: Cancro.

Forte resistenza, spinge al conservatorismo storico e alle tradizioni del passato che impediscono sviluppi progressisti del Tempo. Il Segno Ombra protegge le conoscenze/valori/ideali del passato anche se ormai superate dai Tempi e tende a sviluppare dinamiche sociali fondate sulla famiglia/patria/origini e con consolidati sistemi di credenze (politiche, sociali, culturali, religiose, ideologiche) minacciate dal progresso. L'Ombra di un Segno-Femminile che si oppone al Segno-Capricorno-Maschile reggente della Triplicità che evidenzia l'archetipo del Padre (Stato) e della Madre (Chiesa) del collettivo. L'Ombra sarà la spinta verso la 'sicurezza emotiva' che deriverà dalla 'sicurezza materiale'.

Aspetto dell'Elemento: quadratura separante.

Inizia la fase di maggiore produttività ed esteriorizzazione perché l'impulso tenderà a concretizzarsi. Avremo conflitti, ostacoli che faranno deviare dal sentiero iniziale o si tradurranno in rottura o in separazioni sociali, politiche, culturali, religiose, economiche. Nato con la congiunzione, la tendenza del Ciclo arriva a un punto critico con la quadratura-Terra. L'impulso si trova a metà strada dalla congiunzione (Fuoco) che è la tesi e dall'opposizione (Aria) che è l'antitesi: una fase che potrebbe tendere a far deviare dalla sua linea originale. Ci troviamo qui alla presenza di una crisi di crescita dovute alle necessità di concretizzazione nella realtà per poterla stabilizzare. Qui la tendenza è in via di trasformazione. Si concretizza, s'infittisce, prende forma e s'instaura, si assesta in un ambiente che le è propizio e che si integra, un ambiente che alimenta la sua propria sostanza nella migliore delle ipotesi o si incontrano ostacoli e conflitti con la tendenza al dominio (natura/nazioni) La sfida consiste nel creare una struttura/tendenza storica. Qui la tendenza è in via di trasformazione.

Fase dell'Elemento: 1-2-3.

Dinamica: l'asse zodiacale si poggia sul simbolismo verticale di padre-madre con tutti i riferimenti associati a questi due ruoli del maschile e del femminile. Dinamiche di dipendenza/indipendenza individuali/collettive/nazionali in termini culturali, economici, politici, sociali, religiosi.

Interferenza dell'Elemento: Aria, tripla congiunzione dal 1980 al 2000. Fase di accelerazione e di rinnovamento storico portato dallo Spirito del Tempo dell'Età Mentale.

Durata del Ciclo: 178(r) anni=200(i) anni per Universis.

Considerazioni preliminari:

dopo l'Età dell'Esplorazione, abbiamo l'ascesa del materialismo e di un metodo scientifico più restrittivo. Saturno è un pianeta di Terra collegato alle risorse terrene, alle materie prime, alla tangibilità, alla restrizione, alla solitudine (individualismo e distacco dalla fede) e all'amministrazione della realtà. Dominio del 'pensiero-concreto'. Un secolo mai così ricco di guerre dedite alla conquista territoriale (=Terra) e al dominio che verranno omesse dall'elenco.

1^ Fase cardinale della Terra: *dal 1842(r) al 1901(i):*

Il primo stadio è la fase involucro che nutre e gestisce il seme, è l'inizio di una fase storica ancora embrionale. La materia si condensa, si materializza in forme solide, stabili. La Terra convoglia le energie del Fuoco per renderle utili e utilizzabili. La forza si assesta e si concretizza. E' energia che crea figure storiche che hanno il ruolo di iniziatori. Con l'Elemento Terra si stabilizzano in periodi di grande produttività che alimentano il commercio e lo scambio. E' una fase, spesso caratterizzata da un aumento della popolazione unita a un interesse verso l'ambiente in cui l'uomo o è integrato alla natura o la domina e la saccheggia. La cultura del Tempo è focalizzata sul dominio. E' una fase storica che spinge a realizzare azione concrete e visibili, c'è una visione chiara e concreta di ciò che si vuole raggiungere e si agisce per raggiungere lo scopo.

Cicli Planetari (omissione di Giove):

l'inizio del Ciclo subisce l'effetto lungo del Ciclo precedente grazie a due congiunzioni planetarie nell'Elemento Fuoco che portano 'velocità' alla Qualità del Tempo. Verrà poi stabilizzata con la congiunzione nell'Elemento Terra per poi subire una nuovo accelerazione con la congiunzione planetaria nell'Elemento Aria. Non va poi dimenticata l'Interferenza dello stesso Elemento nel ventennio 1980-2000 che portò una nuova velocità temporale con un forte rinnovamento culturale.

1850 congiunzione Urano-Plutone a 29° Ariete (Fuoco). Nota aggiuntiva: precedente nel 1710 a 148° Leone (Fuoco).

1851 congiunzione Saturno-Plutone a 30° Ariete (Fuoco).

1883 congiunzione Saturno-Plutone a 59° Toro (Terra).

1891 congiunzione Nettuno-Plutone a 68° Gemelli (Aria. Nota aggiuntiva: precedente nel 1398 in Gemelli (Aria).

Eventi storici significativi (elenco parziale):
1870 seconda rivoluzione industriale.
1847 nascita del marxismo.
1848 seconda rivoluzione francese.
1861 Unità d'Italia.
1870 fine Stato Pontificio nella battaglia di Porta Pia a Roma.
1878 invenzione della lampadina di Edison.
1895 invenzione della radio di Marconi.
1871 invenzione del telefono di Meucci.
1901 vengono assegnati i primi premi Nobel.

*2^ **Fase fissa della Terra:** dal 1902(r) al 1961(i):*
Nel secondo fase la 'materia' ha modo di esprimersi, si realizza, si concretizza, diventa visibile. Il seme viene elaborato, prende forma e si concretizza negli sviluppi storici come tendenza. E' la forza che stabilizza, genera figure storiche/eventi con la qualità di costruttori/distruttori. Energia predisposta a continuare nella costruzione di ciò che già esiste e lo organizzano in modo efficiente. Danno stabilità a ciò che è già costruito o la demoliscono. Si tende a preservare uno status quo e a reagire a circostanze che lo alterano opponendo resistenza o una lenta ristrutturazione.

Cicli Planetari:
la congiunzione planetaria nell'Acqua, passiva, ricettiva al richiamo delle origini e al passato, si muove alla velocità della Terra. La nutre e l'alimenta. L'Acqua così come il Fuoco, sono Elementi di 'purificazione' storica. Con la congiunzione del 1947 si assiste ad un'accelerazione del Ciclo di Terra che viene spinta dalle dinamiche tipiche del Fuoco basate sull'azione.
1914 congiunzione Saturno-Plutone a 92° Cancro (Acqua).
1947 congiunzione Saturno-Plutone a133° Leone (Fuoco).
- periodo di guerra in diverse regioni del globo, non vengono elencate
1903 primo volo aereo fratelli Wright.
1909 Prima giornata internazionale della donna.
1910 inizio rivoluzione messicana.
1912 proclamazione Repubblica della Cina.

1913 viene formulata la teoria sulla costituzione dell'atomo da parte del fisico danese Niels Bohr.

1912-13 guerre balcaniche.

1915 teoria della relatività di Einstein.

1917 rivoluzione russa.

1914-18 prima guerra mondiale.

1923 repubblica turca.

1922 fine impero ottomano.

- Astrologia: con Alan Leo si verifica la nascita del Segno e dell'oroscopo del segno solare alterando il significato dell'insegnamento Tradizionale.

1926 prima dimostrazione pubblica della televisione.

1929 crisi economica del 1929.

1939-45 seconda guerra mondiale.

1940 triplice congiunzione Giove-Saturno in Toro.

1948 nascita della Repubblica Italiana.

1949 nascita Repubblica Popolare Cinese con Mao.

1950 guerra di Korea.

1953 rivoluzione cubana.

1956 rivoluzione ungherese.

1961 Gagarin primo uomo nello spazio.

1961 nascita Amnesty International.

3^ Fase mobile del Ciclo Terra: *dal 1962(i) al 20.12.2020(r):*

La terza fase è il lavoro di innesto di qualcosa di nuovo nella materia che produce conoscenza, consapevolezza e dubbio, dubbio che aprirà le porte all'Elemento successivo. Figure storiche/eventi versatili. Questa Modalità è a metà strada tra il progresso della modalità Cardinale e il conservatorismo della modalità dei Fissi. E' energia che produce adattabilità, versatilità, è a suo agio in tutte le situazioni, trova alternative al problema. Questa Modalità tende a ricercare cambiamenti e rinnovamenti. E' in grado di sostituire una cosa con un'altra e allineano le loro azioni con procedimenti chiari.

Cicli Planetari:

la conoscenza della materia diventa sempre più scientifica e dettagliata. I metodi vengono ulteriormente specializzati rafforzando lo Spirito del Tempo dell'Età Materiale con i progressi tecnici della congiunzione in

Vergine. Il processo storico tenderà a velocizzarsi con l'Interferenza Aria del 1980-2000 e il Ciclo Planetario nello stesso Elemento che cambierà gli equilibri geopolitici mondiali.

1965 congiunzione Urano-Plutone a 167° (Vergine). Nota aggiuntiva: precedente congiunzione nel 1851 a 167° (Vergine).

1982 congiunzione Saturno-Plutone a 207° Bilancia (Aria).

1993 congiunzione Urano-Nettuno a 289° Capricorno (Terra). Nota aggiuntiva: precedente congiunzione nel 1821 a273° Capricorno (Terra).

- periodo di guerra in diverse regioni del globo.

- nascita movimento Hippy (anni 60).

1961 costruzione del muro di Berlino.

1962-65 Concilio Vaticano II.

1962 crisi missili di Cuba.

1969 uomo sulla Luna.

1970-2000 terza rivoluzione industriale: l'informatica.

1970 diffusione cultura di massa.

1980-2000 *triplice congiunzione Giove-Saturno in Bilancia, preludio al Ciclo d'Aria.*

- ripresa corrente New Age ("l'unico dogma è che non ci sono dogmi"), medicina alternativa, salute olistica, tematiche spirituali, diffusione filosofie orientali, movimenti per il potenziale umano, risveglio della consapevolezza dell'individuo, profondo disagio per la cultura del proprio Tempo, tutte tematiche di Aria.

- espansione internet, social-media.

- nascita del sindacato/movimento di Solidarnosc in Polonia ad opera di Lech Walesa (1980)

- Attentato a Giovanni Paolo II (1981)

- viene eletta la prima donna Capitano Reggente della Repubblica di San Marino: Maria Lea Pedini (1981)

- Movimento indipendentista basco dell'ETA

- Disastro di Chernobyl (1986)

- crollo del comunismo (1989-1991)

- rivoluzione rumena (1989)

- prima versione della Dichiarazione Transumanista (1989)

- Protesta di piazza Tienanmen (1989)

- crollo del muro di Berlino e rivoluzione europa orientale (1989)

- prima guerra contro l'Iraq (1991)
- nascita della Russia e della Federazione Russa (1991)
- Trattato di Maastricht (1992)
- fondazione Unione europea (1993)
- Manifesto Postumano di Robert Pepperell (1995)
- nascita World Transhumanist Association (1998)
- nascita dell'euro (1999)
- Preoccupazioni e timori per la sovrappopolazione, la fame nel mondo, i cambiamenti climatici, il problema energetico globale e il millennium bug.

2002 crollo torri gemelle (riprende il Ciclo di Terra, ultimo ventennio).

2003 completamento del genoma umano.

2008 crisi economica globale, Lehman Brothers.

2009 Dichiarazione Transumanista, originata e derivata da quella del 1998, nata nel ventennio del Ciclo d'Aria.

2010 primavera araba.

2014 nascita dell'ISIS.

2015-18 diversi attacchi terroristici nel mondo.

2015 crisi europea dell'immigrazione.

2016 Brexit, uscita del Regno Unito dall'Unione Europea.

2.10 Ciclo dell'Elemento Aria 2020-2218.

Ciclo dell'Elemento: Aria.

Assisteremo a dei veri momenti di rivitalizzazione intellettuale, filosofica e scientifica che guideranno le trasformazioni sociali, politiche, religiose ed economiche perché l'energia mentale progetterà il futuro. L'Elemento Aria è un simbolo di idee archetipiche, di linee geometriche che agiscono attraverso la mente, di idee non ancora materializzate, distacco dall'esperienza quotidiana per avere una visione più ampia slegandosi dai vincoli creati dall'Elemento precedente, la Terra. La *sicurezza materiale* passa in secondo piano in quanto viene cercata la *sicurezza nella conoscenza* che prende vita attraverso una nuova filosofia di vita. Si assiste alla trasformazione della visione del mondo, si cerca il legame, un ponte tra il Sacro e il profano, tra il dentro e il fuori, tra la mente e l'anima. Viceversa, la linea temporale della Storia potrebbe evidenziare una maggiore separazione e divisione in termini culturali e sociali. E' il confronto-incontro con il 'diverso' in termini individuali, culturali, collettivi e con tutto ciò che è diverso rispetto alla propria realtà. L'Aria produce una visione più obiettiva e razionale perché non coinvolta dalle emozioni o dalla necessità di crearsi sicurezze materiali, la sua sicurezza nasce dalla conoscenza. Sovraccarico nel sistema nervoso, aumento di nevrosi, psicosi o sviluppo di un nuovo potenziale mentale.

Collegato ai Cicli d'Aria: 402-223 a.e.c., 392-570 e.c., 1226-1424 e.c. In quest'ultimo Ciclo è nato l'Umanesimo e il primo Rinascimento che decretò il passaggio dall'epoca del Medioevo all'epoca Moderna. I tre Cicli d'Aria sono stati ampiamente trattati nel libro *"Universis 2020-2218: Evento Rinascimento 2.0"*. Si tratta di un'ampia analisi astrosociostorica che chiarisce la dinamica delle connessioni temporali.

Spirito del Tempo: l'Età Mentale.

Dopo il pensiero-concreto dell'Elemento Terra, si passa al pensiero-astratto dell'Aria. Lo Spirito del Tempo spinge verso un nuovo futuro cercando di unire tutte le componenti separate e divisorie della società/cultura o tenderanno ad aumentare. E' il passaggio dal concetto di *'Uomo'* a quello di *'Umanità'* perché lo Spirito del Tempo spinge verso il modello dell'Uomo Universale e della Famiglia Umana. E' la spinta verso il miglioramento delle qualità umane.

Dominio del Ciclo: Giove per Elemento e Saturno per Segno. Ambivalenza di Dominio. Si susseguiranno fasi e periodi di veloci espansioni intervallati da fasi di rallentamento e di riorganizzazione del cambiamento che si è inserito nel tessuto della Storia. L'espansione soggetta alla rivalutazione critica, obiettiva su basi realistiche di possibilità realizzative.

Segno reggente del Ciclo: Acquario.

Enfasi sul progetto comune e sul bene comune. Acquisizione della consapevolezza del NOI rispetto all'IO inteso come persona e come collettività rispetto ad un'altra diversa dalla propria. Spinta verso l'unità, integrazione del 'diverso'. Spinta della crescita individuale indirizzata verso il contributo nel collettivo che, su un piano superiore, significa la collaborazione tra società diverse e tra Nazioni diverse attraverso lo scambio e la condivisione della conoscenza. La libertà viene intesa come la volontà di raggiungere un fine che reca un beneficio collettivo. L'uguaglianza viene intesa con il nuovo concetto di *'essere uguali nell'esprimere la propria diversità'* (cultuale, delle origini) e che è la diversità e non l'uguaglianza a fornire nuove risorse per lo sviluppo storico. La *'diversità'* diventa un valore aggiunto.

Segno Ombra del Ciclo: Leone.

Potere e autorità impositiva nella diffusione delle idee, di una visione del mondo, eccesso della propria identità personale/nazionale/culturale a danno dell'accettazione della diversità altrui/individuo/collettivo/stato/cultura. L'IO più importante del NOI, l'interesse personale più importante dell'interesse collettivo. Dominio di pochi su molti. Volontà individuale contro ideale collettivo. Spinte verso la separazione per poter affermare la propria egemonia su un gruppo contrapposto al proprio in termini culturali, politici, economici, religiosi. La libertà individuale è ancora soggetta alla decisione della volontà personale che non tiene conto del beneficio comune. Le tendenze egoiche, personali e nazionali, tendono a prevalere sulla cooperazione perseverando il valore della competizione del migliore. L'individuo è più importante del collettivo. Ombra dell'autoritarismo (Leone) rispetto all'aspetto democratico (Acquario).

Aspetto dell'Elemento: opposizione.

Corrisponde al picco del Ciclo, indica il conseguimento di ciò che si è incominciato con la congiunzione dell'Elemento Fuoco e stabilizzato nell'Elemento Terra con le dovute modifiche per poterlo attuare o può diventare il preludio di una nuova conflittualità, ostacolo per la continuità storica con la necessità di creare un nuovo inizio. Si potrebbe non assistere all'apice ma quanto una sua caduta che creerà una nuova linea temporale nel percorso storico evolutivo. L'opposizione identifica la fase culminante del Ciclo con la sua piena e totale manifestazione. Tuttavia, questo periodo, può essere accompagnato da conflitti e da polarizzazione. Allo stesso tempo, può corrispondere a svolte direzionali dell'umanità in virtù di una nuova conoscenza/consapevolezza. Questa tappa potrebbe segnare anche un nuovo punto di partenza, l'inizio di un nuovo Ciclo dove l'opposizione diventa congiunzione. Si assiste così non alla maturazione completa della tendenza iniziale ma al suo crollo e si verifica la nascita d'una controtendenza che la sostituisce.

Fase dell'Elemento: 1, 2, 3.
Dinamica: individuale/collettivo, io/noi, bene personale/bene collettivo.
Interferenza dell'Elemento: 2159-2178 Scorpione (Acqua).
Durata del Ciclo: 198(r) anni= 200(i) in Universis.

Considerazioni preliminari.
I periodi storici dominati dalla Triplicità di questo Elemento, hanno dato vita in passato a longevi sistemi di pensiero, innovazioni nello sviluppo del linguaggio e favorito la diffusione di idee e culture. Sarà interessante vedere come questo passaggio si esprimerà, passando da un intelletto materialista di fondo a una visione più basata sull'informazione o sulla mentalità astratta che permetterà di affrontare diversamente i problemi/contrasti/opposizioni. La nuova visione sarà accompagnata da uno stress/tensione per le nuove dinamiche collettive, spirituali e per l'espansione della conoscenza. Il mondo delle idee comincerà a dominare l'ambiente e i cambiamenti anche nell'educazione.
Tendenze storiche rivolte verso:
- non nuove formazioni di ideologie ma ideali da perseguire;
- inversione del bene individuale con il bene collettivo;
- passaggio dall'ubbidienza passiva verso l'auto-consapevolezza;
- passaggio dalla dipendenza all'autonomia;
- passaggio dalla massificazione ad opera delle propagande di regime alla nascita dello spirito critico e alla formazione permanente e personale;
- passaggio dal pensiero-concreto finalizzato agli aspetti 'materiali' al pensiero-astratto finalizzato alla creazioni a nuovi sistemi di credenze;

- passaggio dal locale al globale e dal globale all'universale.

Questo breve elenco, che potrebbe essere ulteriormente allargato, fa comprendere quanto le visioni siano completamente opposte rispetto al Ciclo precedente, l'Età Materiale. Queste 'diversità' potranno creare conflitti culturali quanto a far nascere i primi tentativi di integrazione inter-culturale globale per poi passare a una versione universale/cosmica. Come sempre, saranno le scelte umane a decretare il percorso storico.

1^ Fase cardinale d'Aria: *dal 21.12.2020(r) al 2086(i):*
nella prima fase, il collettivo incomincia a organizzarsi e a strutturarsi ma è in uno stadio iniziale in cui il precedente Ciclo tende si a indietreggiare ma ha ancora una presa sulla mente/valori individuali/collettivi. Si genera la coscienza del rinnovamento, nascono situazioni che richiedono scelte, decisioni, selezioni. Consapevolezza crescente che i problemi non possono più essere affrontati con i vecchi metodi e che occorre sviluppare un nuovo approccio per affrontarli. L'Età Mentale spingerà, in questa prima fase, a comprendere meglio una realtà che necessita di nuovi punti di riferimento. E' l'incontro con il Tu/l'Altro ma proprio perché siamo all'inizio di questa fase evolutiva, l'incontro provocato dall'Aria può risultare uno scontro culturale, un rafforzamento delle opposizioni e dicotomie io/noi e noi/loro, tra le necessità individuali e quelle collettive. E' una forza che inizia, passaggio dalla modalità dell'Avere a quella dell'Essere, figure storiche/eventi in funzione di pionieri e di iniziatori. L'Aria produce costantemente idee e concetti che tenderanno a travalicare ogni confine mentale precedente. Proprio come il vento travalicherà barriere e steccati concettuali e paradigmi.

2020 fase discendente dell'Indice Ciclico Planetario di A. Barbault.

2020 inizio Generazione Alpha.

2024 ingresso di Plutone in Acquario: nel 1776 con lo stesso passaggio ci fu la nascita degli USA.

20xx Crisi economica globale post Lehman Brothers.

2026 fase ascendente dell'Indice Ciclico Planetario di A. Barbault.

20xx le nuove tecnologie svilupperanno maggiormente un "pensiero geometrico-spaziale" tramite l'uso di ologrammi, realtà virtuale e aumentata.

20xx esplorazioni spaziali.

20xx Nanotecnologia, Ingegneria Genetica, Intelligenza Artificiale (IA), medicina rigenerativa, medicina olistica, Machine Learning, Deep Learning, Quantum Computing, Quantum Machine Learnig, Chip Neuromorfici, Artificial Intelligence Marketing (AIM).

2030 previsione dell'Organizzazione Mondiale della Sanità (OMS) dell'aumento dell'onda migratoria: il flusso dell'Africa supera il flusso cinese, sensibile aumento dal Medio Oriente.

20xx squilibri settori sociali, politici, economici.

20xx il forte sviluppo tecnologico favorisce la ripresa delle idee transumaniste la cui prima bozza su esposta nel 1989, periodo dell'Interferenza Aria nel Ciclo di Terra precedente.

2050 previsione demografiche OMS: India supera la Cina. Popolazione mondiale 9,7 miliardi. La Nigeria diventa il terzo paese più popolato scalando quattro posizioni. Il continente Africano continua la sua crescita esponenziale.

2060 previsioni OMS di ondate migratorie: triplicata dal 2020. Maggioranza assoluta dal continente Africano.

2060 possibilità che la lingua francese sostituirà la lingua inglese.

2060 Pew Reaserch Center: l'Islam diventerà la più seguita religione al mondo, maggioranza islamica in Europa che influenzerà il voto politico. Crescita della Finanza islamica come modalità economica.

Cicli Planetari (omissione di Giove):
la Fase 1 sarà ancora caratterizzata, nei primi anni, dall'Elemento Terra che enfatizzerà, con l'incontro con l'Aria, la crisi delle maggiori istituzioni che tenderanno a resistere nel loro corso acutizzando problemi e tensioni. Successivamente l'Aria potrà manifestarsi con il suo Spirito del Tempo. La congiunzione nell'Elemento Acqua, portatrice dei valori spirituali, favorirà il contatto con i valori più profondi dell'uomo. Potrebbe recuperare il significato di alcuni visioni Antiche o del passato che si intrecceranno con il pensiero-astratto dell'Aria. Se la fusione dei due Elementi produrranno delle concezioni e dei paradigmi assorbibili dal collettivo, il Fuoco successivo alimenterà la nuova tendenza temporale. Viceversa il contrario, amplificherà la dicotomia temporale.
2020 congiunzione Saturno-Plutone in Capricorno (Terra).
2053 congiunzione Saturno-Plutone in Pesci (Acqua).

2086 congiunzione Saturno-Plutone in Ariete (Fuoco).

2^ Fase fissa d'Aria: *dal 2087(i) al 2153(i):*
Nella fase centrale del secondo stadio la mente (singolo/collettivo) prende forma e inizia ad agire, si prende coscienza del processo in atto. Lo Spirito del Tempo spinge a creare, a rafforzare e difendere punti fermi e certezze sia quella valide del passato sia quelle che sono in via di formulazione che presentano dei vantaggi per il rinnovamento. C'è l'energia per poter resistere alle contrarietà, alle opposizioni generate dallo status quo. Si assiste a un intensificarsi di rivoluzioni e cambiamenti, sia sociali che politici o industriali. Il pensiero viene attivato, si entra nel contesto della simbologia di Uomo che si espande nella società attraverso il riconoscimento del proprio simile o di una polarizzazione. E' il futuro che avanza cercando di unire, attraverso l'energia dell'Aria e del Pensiero, tutte le componenti separate e divisorie della società. E' la forza che stabilizza, forza che usa, figure storiche/eventi con qualità di costruttori/distruttori. Energia predisposta a continuare nella costruzione di ciò che già esiste e lo organizzano in modo efficiente. Danno stabilità a ciò che è già costruito.

Cicli Planetari:
è una fase in cui i Cicli Planetari, con le congiunzioni nell'Elemento Terra, possono sia dare una stabilità e una forma concreta alle nuove idee nate nella Fase 1 e ulteriormente sviluppate nella Fase 2 quanto potranno produrre un rallentamento nel processo di cambiamento in cui il precedente Ciclo di Terra (valori/visione del mondo) ostacola il processo della Fase 2. Tuttavia, la potenza di Urano-Plutone tenderà a spingere verso il rinnovamento. Con la successiva congiunzione in Aria, ci sarà una ripresa del percorso in base allo sviluppo che si creerà negli anni precedenti.
2104 congiunzione Urano-Plutone in Toro (Terra). Nota aggiuntiva: precedente congiunzione nel 1965 in Vergine (Terra).
2117 congiunzione Saturno-Plutone in Toro (Terra).
2149 congiunzione Saturno-Plutone in Gemelli (Aria).

2100 previsioni demografiche OMS: popolazione mondiale 11,2 miliardi. Il continente Africano, in costante ascesa, avvicina sensibilmente la curva demografica in fase discendente dell'Asia che sommate insieme rappresentano 9,2 miliardi di individui.

3^ Fase mobile d'Aria: *dal 2154(i) al 2218(r):*
nel terzo stadio, se il processo si è mosso verso la direzione storica dello Spirito del Tempo, si verifica l'unione degli opposti, si verifica lo scambio reciproco tra le varie coppie dicotomiche culturali, tra due entità che cercano di unirsi in una nuova visione e in una nuova sintesi. Siamo in una fase storica estremamente mobile e flessibile in quanto ci troviamo in un periodo "ponte" tra due Cicli: il passaggio dall'Aria all'Acqua. Essendo una zona di transizione, alcune qualità dell'Età Mentale, che si sta concludendo, si sovrappongono a quelle dell'Età Spirituale entrante. La fase storica sarà caratterizzata da una fortissima elasticità perché la funzione principale, a cui non ci si potrà opporre, sarà quella di introdurre il cambiamento e manifestarlo (in positivo quanto in negativo).
Lo scambio delle idee produce relazione, informazione, possesso della conoscenza, comprensione della stessa e la sua conseguente trasformazione in conoscenza superiore. Si assiste alla trasformazione della mente, diventa legame e ponte tra il Sacro e il profano, tra il dentro e il fuori, tra la mente e l'anima. L'uomo ha il sapere e la conoscenza che può diventare saggezza (Aria+Acqua). E' il tentativo di produrre una sintesi delle varie visioni intellettuali, delle varie coppie duali, della distanza tra le varie posizioni che tendono ancora a identificare il diverso e l'estraneo dalla propria Identità culturale, crea una forte instabilità all'interno delle dinamiche sociali, politiche e culturali che sono in fermento. Questa Modalità è a metà strada tra il progresso della modalità Cardinale e il conservatorismo della modalità dei Fissi. E' energia che produce adattabilità, versatilità, è a suo agio in tutte le situazioni, trova alternative al problema. Questa Modalità tende a ricercare cambiamenti e rinnovamenti. E' in grado di sostituire una cosa con un'altra e allineano le loro azioni con procedimenti chiari.

2159-2179 interferenza Elemento Acqua, congiunzione Giove-Saturno in Scorpione, preludio al Ciclo d'Acqua.

Cicli Planetari:

la dinamica turbolenta di inizio-fine Ciclo viene evidenziata anche dalla diversa componente dei diversi Cicli Planetari, per Segno e per Elemento.

2165 congiunzione Urano-Nettuno a 306° Acquario (Aria). Nota aggiuntiva: precedente congiunzione nel 1993 in Capricorno (Terra).

2181 congiunzione Saturno-Plutone a 117° Scorpione (Acqua).

2215 congiunzione Saturno-Plutone a 173°Vergine (Terra).

2.11 Ciclo Elemento Acqua 2219-2456.

Ciclo dell'Elemento: Acqua.
L'Acqua è associata al concetto di purificazione e di rinnovamento della vita, alla reintegrazione delle forze perdute, disperse nell'inconscio collettivo, è simbolo della spiritualità. L'Acqua avrà la capacità di sciogliere qualsiasi barriera e divisione. Possiamo dire che dopo il movimento e l'energia del Fuoco, il consolidamento e la struttura della Terra, dopo l'arrivo dell'Elemento pensiero-comunicazione dell'Aria, si dovrà, però, totalmente rielaborarlo ed integrarlo con le qualità dell'Acqua. L'Acqua è ciò che unisce, riempie ed invade, ma al tempo stesso ripulisce, rigenera, guarisce. Simbolicamente la psiche, il mondo interiore, l'inconscio comunica con la coscienza. Con questo Elemento ci sarà il desiderio di liberare l'Anima e di vivere una vita con uno scopo più elevato. Ovviamente potremmo assistere a comportamenti estremi dettati proprio dall'incapacità di integrare le forze inconsce. Ciò che si applicherà all'individuo, lo si applicherà anche per il collettivo. Sovraccarico nel sistema emotivo: tendenza a proteggersi anestetizzandosi emotivamente creando un distacco dalle persone/vita/eventi o viceversa la sua amplificazione che alimenterà gli impulsi primitivi. Il processo tenderà a svuotare l'Anima invece che riempirla.
Collegato al Ciclo Acqua: 959-781 a.e.c., 224 a.c.-13 e.c., 571-808 e.c., 1425-1602 e.c.
Spirito del Tempo: l'Età Spirituale.
Assisteremo a dei periodi di rinascita religiosa, spirituale e artistica, produrrà un terreno fertile alle visioni dell'immaginazione e allo sviluppo dell'empatia, creerà l'impulso per la ricerca della completezza di Sé con la Vita. Lo Spirito del Tempo approfondirà i valori e la bontà d'animo, emersi nel Ciclo precedente, con le tipiche qualità dell'Acqua: con l'empatia e l'intensità delle emozioni tipicamente con la funzione che C.G. Jung definì *"sentimento"* dopo la funzione *"pensiero"* dell'Aria, approccio tipicamente mentale e razionale che potrebbe aver inaridito l'animo umano. Lo Spirito del Tempo aiuterà a spingere le vicende storiche verso la comprensione che solo le cose che saranno fatte con il cuore e non solo con la mente, potranno produrre sviluppi e slanci vitali per l'intera collettività.

Dominio del Ciclo: Saturno per Elemento ma Giove in esaltazione per Elemento, oscillazione di polarità.

Segno reggente del Ciclo: Scorpione.

La Triplicità d'Acqua, retta dallo Scorpione, porterà un inequivocabile messaggio sul cammino storico: la richiesta di una profonda rigenerazione umana interiore dopo la fase di espansione esteriore. Molto dipenderà dalla situazione che avrà creato il precedente Ciclo d'Aria, ossia, se si sarà sviluppato, o meno, in linea con le Qualità dello Spirito del Tempo dell'Età Mentale. La nuova Triplicità, retta dallo Scorpione, porterà un nuovo sviluppo della tendenza storica o una necessità di una completa rivisitazione dei valori, ideali, della cultura che hanno deviato e peggiorato il cammino dell'umanità che forse si sarà polarizzata sul fattore mentale distaccata dalla componente empatica del prossimo/collettività. L'Aria potrebbe aver individuato un nuovo modello esistenziale, l'Acqua-Scorpione dovrà incarnarlo profondamente.

Il Segno rappresenta la fase centrale dell''autunno': la vita della Natura prosegue a un livello più profondo ed è invisibile, si prepara a un nuovo Ciclo che richiede una rigenerazione. L'intera Triplicità retta dal Segno spingerà a indagare le verità nascoste oltre la materia, oltre i propri attaccamenti terreni, porterà la capacità di penetrare ogni tipo di profondità per risolvere i misteri, gli enigmi, trovare le verità nascoste provenienti dal passato o dai Tempi Antichi o sull'uomo stesso. Qualunque evento potrà attivare una rigenerazione profonda dell'essere umano. Si assisterà a un cambiamento nella filosofia esistenziale. Le vere sicurezze andranno trovate dentro e non fuori l'uomo, occorrerà cercare una realtà più ampia e non limitata materialmente. Il benessere non sarà nel possesso ma nelle qualità umane che potranno radicarsi profondamente nel mondo interiore. E' la chiamata al viaggio interiore: guardare nelle profondità più buie dell'inconscio senza smarrirsi.

Segno Ombra del Ciclo: Toro.

Manifesterà il conflitto tra preservare la vita (idea, valori, istituzioni, cultura, visione del mondo prodotti dal Ciclo d'Aria) e la sua trasformazione in qualcosa di più profondo inerente alla vera natura umana, tra possesso e distacco, tra le sicurezze materiali e le sicurezze profondamente radicate nell'animo che sono collegate all'Essere e non all'Avere. Tendenza del potere materiale (residui del Ciclo di Terra passato che riemergeranno) a sovrastare il potere dell'Anima corrompendola con l'immanente allontanandola dal trascendente. Spinte a *'conservare'* rispetto al *'lasciar andare'*.

Aspetto dell'Elemento: quadratura applicante.

Corrisponde alla maturazione della consapevolezza che un Ciclo Umano, un'Epoca, si sta avviando alla conclusione e che si sta preparando il Tempo di un nuovo Ciclo e di un nuovo inizio. La quadratura porta alla conclusione l'intero percorso storico iniziato con la congiunzione-Fuoco 800(i) anni prima. Possiamo assistere al completamento dell'idea seme iniziale quando alla sua definitiva caduta in virtù delle dinamiche che si erano create con l'opposizione-Aria. Nella quadratura-Acqua verranno rimessi in discussione i risultati acquisiti che non sembreranno più essere e che non sembreranno più garantire ciò che potevano promettere e assicurare. Ci troviamo di fronte ad un deterioramento dello sviluppo storico, a una nuova crisi nella quale le cose si disfano, si sfaldano. L'Acqua, ricordiamolo, è un Elemento di purificazione e di rigenerazione.

Anche se conserverà la sua funzione aggregativa e le sue virtù di pacificazione tipiche dell'Elemento Acqua, ci troveremo in una fase riparatrice o di recupero di alcuni elementi passati che erano andati perduti durante la fase Aria. Questa dinamica potrà creare situazioni storiche di resistenza, di difesa, di ripresa della tendenza storica iniziale. Oppure ci potremo trovare in una situazione che Barbault definì di *"sospensione in cui ci si prepara al nuovo ciclo se la tendenza storica in corso non riesce avere più nuovi sviluppi e si prepara a una nuova semina in un clima di attesa e crepuscolare."*

Fase dell'Elemento: 1, 2, 3.

Dinamica: sicurezze interiori/sicurezza esteriore, immanenza/trascendenza, ricerca valori più profondi/ fuga nel materiale, sacro/profano, status quo/trasformazione, mio/nostro.

Interferenza dell'Elemento: 2338-2357 Sagittario (Fuoco), 2398-2416 Sagittario (Fuoco), 2417-2436 Leone (Fuoco).

Durata del Ciclo: 237(r) anni=200(i) in Universis.

Considerazioni preliminari:

con questo Ciclo d'Acqua, probabilmente si sperimenterà la più grande espansione di rinascita spirituale. Integrazione, empatia, sviluppo di una coscienza più profonda e globale sull'identità umana. Questo permetterà a essere pronti ad accogliere una civiltà veramente planetaria e, forse, anche interstellare.

Il primo stadio è *istintivo*, il secondo *sensoriale*, il terzo *spirituale*, in virtù della sequenza della Triplicità.

I Cicli dell'Elemento Acqua, dunque, portano periodi di rinascita religiosa, spirituale e artistica producendo terreno fertile alle visioni dell'immaginazione. Basta ricordare il Ciclo precedente del 1425-1602 e.c. in cui si verificarono grandi dibattiti religiosi con l'avvento del grande scisma all'interno della Chiesa occidentale.

Crea l'impulso per la ricerca della completezza di sé, e se c'è 'ricerca' significa che si presenteranno eventi storici di tensione, di scontentezza, di perdita della stessa fede o, più semplicemente, occorrerà sostituirla con una visione spirituale più universale e cosmica. L'Elemento Acqua è caratterizzato dalla capacità di sciogliere qualsiasi barriera e divisione, si insinua in ogni luogo dell'Anima e la mette in evidenza. Se il Ciclo d'Aria precedente avrà enfatizzato eccessivamente gli aspetti mentali, distaccati e razionali, sicuramente il Ciclo d'Acqua porterà con sé domande sull'identità e la natura umana all'interno della Creazione. Oppure, dopo averli compresi con l'intelletto dell'Aria, si dovranno viverli e 'sentirli' con l'Acqua.

Questo Ciclo sarà particolarmente significativo e unico nel suo genere in quanto presenterà diverse Interferenze-Fuoco mai registrate nel passato. Inoltre presenterà due triplici congiunzioni in due segni zodiacali: Cancro e Scorpione, reggente della Triplicità. Il rafforzamento di quest'ultimo Segno, sarà indice della trasformazione profonda che sarà richiesta al genere umano. Queste anomalie rispetto al percorso standard delle congiunzioni segnalerà una forte dicotomia all'interno del Ciclo Acqua, fortemente instabile e mutevole nell'evoluzione degli eventi.

In termini di Cicli Planetari, saranno presenti ben 4 congiunzioni dei pianeti maggiori, escludendo i cicli Saturno-Plutone.

1^ Fase cardinale dell'Acqua: *dal 2219(r) al 2298(i):*
Nel primo stadio si risentirà ancora dell'influsso della mente-Aria, ci sarà turbinio, agitazione che metterà alla prova la stabilità della mente che verrà disorientata dalle sensazioni provenienti dall'inconscio. Sarà una fase legata all'oscurità che porterà alla rigenerazione attraverso una

metamorfosi, un travaglio legato principalmente ai problemi di dimensione collettiva. Ci troveremo nello stadio 'ombra'.

Cicli planetari:
2238 tripla congiunzione Giove-Saturno in Cancro (Acqua).
2221: *congiunzione Urano-Pluto a 5 gradi Bilancia (Aria).*

2^ fase fissa dell'Acqua: *dal 2299(i) al 2378(i):*
Nel secondo stadio si lotterà per liberarsi dalla concezione materiale e da una visione eccessivamente mentale o, quest'ultima, non avrà permesso di risolvere determinati problemi storici del Tempo. Si percepirà (qualità sensitive) l'uomo-anima prigioniera che dovrà essere liberata affinché trovi una via d'accesso per la sua manifestazione. Le forze spirituali del Tempo, infatti, tenderanno a richiamare l'uomo a una dimensione superiore affinché egli trasformi la materia e raggiunga l'integrazione con qualcosa di superiore.
2279 tripla congiunzione Giove-Saturno in Scorpione (Acqua).
2338 Interferenza Elemento Fuoco, congiunzione Giove-Saturno in Sagittario Fuoco).

Cicli planetari:
la situazione planetaria si presenterà alquanto complessa. Tenderanno a produrre delle forti turbolenze temporali. Si registreranno Interferenze Fuoco-Terra-Aria che tenderanno a modificare e a snaturare lo Spirito del Tempo dell'Età Spirituale. La tendenza storica potrebbe dar vita a diverse linee temporali di sviluppo con la presenza di energie di segni maschili-attivi rispetto alla natura femminile-passiva dell'Elemento Acqua e dell'Interferenza Terra. Il Ciclo, inoltre, si presenterà estremamente lungo rispetto ai Cicli precedenti, pari a 236(r) anni. La 2^ Fase del Ciclo sarà sicuramente problematica a causa delle diverse Interpretazione di nuove, quanto imprevedibili, linee temporali che potrebbero manifestarsi.
2252: congiunzione Saturno-Plutone a265° Sagittario (Fuoco).
2288: congiunzione Saturno-Plutone a 328° Acquario (Aria).
2320: congiunzione Saturno-Plutone a 9° Ariete (Fuoco).
2336: congiunzione Urano-Nettuno a 25° Acquario (Aria). Nota aggiuntiva: ultima congiunzione nel 2165 in Acquario (Aria).
2352: congiunzione Saturno-Plutone a 42° Toro (Terra).

2357: congiunzione Urano-Plutone a 17° Toro (Terra). Nota aggiuntiva: precedente nel 2221 in Bilancia (Aria).

3^ Fase mobile dell'Acqua: *dal 2379(i) al 2456(r):*
il terzo stadio sarà la fase della conoscenza, della rivelazione che comporterà anche il dualismo tra volontà di agire per la trasformazione e la paura che potrebbe bloccare il processo storico del Tempo producendo fuga e smarrimento ai richiami spirituali-anima. E' la fase in cui si fronteggeranno due forze: la fuga/negazione e confronto/accettazione che significherà affrontare il conflitto per raggiungere alla maturazione e l'integrazione tra ciò che unisce e tra ciò che separa. La fase delle vicende storiche sarà fluttuante perché saremo nella fase in cui morirà la personalità e le forze spirituali-religiose riprenderanno forza e vigore. La missione del Ciclo d'Acqua sarà di sfuggire dai richiami della materialità per occuparsi delle questioni dello Spirito-Anima e delle domande ultime dell'esistenza. L'inconscio collettivo, di conseguenza, sarà sollecitato dalle spinte di questo stadio con l'effetto di produrre nella coscienza individuale la sensazione di trovarsi in balia delle sue tendenze involutive.

2398 Interferenza Elemento Fuoco, congiunzione Giove-Saturno in Sagittario (Fuoco).
2417 Interferenza Elemento Fuoco, congiunzione Giove-Saturno in Leone, preludio al Ciclo di Fuoco.

Cicli planetari:
le turbolenze dei Cicli Planetari avvenute nella Fase 2 del Ciclo d'Acqua, continueranno a persistere anche nella Fase 3:
2385: congiunzione Nettuno-Plutone a 13° Gemelli (Aria) congiunti a Saturno e quadrato Urano in Vergine (Terra).
2384: congiunzione Saturno-Plutone a 103° Cancro (Acqua).
2449: congiunzione Saturno-Plutone a 148° Leone (Fuoco).

L'ultima fase del Ciclo d'Acqua, oltre ad essere la fine del Ciclo stesso (200(i) anni) è anche la fine del Ciclo maggiore iniziato 800(i) anni prima con il Fuoco. E' indubbio che il Ciclo 2219-2456 possa rappresentare un'epoca storica di grandi mutamenti nella psiche umana. Alcune scoperte, rivelazioni o altro ancora potrebbero alterare completamente la concezione comune della storia umana che potrebbe essere completamente riscritta alla luce delle nuove verità storiche. Verità che potrebbero portare squilibri, crisi su qualsiasi livello dell'esistenza umana. Domande come "Chi sono? Dove sto andando? Sono solo? Chi è il mio creatore?" potrebbero trovare una risposta inaspettata da alterare l'intera visione che l'uomo ha sempre avuto di se stesso nei confronti della Vita.

2.12 Connessione del Flusso Temporale: indicazioni.

Sempre in sintesi, analizzeremo nei prossimi due capitoli, come viene usata la *"connessione"* tra i Cicli dello stesso Elemento nell'analisi storica. La sequenza degli Elementi si ripete di volta il volta così come viene rappresentato nell'immagine, sull'*Axis Universis* sintetizzata in:

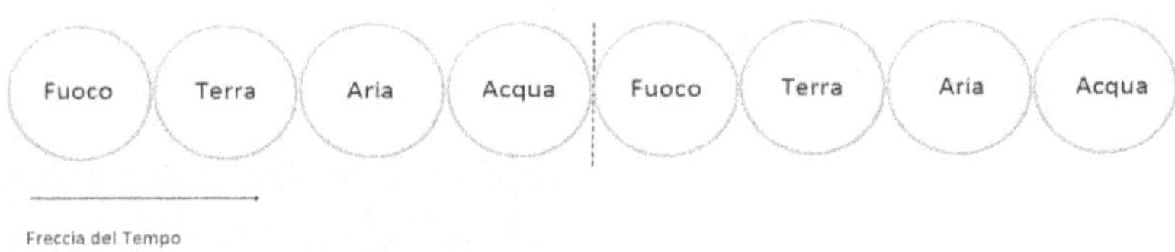

Quando si affronteranno, ad esempio, le tematiche del Ciclo d'Aria, verranno evidenziati le due/tre o più epoche storiche, che sono caratterizzate dallo stesso Elemento, creando una relazione diretta:

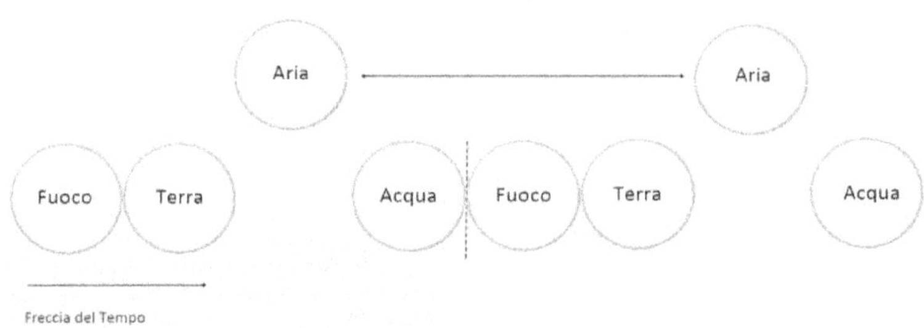

Avremo una connessione temporale per Elemento che modificherà il Tempo Lineare attraverso l'uso del Tempo Ciclico dell'Elemento che staremo analizzando di volta in volta.

I due Cicli d'Aria della figura passano da una sequenza circolare a una sequenza lineare in un Tempo dentro il Tempo che è stato chiamato *sferico*:

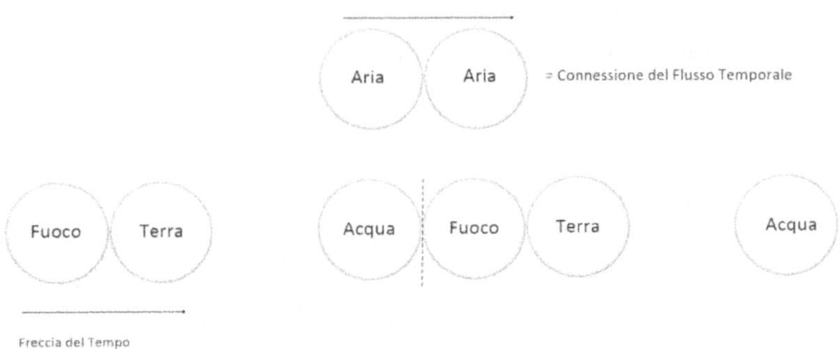

Riunendo tutte le sequenze temporali dello stesso Elemento avremo la:

Connessione del Flusso Temporale d'Aria

Ci ritroviamo in un Tempo Lineare ma per Elemento, ossia gli eventi avranno una natura cronologica non in base al Tempo Storico ma in base al Tempo per Elemento. Ciò che ha avuto valenza storica e che è nato, ad esempio, nel primo Ciclo, lo ritroveremo nel successivo come evoluzione dello stadio precedente saltando interi periodi storici.

L'analisi sarà concentrata sugli eventi del singolo Elemento nella sua evoluzione nel Tempo.

Unificando tutti i Cicli Temporali in un'unica struttura geometrica abbiamo una rappresentazione sferica che è stata chiamata *Chronosphaera* che evidenzia tutte le relazioni e connessioni temporali basate sulle Triplicità, come nella figura

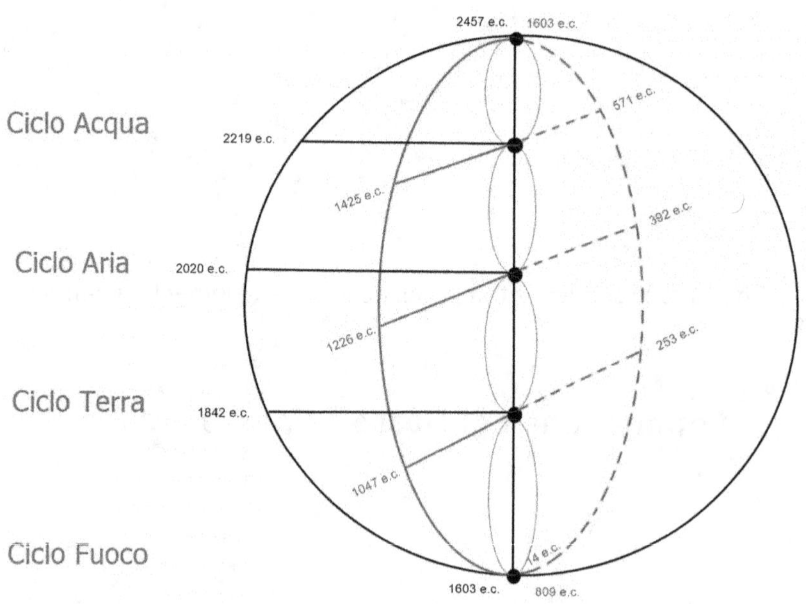

L'asse centrale è l'*Axis Universis*.

2.13 Connessioni del Flusso Temporale 1047-1842.

Prendendo in considerazione il periodo storico che va dall'anno 1000 ad oggi, ci troviamo in arco di Tempo storico di mille anni. Di solito si procede a ritroso decennio dopo decennio per vedere l'intero percorso delle vicende umane e dare, poi, una sequenza più comprensiva del loro sviluppo. Ci troviamo di fronte a una mole di informazioni che diventano impossibili da gestire oltre al fatto di perdere alcune correlazioni importanti tra gli eventi accaduti in Tempi diversi quanto in epoche diverse.

In un contesto di Tempo Lineare, si studia la Storia in termini di continuità e di regressione progressiva fino a risalire alle vicende più lontane e si parte da un punto del Tempo e si procede fino al presente per poter ricostruire l'intero percorso per tappe o lo studio dei singoli eventi permette di comprendere l'ambiente del loro sviluppo storico intrecciandolo con altri eventi. Si cerca di dare una continuità progressiva e lineare della Storia.

Viceversa, quando si passa all'uso delle Triplicità in Universis, l'analisi viene condotta in termini di Tempo Circolare, ossia, si mettono in relazione i Cicli per Elemento, l'uno con l'altro. In questo contesto, il Tempo storico si riduce nell'analisi non più di mille anni ma di 400(i) per le date dei due Cicli che stiamo prendendo in considerazione in questo capitolo. Lo si potrebbe fare con più Cicli ma, per semplificare e per dare semplicemente un esempio operativo, si son scelti solo due periodi storici. In questo caso, i due Cicli che viaggiano con un Tempo Circolare si 'trasformano' in continuità temporale diventando lineari così come è stato visto nel capitolo precedente.

In *"Universis 2020-2218: Evento Rinascimento 2.0"* vengono, invece, presi in considerazione ben tre Cicli d'Aria, ampliando ulteriormente l'indagine di correlazione astrosociostorica.

In questo capitolo e nei successivi, invece, si cercherà di evidenziare che, per comprendere le vicende storiche del XX° secolo, non occorre studiare tutti i secoli precedenti per analizzare il nostro presente. Basterà rintracciare l'ultimo Ciclo di Elemento, in questo caso la Terra, e concentrarsi sulle dinamiche storiche di due secoli(i), pari alla durata di un Ciclo di Triplicità. L'ambiente di ricerca si riduce da 1000 a 200 anni che verrà poi articolato nella sua totalità. Si cercheranno gli *eventi-seme*, gli eventi significativi che hanno avuto un notevole impatto sul percorso storico.

In questa prima fase, vengono temporaneamente sospesi gli aspetti micro che abbiamo identificato nei Cicli e negli aspetti Planetari particolarmente utili per andare in profondità tra gli eventi celesti e gli eventi umani. Essi ci permettono di entrare nel dettaglio di una fase storica ma, nel contesto macro di Universis, occorre individuare una relazione temporale ben definita e ben identificabile in modo da dare una direzione interpretativa ai Cicli Planetari. Inoltre, per dare un'idea più chiara di come opera il modello, si è scelto di non inserirli. Primo per evitare un eccessivo livello di complessità, secondo per favorire una visione di collegamento e per rendere visibile le relazioni che si creano con Universis.

Come è stato visto in precedenza, viene usata la modalità *Connessione del Flusso Temporale* che si basa sul presupposto di seguire una *direzione* (rappresentata dal Ciclo degli Elementi) ma non l'*ordine* (gli eventi) del flusso temporale.

La relazione che si crea tra i due periodi storici, collegati tramite la Triplicità di Terra, ci fornisce una serie di informazioni in merito agli eventi che hanno probabilità di manifestarsi, di ripetersi in virtù di una sequenza Ciclica all'interno di un Tempo Storico Lineare ma non in base all'ordine con cui si sono verificati. Ciò significa che gli eventi del Ciclo precedente non si verificheranno con lo stessa sequenza ma costituiranno tematiche in ordine sparso e che potrebbero avere un'alta probabilità di ripresentarsi. Dipenderà sempre dall'importanza dell'evento storico passato. Questo in virtù della *'risonanza'* per Elemento che attiverà tutti i Cicli precedenti dello stesso Elemento.

Prendiamo gli ultimi due Cicli di Terra:

- dal 1047 al 1225

- dal 1842 al 2020

Seguendo esclusivamente la natura dell'Elemento, abbiamo una continuità temporale. Si viene a creare una relazione diretta tra i due Cicli avvenuti in Tempi diversi.

Viceversa, se consideriamo il Ciclo di Terra nella sequenza degli Elementi, ci troviamo nella discontinuità temporale riferito al Ciclo considerato. Tra un Ciclo e il successivo intercorrono 800(i) anni di Storia in cui sono accaduti altri eventi. In questa linearità è difficile osservare delle correlazioni. Diventano evidenti nel momento in cui si mettono in relazioni i Cicli dello stesso Elemento.

Possiamo sintetizzarle in questa tabella:

	1047	1842
Elemento	Terra	Terra
Pianeta Reggente	Saturno	Saturno
Segno reggente	Capricorno	Capricorno
Aspetto Elemento	quadratura	quadratura
Spirito del Tempo	L'Età Materiale	L'Età Materiale
Collegato	581 a.e.c. - 253 e.c.	581 a.e.c. - 253 e.c. - 1047 e.c.
Dinamica	dipendenza/indipendenza individuali/collettive/nazionali	dipendenza/indipendenza individuali/collettive/nazionali
Eventi	Crociate Scandali della Chiesa Sacro Romano Impero Germanico Mercanti/Corporazioni Persecuzione Ebrei Crescita demografica/economica Monarchia-Impero-Chiesa Invenzione polvere da sparo Innovazione abbigliamento Forte rinnovamento matematico Codici Espansione mercati esteri Lettera di cambio	Medioriente Pedofilia ecclesiastica Influenza tedesca in Europa Imprenditori/Multinazionali Persecuzione Ebrei Crescita demografica/economica Stati-Unioni-Chiesa Guerre Mondiali Moda Fisica moderna Libri ed ebook Globalizzazione Espansione settore creditizio

Le fonti storiche utilizzate provengono da Wikipedia. Ma anche una semplice ricerca web, si possono reperire tutta una serie di informazioni utili per poter ricostruire un intero quadro storico.

Ecco un elenco significativo ma non completo:

1044 - Invenzione in Cina della Polvere da sparo.

1076 - Viene redatto il Placito di Marturi (Poggibonsi), considerato un evento cardine per la nascita del Diritto moderno: per la prima volta dopo secoli, si citava un frammento del Digesto (raccolta della dottrina politica dell'antica Roma).

1096-99 prima crociata: si conclude con la conquista di Gerusalemme da parte delle truppe cristiane e la creazione di regni cristiani in Medio Oriente.

1100 - Sotto la Dinastia Song la popolazione della Cina raggiunge i cento milioni di abitanti circa.

1101 - Tre diversi pellegrinaggi di crociati "popolari" finiscono nel sangue sotto le spade musulmane.

1104 - Viene fondata la prima fabbrica al mondo, l'Arsenale di Venezia.

1113 - Papa Pasquale II riconosce l'ordine dei Cavalieri Ospitalieri di San Giovanni in Gerusalemme, il più antico degli Ordini religiosi cavallereschi.

1122 - Concordato di Worms: Sacro romano impero e Chiesa cattolica stipulano un concordato che sancisce la fine della lotta tra papato e impero, detta lotta per le investiture.

1134 - Secondo alcune fonti si registrò l'estate più calda dell'intero millennio, definito il periodo del caldo medioevale.

1142 - Inizio della riconquista cristiana della Spagna in mano agli Arabi.

1152 - Diviene imperatore Federico I di Svevia, detto "il Barbarossa", il quale manifesta subito la volontà di restituire prestigio e autorità al potere imperiale. In Germania, egli ristabilisce l'ordine, imponendo la pace alle Casate di Svevia e di Baviera con i loro alleati e pretende fedeltà assoluta da parte dei feudatari. L'Italia era per l'imperatore tedesco il contesto ideale per ottenere alcune prerogative essenziali per realizzare la costruzione dell'impero universale: la supremazia nella contesa col papato per la potestà civile universale, il legame con la tradizione dell'impero romano, cui Federico si ispirava, e la sovranità su Comuni e feudatari. Federico si fece crociato, il 27 marzo 1188 a Magonza. Morì alla terza crociata affogato.

1167 - In seguito al Giuramento di Pontida nasce la Lega Lombarda.

1196 - Unificazione di tutti i popoli mongoli da parte di Gengis Khan.

Analizziamo alcuni eventi storici con il modello Universis.

LE CROCIATE.

<u>Ciclo Terra 1049-1225.</u>

Nel 1095, alla fine del XI secolo il papa Urbano II, proclamò un Concilio nel quale rivolse un appello ai nobili cavalieri, affinché questi cessassero le lotte tra loro e combattessero contro gli infedeli in Terra Santa. Gerusalemme che fu conquistata nel 1099.

Le crociate favorirono il nascere di importanti eventi collaterali secondari:

-portarono l'Europa nell'area medio-orientale;

-portarono l'inizio delle Guerre Sante, cattoliche e islamiche;

-persecuzione degli ebrei (vedremo meglio il loro ruolo successivamente);

-l'espansione delle repubbliche marinare che, con i porti situati in Terra Santa, aprirono nuove rotte commerciali con l'India;

-necessità di finanziamento economico della Chiesa, delle Monarchie e dell'Impero, lo vedremo con gli scandali della Chiesa;

-favorisce la crescita dei mercanti che possono ora acquistare direttamente, e a buon prezzo, le merci ricercate. Secondo alcuni storici avviene una specie di rivoluzione commerciale.

<u>Ciclo Terra 1842-2020.</u>

Nel XX° secolo il medio oriente ha rappresentato un'area di forti tensioni politiche, sociali, religiose che conosciamo molto bene. Un'intensificazione di dinamiche mai registrate in precedenza che hanno prodotto squilibri geo-politici. Diversi gli interventi Europei sia di natura politica che armata in quest'area del mondo che influenza gli equilibri globali. Eventi terroristici, la nascita della Jihad come fondamento dell'islamismo sciita, dell'ISIS, la questione Palestinese. Permangono, tutt'oggi, le dinamiche cristiane-islamiche con continui riferimenti alle crociate e alla guerra santa. Nel Ciclo precedente l'Europa andò in quest'area geografica, nel Ciclo 1842-2020, ci fu l'inversione: l'Europa diventa centro di azioni terroristiche. In passato, le rivendicazioni mediorientali non entrarono mai nel cuore dell'Europa.

PERSECUZIONE DEGLI EBREI.

<u>Ciclo Terra 1049-1225.</u>

Il popolo ebraico ha sempre avuto, nella sua storia, delle persecuzioni in virtù del conflitto con il cristianesimo che li accusava di deicidio. Una forma di antisemitismo veniva alimentato nella popolazione dall'insegnamento cristiano in quanto li ritenevano responsabili della morte del Messia anche se i padri della Chiesa come Giustino Martire, Tertulliano, Origene, Eusebio, e altri, scrissero trattati contro l'ebraismo, ma nessuno di loro invocò la persecuzione.

Quando iniziò la prima crociata, la Chiesa operò una netta distinzione tra musulmani ed ebrei. In una lettera ai vescovi di Spagna Papa Alessandro II proibiva specificamente a chiunque di equiparare le guerre sante contro i musulmani alla violenza contro gli ebrei. Ciò nondimeno, molti ebrei furono uccisi durante le crociate. Nel corso della prima, della seconda e della terza crociata ci furono attacchi ovunque.

Prima del 1096, il popolo ebraico era In attesa dell'avvento del Messia che si sarebbe manifestato il 1° agosto 1058, in coincidenza con l'anno ebraico 4818, ossia, 990 anni dopo la distruzione del Tempio di Gerusalemme. Questa attesa, generò la spinta ideologica anti-ebraica della prima crociata che in Europa travolse i rapporti fra ebrei e cristiani, dando |uogo al primo importante apice di tensione "globale" ebraico-cristiano. Infatti, quando papa Urbano II chiamò alla prima crociata contro gli infedeli in Terra Santa, la vita relativamente tranquilla e prospera degli ebrei europei ebbe fine. I crociati, spinti dallo spirito combattivo e dai desideri di vendetta, iniziarono a diffondere l'idea secondo cui, prima di imbarcarsi verso l'Oriente, fosse necessario sterminare gli infedeli più vicini: gli ebrei.

Era l'anno 1095. I primi attacchi furono scatenati a Rouen, in Francia per poi estendersi rapidamente in Germania, nella valle del Reno. Migliaia di ebrei andarono incontro alla morte per mano dei guerrieri cristiani.

<u>Ciclo Terra 1842-2020.</u>

Il XX° secolo ha rappresentato la persecuzione su larga scala del popolo ebraico durante la seconda guerra mondiale iniziata dalla Germania, la stessa nazione da cui partirono le prime rappresaglie 800(i) anni prima. La nascita successiva dello Stato di Israele, riportò l'attenzione sull'area delle Crociate del Ciclo di Terra precedente. Gerusalemme diventa luogo conteso delle tre religioni: giudaica, cristiana e islamica.

La Città Santa e il popolo ebraico intercorrono nel Ciclo Terra, dominio di Saturno, segno della Triplicità in Capricorno. Le tensioni religiose, che producono guerre e stermini, hanno il loro apice in due periodi storici qui evidenziati che non hanno riscontro in altri periodi.

Sempre nel Ciclo di Terra del 253-391 e.c., assistiamo alla lotta contro l'ebraismo. Con la conversione dell'Imperatore Costantino, il cristianesimo passò da religione clandestina a fede dell'aristocrazia. Egli emise parecchie leggi contro gli ebrei. Proibì la pratica ebraica di lapidare i convertiti al cristianesimo, mise fuori legge anche la conversione dei cristiani all'ebraismo, proibì il matrimonio misto, introducesse nel corpo giuridico espressioni oltraggiose nei loro confronti come *nefaria secta* (gruppo criminale), *impuri homines* (uomini sozzi), *inimicissima turba* (folla ostilissima), *domini interfectores et parricidae* (assassini del Signore e parricidi). Costantino sposa la tesi antigiudaica, quella dell'accusa di deicidio che, più tardi, costituirà il pretesto ideologico cardine dell'antigiudaismo europeo dei Cicli di Terra successivi. La condanna morale dell'ebraismo venne sancita al massimo livello politico, giuridico e procede di pari passo con l'affermazione del cristianesimo.

La dichiarazione *Nostra Aetate* del 1965 è uno dei documenti del Concilio Ecumenico Vaticano II in cui la Chiesa asseriva implicitamente che da duemila anni si era sbagliata e che doveva quindi riparare rivedendo completamente il suo rapporto con gli ebrei. Il documento esclude la responsabilità collettiva di Israele nella morte di Gesù, condanna sia ogni forma di antisemitismo che le persecuzioni antisemite. Nel Ciclo 1842-2020 la Chiesa ha operato la sua 'conversione': gli ebrei dopo essere stati perseguitati vengono riconosciuti nella loro identità religiosa. Ci son voluti 800(i) in Tempo Lineare ma un solo Ciclo dello steso Elemento per sanare ciò che la Chiesa aveva danneggiato in precedenza.

SCANDALO DELLA CHIESA.
<u>Ciclo Terra 1049-1225.</u>
Venne avviata, prima dall'imperatore e poi dai papi, la cosiddetta *"Riforma dell'XI secolo"*, che porterà il papato a conquistare una centralità e un potere mai avuti nel primo millennio. La prima fase si concluse nel 1057. Seguirono altre tappe ma venne applicata, nella sua versione definitiva, solo nel 1122. Il Concordato di Worms mise fine alla *"lotta per le investiture"* tra Il Sacro Romano Impero Germanico e la Chiesa. E' un periodo fondamentale per lo sviluppo della politica europea, che definirà i rapporti futuri tra lo Stato e la Chiesa. Ricordiamo le future Leggi delle Guarentigie e dei Patti Lateranensi che si produrranno nel Ciclo successivo.
La Chiesa del XI° secolo era indebolita da alcuni gravi problemi interni. Il fenomeno più scandaloso era la cosiddetta *simonia*, ovvero la vendita delle cariche ecclesiastiche. In quegli anni, la corruzione della Chiesa sembrava non avere freni. A tutto questo si aggiungeva il diffuso costume del concubinato ecclesiastico, ovvero la stabile convivenza dei prelati con le donne. Diversi settori dell'organizzazione ecclesiastica si fecero promotori di un movimento di riforma religiosa che mirava a ricostituire l'antica purezza della Chiesa. In un clima di generale di corruzione ci fu la ripresa del monachesimo. Molti monasteri scelsero l'isolamento, in contrapposizione alla corruzione del mondo: tra essi, l'ordine dei certosini, fondato a Grenoble nel 1084. L'esigenza di ritornare alla povertà della Chiesa primitiva si diffusero ed erano fondati sull'ideale della vita apostolica e sulla volontà dei laici di predicare il Vangelo e il pellegrinaggio. Ci si recava a Roma per pregare gli apostoli Pietro e Paolo, a Santiago di Compostela per l'apostolo Giacomo e in Terra Santa dove visse e morì Gesù. La spinta moralizzatrice, portata dai nuovi ordini

monastici, incoraggiò anche la nascita di movimenti religiosi esterni alla Chiesa.

<u>Ciclo Terra 1842-202.</u>

"Seguiremo la strada della verità, ovunque possa portarci", aveva detto papa Bergoglio a Filadelfia, il 27 settembre 2015 a proposito dello scandalo delle vittime della pedofilia di tutto il mondo, una delle maggiori piaghe globali della Chiesa del XX e del XXI secolo.

La questione fu aperta dal memoriale dell'ex nunzio apostolico negli Stati Uniti, monsignor Carlo Maria Viganò. Ha accusato Francesco di aver ignorato per anni le informazioni sugli abusi omosessuali dell'ex cardinale di Washington Theodore McCarrick. Nel 2006 un documentario della BBC denuncia la sistematica copertura garantita da Joseph Ratzinger, all'epoca ancora cardinale, in casi di abusi sessuali su minori commessi da sacerdoti. La BBC aveva citato un documento vaticano del 1962, dal nome *Crimen sollicitationis,* che parrebbe fornire indicazioni ai vescovi su come coprire i casi di abusi su minori perpetrati da sacerdoti.

Anche in questo Ciclo di Terra assistiamo a cambiamenti dottrinali con il Concilio Vaticano I (1896-1959) che sancisce l'infallibilità del Papa in materia di fede e di morale, e con il Concilio Vaticano II (1959-1965) nel tentativo di aprire la Chiesa al mondo moderno.

Con Papa Giovanni Paolo II la Chiesa riconosce i suoi errori e le sue colpe. Lo storico Andrea Riccardi in "Giovanni Paolo II. La biografia"[1], ricorda come il pontefice chiese perdono per: le conversioni forzate, i roghi degli eretici, per l'antigiudaismo e le guerre di religione, per il sacco di Costantinopoli da parte dei crociati e per la Notte di San Bartolomeo. Se si ricorda il papa per il *"mea culpa"* cristiano, non lo si ricorda per le riforme lasciando la Curia così come la trovò. Fu un conservatore, diede la prelatura personale alla congrega dell'Opus Dei, un'autonomia giuridica dentro la Chiesa, considerata pericolosa dalla Chiesa stessa. L'Opus Dei detiene il controllo di una cospicua catena di banche e di un'infinità di aziende nel mondo. La volontà di riforma della Chiesa dell'attuale papa Francesco è prima di tutto, secondo il pontefice, un sincero ritorno a Dio. Un processo chiaramente di ritorno alle origini che non tutti condividono e che la curia avversa. Francesco non è ancora riuscito, nonostante numerosi tentativi, a riformare lo IOR, la Banca Vaticana che amministra i patrimoni dei beni ecclesiastici di mezzo mondo.

A dar fastidio alla curia romana è principalmente la nuova Costituzione apostolica di Bergoglio, che dà maggiori poteri al Sinodo dei vescovi.
Un ritorno alle origini comunitarie dei primi secoli.
"Ieri" la corruzione, la vendita delle cariche, il concubinato, "oggi" lo scandalo della pedofilia, gli intrecci nebulosi intessuti dallo IOR, gli scandali finanziari e immobiliari con gli stessi tentativi di "riforma della Chiesa" come avvenne nel Ciclo di Terra precedente. La differenza è che allora gli scandali inaugurarono il nuovo Ciclo mentre oggi lo concludono, impedendo di fatto una riforma interna all'Elemento Terra e all'interno delle mura vaticane come avvenne a suo Tempo. Con la nuova Triplicità d'Aria del 2020-2218, è molto probabile che la riforma invocata dall'attuale papa possa percorrere sentieri che esulano dalla sua influenza e che la possa subire dalle spinte collettive e dalla società. Il cammino storico della Chiesa avverrà fuori dai segreti delle mure del Vaticano. Un primo esempio della nuova tendenza la nuova decisione del Papa: abolire il segreto pontificio sulle denunce, i processi e le decisioni riguardanti i delitti citati nel primo articolo del recente motu proprio *"Vos estis lux mundi"*, vale a dire: i casi di violenza e di atti sessuali compiuti sotto minaccia o abuso di autorità; i casi di abuso sui minori e su persone vulnerabili; i casi di pedopornografia; i casi di mancata denuncia e copertura degli abusatori da parte dei vescovi e dei superiori generali degli istituti religiosi.[2]

PURGATORIO
<u>Ciclo Terra 1049-1225.</u>
Jacques Le Goff, storico francese, è tra i massimi studiosi della società occidentale del Medioevo. Ha indagato temi cruciali individuando il formarsi di atteggiamenti, mentalità e dottrine all'interno di una ricerca unitaria dei processi storici, riporta la Treccani.
La lista delle sue opere e dei riconoscimenti internazionali che ha ricevuto sono moltissimi. Per la casa editrice Laterza ha diretto la collana *"Fare l'Europa"*. Affronteremo, con lo storico francese, uno dei temi della dottrina religiosa, il Purgatorio, intorno al quale ruotano le vicende più complesse e le influenze più importanti non solo dell'uomo di ieri ma anche dell'uomo di oggi.
In questa sezione si prenderà come riferimento il libro "La nascita del purgatorio"[3] che ci farà da guida nelle vicende storiche.

Il termine *purgatorio* venne introdotto verso la fine del XII secolo mentre la relativa dottrina venne definita quasi un secolo dopo nel secondo Concilio di Lione del 1274 (Ciclo Aria). Successivamente, dal Concilio di Firenze del 1438 (Ciclo Acqua) e infine ribadita nel Concilio di Trento, nel 1563 (sempre nel Ciclo Acqua).

Il questo capitolo si analizzerà come un'idea possa evolversi negli archi temporali di 4 Cicli, dal Fuoco all'Acqua in virtù della sua complessità dogmatica che non poteva essere formulata in breve tempo. Tutto iniziò con i filosofi greci Clemente Alessandrino e Origine, massimi esponenti della teologia cristiana ad Alessandria nel Ciclo di Fuoco 14-252 e.c.

Nei Cicli successivi ci furono ampi dibattiti sulla questione senza tuttavia riuscire ad articolare un dogma. Raggiunse la sua piena maturazione in virtù dell'unico Elemento che avrebbe potuto formulare un apparato teorico che riuscisse a sostenere la sua validità concettuale: il Ciclo d'Aria del 1226-1424, l'Età Mentale. Questo argomento viene pienamente sviluppato e articolato nel libro "Universis 2020-2218: Evento Rinascimento 2.0" che si occupa interamente a tre Cicli d'Aria.

Quello che interessa comprendere, sono gli eventi del Ciclo di Terra, l'Età Materiale, che ha posto le fondamenta di un'idea nata da questioni prettamente *materiali* del Tempo ma che non riuscì mai a concretizzarsi.

In precedenza, abbiamo visto lo scandalo della *simonìa* che diventò quasi una norma per l'epoca. Le cariche di vescovo, di abate o di semplice parroco, infatti, comportavano il godimento delle rendite provenienti dalle proprietà che erano legate a quelle stesse cariche portando vantaggi economici. L'individuo che comprava una carica ecclesiastica cercava poi di recuperare la spesa facendo pagare ai fedeli la somministrazione dei sacramenti, la celebrazione di messe, le indulgenze per i defunti.

In questa fase storica, la Chiesa era alla continua ricerca di risorse economiche, non dimentichiamoci della crociate. Tale necessità spinse a creare, volutamente o meno, un dogma che avrebbe garantito dei nuovi introiti oltre a rafforzare il dominio e potere della Chiesa sulle coscienze individuali e sui regnati e sovrani d'Europa.

Jacques Le Goff nel 1982 pubblicò in Francia il libro *"La Naissance Du Purgatoire"*[4]. L'autore spiega come agli albori del XIII secolo la Chiesa cattolica si *"impadronì"* di un *"luogo"* che sembrava al di là delle influenze di ogni struttura umana, e di uno *"spazio"* che si era sempre pensato proprio di essenze trascendenti l'umanità: la Divinità, il Fato, la Morte.

Una conquista di tale importanza storica avvenne grazie a una invenzione, quella, appunto, del Purgatorio. Con la creazione di questo 'luogo' la Chiesa estendeva il suo controllo sulla società offrendo la speranza di salvezza, bastava offrire del denaro. Le Goff spiega nel suo libro che prima del XIII secolo né la parola Purgatorio né la sua rappresentazione esistevano. Infatti, nasceranno solo nel Ciclo d'Aria del 1226-1424. La Bibbia non ne parlava come ribadiranno, in epoca della Riforma, i Protestanti nel Ciclo d'Acqua 1425-1602.

<u>Ciclo Terra 1842</u>

"La messa in suffragio dei defunti non si paga". È stato chiaro Papa Francesco nel denunciare un mercato che da Nord a Sud del Paese, e nel mondo, non conosce fine: *"[...] Non dovete pagare niente per far dire la messa, non si paga: è il sacrificio di Cristo, che è gratuito".* Al massimo, dice, si può *"fare un'offerta".* *"Nessuno e niente è dimenticato nella Preghiera eucaristica",* sottolinea il pontefice[5] e se il fedele la vuole fare, la può mettere nella cassetta delle offerte, di nascosto, in modo che nessuno possa vedere quanto versa.

Già nell'autunno del 2014 Papa Francesco si era ripetutamente espresso contro la pratica di far pagare per il battesimo, la benedizione, le intenzioni per la messa e aveva detto apertamente che le parrocchie dovevano far sparire il *"listino dei prezzi"* per le varie celebrazioni: *"[...] Queste abitudini costituiscono peccato di scandalo [...]",* aveva detto il Pontefice[6].

Il papa argentino, un gesuita, riprende indirettamente una tematica nata 800(i) anni prima con il Ciclo di Terra: il Purgatorio, con tutte le sue implicazioni terrene. Non si deve dimenticare che fu uno dei motivi per cui si verificò il scisma religioso con Lutero.

Andare oltre, significherebbe riconoscere che la Chiesa è colpevole non solo del fatto che ha insegnato e sta praticando il peccato d'idolatria ma che ha anche creato un "luogo" che le sacre scritture non menzionano.

Papa Francesco: *"[...] Guai a trasformare le Chiese, casa di Dio, in mercati, magari pure con il listino prezzi per i Sacramenti [...]."*[5] E ancora: *"Dietro il denaro c'è l'idolo, gli idoli sono sempre d'oro. E gli idoli schiavizzano."*[7] afferma Francesco perché *"[...] il nocciolo della corruzione è proprio un'idolatria: è aver venduto l'anima al dio denaro, al dio potere [...]".* In precedenza, nessun pontefice aveva posto grande enfasi su questi temi. Francesco è un papa che vuole riportare la Chiesa alle sue umili origini e alla sua missione originaria, riportano le varie fonti.

Non va neanche dimenticato il suo più grande desiderio: riunire la Chiesa Cattolica (occidente) con la Chiesa Ortodossa (oriente). Questo comporterà la discussione di due nodi cruciali che sono all'origine della scissione antica: l'iconografia religiosa e il Purgatorio. E' molto probabile che sarà ancora una volta il Ciclo d'Aria (2020-2218) a dar vita a un nuovo apparato concettuale che rinnoverà il dogma religioso se avverrà la fusione tra oriente e occidente. L'Aria, ricordiamolo, tende a unire ciò che è separato superando qualsiasi barriera divisoria e concettuale, o, viceversa, ad amplificarla rendendo impossibile ogni dialogo tra le due comunità religiose.

MERCANTI.
<u>Ciclo Terra 1049-1225.</u>
L'evento delle prime Crociate, portarono alla ribalta le repubbliche marinare che riconquistarono il mediterraneo dall'influenza araba. Ancona, Pisa, Genova e Venezia svilupparono un'estesa rete di traffici commerciali con l'Oriente e riuscirono a sganciarsi sia economicamente che politicamente dall'influenza del Papa e dell'Imperatore. Nasce una nuova figura, il *Mercante* e, con esso, una nuova cultura affarista. Sono sempre esistiti ma è nel XII secolo che il loro ruolo divenne sempre più significativo non solo nell'economia ma anche nella politica, nella cultura e nella società. Gli storici definiscono il periodo che va dal 1100 al 1500 come l'epoca d'oro dei Mercanti. A cambiare le loro sorti fu l'incremento demografico di quel periodo, l'Europa passò da 25 a 70 milioni di abitanti, le persone si concentravano sempre più nelle città e queste permettevano al mercante di non andare di castello in castello. Gli bastava mettere la sua mercanzia nella piazza della città, città che produceva più ricchezze che della campagna.

La prima Crociata, permise la conquista dei primi porti ad oriente. Secondo gli storici è in quel momento che avvenne la rivoluzione commerciale. I mercanti, dal XII secolo, raggiungono ogni angolo d'Europa con nuove e più ricche merci. Nascono le fiere dove i mercanti si incontrano e fanno affari. Il luogo privilegiato fu una località vicino a Parigi verso il 1150, nella regione della Champagne. Tutto ciò, creò l'espansione economica, l'aumento delle spedizioni e molti mercanti divennero commercianti, ossia, il mercante smise di viaggiare e non si occupava più personalmente dei suoi affari.

L'invenzione della *lettera di cambio* e delle assicurazioni, permettevano a chi voleva veramente commerciare su larga scala, di creare vaste società, dette compagnie[8].

Il lavoro, secondo la cultura del Tempo, era considerato come una sorta di castigo per il <u>peccato</u> originale. Con i mercanti cambia tutto: il lavoro inizia a diventare per l'uomo uno strumento di <u>riscatto</u>, l'uomo che lavora inizia a trovare il proprio posto nella società. Inizia ad imporsi un certo 'individualismo' di natura *economica* che aiuterà a far crescere il concetto culturale dell'individualismo umanistico e del primo Rinascimento nel Ciclo d'Aria 1226-1424.

Dalla corrispondenza dei mercanti medievali, gli storici hanno ricavato che il principale interesse del mercante era l'accumulazione continua di ricchezze. Entrarono, via via, in relazione con il potere. In cambio della ricchezza generata dalle tasse, ad esempio, i signori medievali proteggevano i mercanti, facilitando il fiorire delle grandi fiere mercantili.

Attraverso, poi, politiche matrimoniali, le famiglie mercantili riuscirono ad inserirsi nei grandi lignaggi signorili, arrivando presto ad occupare le cariche di potere. La diffusione del *capitalismo mercantile* contribuirà alla soppressione di molte barriere naturali, culturali, morali, religiose ed intellettuali, modificando fortemente la società europea non solo di quel Tempo ma anche quello successivo.

Prestavano denaro e speculavano, si organizzavano in compagnie con una sede permanente e mandavano i propri dipendenti per le piazze d'Europa e nei mercati orientali. Una vera e propria classe sociale si affermava in tutta l'Europa occidentale, imponendo una nuova mentalità e una nuova etica che, diversamente da quella nobiliare e feudale, ha il suo centro nel *denaro* e nel *profitto*. Il mercante è l'uomo "nuovo" che dà un contributo decisivo allo sviluppo delle città, quindi della nuova cultura urbana. Prima si produceva e si consumava all'interno del feudo solo per i propri bisogni, con la nascita dei mercanti si produce di più. Egli riesce ad arricchirsi sfidando il *"tempo"* cioè a sfruttarlo per gestire i commerci e organizzarsi economicamente. Questo nuovo uso del *tempo* entrò però in contrasto con l'insegnamento religioso, secondo cui il Tempo sarebbe stato donato da Dio, dunque, non poteva essere venduto, come faceva il mercante. Nasce, quindi, un conflitto tra la morale religiosa e i comportamenti mercantili. Tutti i riformatori religiosi erano concordi sulla condanna della ricchezza. Il lavoro eticamente accettato era quello dei campi mentre veniva respinto quello del mercante. Il lavoro, o meglio, la *"fatica"* nei campi era vista come penitenza o come espiazione dei propri peccati. Il mercante viene visto con sospetto: è avido, avaro, spregiudicato, perennemente in viaggio, tende all'inganno e si procura ricchezza a danno di altri uomini.

Tuttavia, le corporazioni mercantili, finanziano la costruzione di nuove cattedrali, ma soprattutto influenzano il passaggio dall'arte romana all'arte gotica, producono la nascita della letteratura in volgare permettendo la nascita di un nuovo pubblico desideroso di acculturarsi sottraendo il sistema di istruzione all'egemonia della Chiesa.

Con il mercante, il *denaro* si trasforma da *"mezzo"* a *"fine"*. Tale mentalità rivoluzionerà l'intero impianto di valori politici, economici e culturali, andando a scalzare la concezione del Tempo con la visione di logica ed efficienza. Abbiamo visto in precedenza in "Scandalo della Chiesa" e "Purgatorio" l'importanza del denaro sia nell'acquisto delle cariche ecclesiastiche, sia nella salvezza dell'anima, sia dei vivi che dei morti che permetteva a chiunque di salvarsi, bastava avere denaro.

La Chiesa, inoltre, condannava il prestito monetario che chiamava "usura" anche se successivamente lo distinguerà dal "prestito" che *"[...] appare moderato e lecito in quanto "giusto prezzo" per l'indennizzo del lucrum cessans del prestatore, ossia del mancato guadagno [...]"*[9]. Questo ci riconduce alla questione ebraica e alla Crociate. Per quanto riguarda quest'ultime, crearono il problema della reperibilità di denaro liquido per finanziarle. All'inizio furono i monasteri a fornire il necessario fino a quando la Chiesa, vedendo che stavano diventando potenti e fuori controllo, impedì questa forma di credito. Questa azione, non solo favorì i mercanti ma anche gli ebrei. A partire dal XII secolo ebbe luogo un cambiamento importante nella loro vita. Mentre cristiani acquisirono un ruolo sempre più rilevante nel commercio, gli ebrei si trovarono praticamente relegati all'esercizio di una sola occupazione: *il prestito di denaro*. Le circostanze erano loro favorevoli, giacché la Chiesa proibiva ai cristiani di prestare denaro su interesse, pratica considerata "usura", un peccato molto grave. Una posizione, questa, che subì poi delle modifiche come è stato riportato prima da Jacques Le Goff.

Di contro, la religione giudaica lo permetteva, gli ebrei che si dedicarono al prestito di denaro procurarono enormi benefici economici a se stessi ma anche ai governanti cristiani. Dall'altra parte, l'attività del prestito di denaro, attirò verso gli ebrei l'odio delle masse popolari. La Chiesa condannò gli abusi degli ebrei accusandoli di estorsione ai danni dei poveri oltre ad essere colpevoli del peccato dell'usura.

Gli ebrei erano gli unici a poterla esercitare legalmente mentre era severamente vietata ai cristiani. Molti membri delle comunità giudaiche divennero, infatti, degli usurai soltanto perché si vedevano preclusi l'accesso ad altre attività economiche: non potevano ad esempio effettuare lavori agricoli, né far parte di alcuna corporazione.

Le comunità giudaiche si dedicavano o restavano solo alcune forme di artigianato e di commercio e nient'altro per sopravvivere. Anche loro però, in forma indiretta, furono protagonisti della rinascita economica e culturale europea. Questo spiega anche perché ci siano così tanti punti di contatto tra gli ebrei e le attività finanziarie e commerciali nel successivo Ciclo di Terra del 1842-2020.

L'avvento dei mercanti produsse una nuova idea del "rapporto di lavoro" che, indirettamente, convogliò successivamente la loro categoria verso la religione protestante: le parti contraenti erano giuridicamente e formalmente libere, secondo la nuova visione mercantile.

Il cattolicesimo-romano invece, essendo una religione feudale, impostava il legame sul rapporto personale di soggezione e quindi sulla rendita con il lavoratore. Solo il signore feudale poteva scindere il legame/contratto.

La nuova concezione del rapporto di lavoro portò il passaggio della figura del mercante nella nuova identità sociale: il *"borghese"*. La novità è che il borghese orienta in modo sistematico tutta la sua attività al guadagno attraverso il lavoro e non tanto per la sete di guadagno. Questa concezione di vita cambierà tutti i rapporti economici, sociali, esistenziali, sui quali l'uomo aveva vissuto per migliaia di anni.

Prima, il lavoro serviva solo alla copertura del fabbisogno. Il mercante, e dopo il borghese, sconvolgerà questa logica, opererà una rivoluzione ribaltando la mentalità tradizionale: *"non è una virtù accontentarsi di ciò che si ha"*. Ciò che si vuole è sempre più denaro e per ottenere sempre più denaro bisogna lavorare sempre di più, molto di più rispetto alla quantità di lavoro che servirebbe per il proprio sostentamento. Questo spirito capitalistico fa nascere uno stile di vita del tutto nuovo fondato sul risparmio, riporta Aron Gurevic in "Il mercante"[10]. Analizzando la figura del mercante si può comprendere meglio anche l'argomento trattato in precedenza: il Purgatorio. Il mercante muoveva intere masse di capitali economici.

<u>Ciclo Terra 1842-2020.</u>

Periodo in cui si confrontano le ideologie capitaliste e socialiste. Denaro, lavoro, diritti dei lavorativi, lotta di classe. I mercanti del Ciclo precedente diventano i manager, gli imprenditori, i magnati attuali. Le compagnie di allora sono le multinazionali di oggi, i viaggi in carovana e per nave vengono sostituiti da trasporto tramite treni e aerei, accorciano le distanze, i tempi e favoriscono la globalizzazione. La lettera di cambio si trasforma moneta elettronica con la transizione bancaria. La Chiesa, tramite lo IOR, è una potenza economica. Gli ebrei sono proprietari di attività finanziarie e commerciali su scala mondiale: da usurai a banchieri. Enfasi sul materialismo, individualismo (profitto personale contro il bene collettivo), società dei consumi e dei beni commerciali. Il XX° secolo lo conosciamo quasi tutti, la Storia ci racconta molto eventi che ci riportano direttamente al Ciclo precedente dove tutto ebbe inizio.

OSPEDALI.

<u>Ciclo Terra 1049-1224.</u>

A partire dal XII secolo nascono tanti ospedali, la *domus ospitalis*. In una società di ceti in ascesa e di emarginati, si impose l'urgenza della carità e di un nuovo modo di praticarla: dalla semplice elemosina si passò al moltiplicarsi degli ospedali. Essi erano di vari tipi: degli ordini ospedalieri, degli ordini religiosi-cavallereschi, si trovavano vicino ai monasteri e alle canoniche, voluti dai re, dai signori laici, dai borghesi benestanti e dai fedeli particolarmente devoti. Già nel Ciclo di Terra 253-391 precedente, il Concilio di Nicea del 325 e.c. stabilì che ogni Vescovato e Monastero dovesse istituire, in ogni città, ospizi per pellegrini, poveri e malati. In questo nuovo Ciclo l'attività ospedaliera aumenta e si espande sempre più anche in virtù del pellegrinaggio e delle crociate che creavano spostamenti di persone su larga scala come mai era avvenuto in passato. Questi luoghi, erano soprattutto *ospizi* dove chi non poteva permettersi alberghi e osterie veniva ospitato gratuitamente e rifocillato. In larga parte i principali fruitori dei *domus ospitalis* erano soprattutto i pellegrini durante gli anni giubilari e in secondo luogo le persone in difficoltà. La successiva evoluzione fu quella di propri e veri ospedali.

Ciclo Terra 1842.

Abbiamo: medici senza frontiere, le onlus, i volontari, i missionari, la nascita della Croce Rossa. Strutture e persone che operano a livello globale, in ogni continente per lenire le sofferenze altrui. E' nel XX° secolo che assistiamo al concretizzarsi e alla massima espressione dell'idea iniziale nata nel Ciclo precedente.

"Ama il prossimo tuo come te stesso" dicevano le sacre scritture e, l'amore verso il prossimo, trovava un piano di realizzazione di aiuto concreto nel ciclo del 1842-2020 grazie anche, alla nuova coscienza collettiva e individuale maturata nel XX° secolo in merito al dolore delle guerre e alla sofferenza dei popoli anche da parte delle persone laiche.

SACRO ROMANO IMPERO GERMANICO

Ciclo Terra 1049-1224.

Particolarmente importante, anche per i suoi rapporti con il papato, è Federico Barbarossa, salito al trono di Germania nel 1152 diventando imperatore del Sacro Romano Impero nel 1155. Federico intervenne a più riprese in Italia, tentando di prendere militarmente il controllo della penisola, incontrando però l'opposizione dei Comuni. Nel 1167, con il giuramento di Pontida, fu fondata la Lega Lombarda, un'alleanza tra Comuni in funzione anti-imperiale.

Ciclo Terra 1842-2020.

La nascita del movimento politico della Lega ricorda la nascita della Lega Lombarda del Ciclo precedente. I rapporti storici tra Germania e Italia lega i due paesi nella loro evoluzione come nazioni. Assistiamo con la prima e la seconda guerra mondiale, il tentativo di espansione europea della Germania. All'inizio del XXI secolo prenderà la guida dell'Unione Europea decidendo le linee guida di natura politico-economica. Lo stato tedesco riveste un ruolo chiave nelle vicende storiche degli ultimi decenni, soprattutto, nella guida della Comunità Europea decidendo le politiche economiche degli stati membri. Il dominio non è più militare ma economico e politico.

INVENZIONI

Ciclo Terra 1049-1224.

I *codici*, ossia i libri manoscritti molto simili ai libri moderni, rimpiazzarono il rotolo e furono costituiti da pergamene. Gli amanuensi, ossia i copisti, trascrissero migliaia di testi dell'Antichità. Abbiamo lo sviluppo della legatoria dei libri in carta così come li conosciamo oggi.

Mulini a vento: l'aumento della popolazione costrinse ad aumentare la superficie del raccolto e a coltivare più legumi e cereali.

L'abbigliamento attillato indossato dalle donne del XII° secolo è stato il frutto di un'invenzione cruciale: il bottone. Grazie ai bottoni fu possibile legare corpetti e colletti, nonché aprire e chiudere le maniche strette.

Nella prima metà del XI secolo, l'indumento femminile più diffuso era la tunica, che si presentava lunga e semplice con le maniche strette.

Con il Cristianesimo, le donne sposate furono costrette a coprire i capelli, almeno in pubblico, con un mantello avvolto al capo e appoggiato alla spalla, con un copricapo che poteva essere cucito direttamente al mantello coprendo tutta la testa e il collo, lasciando libero solo il viso.

Il XII° secolo rappresentò un periodo di innovazione per l'eleganza e per il design creativo. Dopo il 1100, ad arricchire la linea semplice e spoglia delle tuniche femminili, arrivarono le maniche lunghe, una moda che scandalizzò le autorità cittadine che vedevano nel nuovo taglio uno spreco inutile di stoffa. L'abito femminile era composto da tre capi essenziali: la camicia, la tunica (o gonnella) e la guarnacca (sopraveste).

Il secolo XII° segna un intervallo di Tempo in cui nel campo della matematica si ha un notevole rinnovamento. Da ogni parte si ha un ritorno consapevole della dimostrazione, senza la quale la matematica diventa un ricettario di formule vere o solo approssimate. La dimostrazione consente di capire quello che si studia, ne consente una critica e la possibilità di ulteriori sviluppi.

Dal secolo XII° iniziarono le traduzioni dall'arabo delle grandi opere. Così nel 1142 Adelardo di Bath traducesse per la prima volta (dall'arabo) gli Elementi di Euclide precedendo di poco molti altri traduttori tra cui Roberto di Chester che tradusse l'Algebra di Al Kuwarizmi, Platone di Tivoli che tradusse vari testi arabi e greci e il *Liber Embadorum* di Savasorda e, specialmente, Gherardo da Cremona (1114 – 1187) che tradusse ben 85 opere di Matematica tra cui gli Elementi di Euclide e l'Almagesto di Tolomeo. Tutte le informazioni sono ricavate da Wikipedia e dai siti che si occupano di storia reperibile nel web.

<u>Ciclo Terra 1842</u>

I codici di un Tempo sono diventati gli ebook di oggi con l'ampia diffusione del materiale di lettura su scala planetaria grazie ai supporti tecnologici di conservazione del sapere umano. La moda influenza i costumi e la cultura della società. I grandi progressi della matematica hanno prodotto le due teorie più importanti del XX° secolo: la fisica della relatività e la fisica quantistica. Grande periodo di innovazione tecnologica che ha cambiato diversi settori della società soprattutto nell'alimentazione, migliorando gli standard di vita della popolazione.

[1] Andrea Riccardi in "Giovanni Paolo II. La biografia", Editore San Paolo, 2011
[2] fonte:
https://www.repubblica.it/vaticano/2019/12/17/news/pedofilia_papa_abolisce_segreto_pontificio-243692228/
[3] La nascita del purgatorio, J. Le Goff, Einaudi, 2014
[4] in Italia: Jacque Le Goff in La nascita del Purgatorio, Einaudi, 2014
[5] articolo online
https://www.lapresse.it/cronaca/papa_denuncia_le_messe_in_suffragio_dei_defunti_non_si_pagano_-101431/news/2018-03-07/
[6] articolo online http://www.ilgiornale.it/news/cronache/papa-ai-sacerdoti-basta-fare-pagare-messe-i-morti-1502214.html
[7] articolo online https://www.lastampa.it/2018/11/09/vaticaninsider/il-papa-guai-a-trasformare-le-chiese-in-mercati-con-il-listino-prezzi-per-i-sacramenti MEgV7LYSgAKkUVeyu4kztI/pagina.htm
[8] Treccani http://www.treccani.it/enciclopedia/mercanti_%28Enciclopedia-dei-ragazzi%29/
[9] Jacques Le Goff, Lo sterco del diavolo. Il denaro nel Medioevo, Ed. Laterza, 2013
[10] A.J. Gurevic, Il mercante, in L'uomo medievale, Laterza, 2012

2.14 Connessioni del Flusso Temporale: 1226-2020.

Il Ciclo d'Aria viene ampiamente trattato, in un'analisi astrosociostorica, nel libro "Universis 2020-2218: Evento Rinascimento 2.0". Per chi vorrà approfondire, si consiglia la sua lettura. Per questo motivo, questo capitolo verrà trattato brevemente dando solo alcuni spunti di riflessione sui Cicli degli Elementi. Inoltre, le diverse tematiche che verranno trattate, saranno approfondite nei *Libri Bianchi* che indagheranno tutte le correlazioni tra gli eventi celesti e gli eventi terrestri in qualità di probabili eventi futuri su diverse linee temporali. Questo perché ci troviamo in una fase storica che ci permette di indagare al meglio il passaggio dal Ciclo di Terra al Ciclo d'Aria e la nuova Triplicità andrà profondamente indagata.

Si parla che occorrono nuovi valori, nuove idee, nuovi ideali per affrontare la crisi dell'uomo moderno.

Come possiamo identificarli?

Seguendo la direttrice della nuova Qualità del Tempo.

Chi ce la fornisce?

Il Ciclo degli Elementi.

Come?

Con il suo Spirito del Tempo che una sua identità definita basata sul nuove Elemento: l'Aria. Ci dirà cosa lasciar andare e cosa seminare e cosa, successivamente, raccogliere seguendo le sue indicazioni.

Ci si accorgerà presto che i 'vecchi' metodi (Terra) non potranno più funzionare e che di dovrà agire diversamente (Aria).

Se si vorranno trovare nuovi ideali, nuovi valori, nuove visioni del mondo, un modo nuovo per trovare soluzione ai problemi lo si dovrà fare indagando, comprendendo, essere consapevoli che dovremo imparare un nuovo linguaggio per poter decodificare il messaggio del nuovo Spirito del Tempo.

Arthur C.Clarke nel 1965 pubblicò "Le nuove frontiere del possibile" dove ricorda il frate Roger (1214-1292) che immaginò strumenti ottici, battelli azionati meccanicamente e macchine volanti, tutti congegni impensabili per le conoscenze tecnica del suo tempo.

"Si possono fare strumenti per mezzo dei quali le più grosse navi, con un solo uomo che le guidi, saranno trasportate a velocità maggiore che se fossero piene di marinai. Si possono costruire carrozze che si muoveranno

con incredibile rapidità, senza l'aiuto di animali. Si possono fabbricare apparecchi di volo in cui un uomo, seduto a proprio agio e immerso nei propri pensieri, potrà battere l'aria, con le sue ali artificiali, alla maniera degli uccelli... e altresì macchine che permetteranno agli uomini di passeggiare sul fondo dei mari".

Come lo stesso autore afferma, è difficile pensare che queste affermazioni siano state scritte nel XIII secolo. Ogni cosa che il frate immaginò, più per fede che per logica, è diventata vera oggi.

"[...] È probabile che ogni predizione a lunga gittata, se ha da essere esatta, dev'essere di questa natura. Il vero futuro non è logicamente prevedibile [...]" afferma Arthur C.Clarke.

Nell'Elemento Aria assistiamo a dei veri momenti di rivitalizzazione intellettuale, filosofica e scientifica che guidano le trasformazioni sociali, politiche ed economiche perché l'energia dell'Età della Mente progetta il futuro. Possiamo assistere a fasi storiche in cui c'è la tendenza ad un distacco dalla quotidianità materiale della vita rispetto al Ciclo precedente di Terra più radicata nella materia.

La Triplicità d'Aria, che iniziò nel 1226 per concludersi nel 1424, diede inizio a una fase storica che segnò il passaggio dal Medioevo all'età Moderna in cui si passò dalla cultura classica alla cultura rinascimentale, si passò dalla struttura feudale a quella degli stati nazionali, il cristianesimo si divise in cattolico e ortodosso, la cultura umanista e del primo rinascimento segnò la fine di una visione del mondo mettendo al centro l'uomo creando i presupposti della futura rivoluzione scientifica. Furono due secoli in cui si verificarono: crisi economiche, carestie, pestilenze, cambiamenti culturali, sociali, politici. Un periodo storico che segnò il definitivo passaggio da un'epoca all'altra riscoprendo le fonti del sapere Antico.

L'Elemento Aria, favorì la dimensione del *pensiero-astratto*, dell'intelletto, dello scambio culturale, un abbandono della vecchia visione del mondo portando l'uomo da vittima ad artefice del proprio destino favorendo nuove correnti di pensiero.

Marco Polo fece il suo epico viaggio In Cina nel 1269, ritornò 25 anni dopo per introdurre la cultura cinese in Europa. La Via della Seta portò al commercio internazionale. L'Europa riscopre anche le sue radici filosofiche ellenistiche nelle opere dimenticate di Aristotele e Platone combinati con le conoscenze arabe, tra cui l'astrolabio.

E' una fase, infatti, in cui assistiamo anche a un grande fervore astrologico, una ripresa e una divulgazione su larga scala della disciplina che, inevitabilmente, non solo suscitò grandi dibattiti ma anche conflitti con la Chiesa:

-1221-1284 Alfonso X il Saggio, re di Castiglia, fu un personaggio multiforme: protettore del sapere e dell'astrologia, favorì le traduzioni dei trattati arabi, in spagnolo e poi in latino, fu protagonista della composizione di una summa astronomica, i *Libros del saber de astronomia*, di un trattato astrologico, il *Libro de las Cruzes* (1259), e delle famose *Tables Alphonsines* (1259).

Fondatore di una cattedra di astrologia all'università di Salamanca, emanò delle misure giudiziarie contro i ciarlatani: *"La divinazione del futuro tramite gli astri è autorizzata per le persone correttamente formate in astronomia, a scapito delle altre specie di divinazione che sono interdette."*

La sua opera scientifica, storica e letteraria fu fondamentale. [Wikipedia]

-1223-1297 Guido Bonatti il primo grande astrologo europeo.

-1277 il vescovo di Parigi Etienne Tempier, agendo su indicazioni del Papa Giovanni XXI, pubblicò un elenco di 219 errori o eresie che erano da condannare. Tra le eresie c'era l'idea che la natura segua delle leggi perché ciò è in conflitto con l'onnipotenza di Dio. Alberto Magno (1206-1280) vescovo cattolico dell'ordine domenicano, scrittore e filosofo tedesco, maestro di Tommaso d'Aquino, sosteneva la coesistenza pacifica tra la scienza e la religione. La conoscenza aristotelica, integrata nelle università europee, rappresentava la sfida al cristianesimo.

Per alcuni, l'astrologia era una delle aree più problematiche di conoscenza, motivando condanne accese. Alberto Magno, ispirato dall'argomentazione di Tolomeo che *"L'uomo saggio governa le sue stelle"*, scrisse un libro sull'astrologia chiamato *"Speculum Astronomiae"* dove presentò una difesa cristiana dell'astrologia, sostenendo che la saggezza dell'astrologia perfeziona piuttosto che negare il libero arbitrio. La Chiesa cattolica, oggi, lo venera come santo protettore degli scienziati e dottore della Chiesa.

Proviamo a sintetizzare gli eventi con questa tabella:

	1226 - 1424	2020 - 2218
Elemento	Aria	Aria
Pianeta Reggente	Giove	Giove
Segno reggente	Acquario	Acquario
Aspetto Elemento	opposizione	opposizione
Spirito del Tempo	L'Età Mentale	L'Età Mentale
Collegato	1197 a.e.c. - 402 a.e.c.- 392 e.c	1197 a.e.c. - 402 a.e.c.- 392 e.c - 1226 e.c.
Dinamica	individuale/collettivo, io/noi	individuale/collettivo, io/noi
Eventi	Crisi Economica Rinascimento Umanesimo Cambiamento culturale Crisi Religione Basi per la rivoluzione scientifica Peste Cambiamento climatico Cambiamento demografico Marco Polo apre la via della seta con la Cina	Crisi economica Rinascimento 2.0 Transumanesimo Cambiamento trans-culturale Crisi inter-religiosa Innovazione tecnologica Nuovo evento pandemico Cambiamento climatico globale Cambiamento demografico globale Cina nuova potenza commerciale

La relazione che si crea tra i due periodi storici collegati tramite la Triplicità d'Aria, ci fornisce una serie di informazioni in merito agli eventi che hanno probabilità di manifestarsi, di ripetersi in virtù di una sequenza Ciclica. Possiamo aspettarci trasformazioni culturali, nuove visioni e nozioni intellettuali sul mondo e sulla natura delle cose, sperimentare un Rinascimento 2.0 a livello globale senza precedenti, dove una nuova generazione di menti brillanti potrà emerge nel panorama internazionale, sperimentare nuovi stati di consapevolezza e di conoscenza dopo aver vissuto, nel Ciclo Terra, un'età oscura in cui la mente era centrata sull'aspetto materiale. Vediamone alcuni che verranno trattate con le pubblicazioni future di approfondimento di Universis.

Transumanesimo.

Nel Ciclo precedente l'umanesimo ebbe un ruolo di rilievo e, nel nuovo Ciclo, potrebbe evolversi nel transumanesimo in virtù delle nuove scoperte tecnologiche e non limitarsi solo in una rinascita strettamente culturale.

Ingegneria genetica, biotecnologie, biogenetica, medicina rigenerativa, nanotecnologie, carbonio vetroso, chip 5d, cognitive computing, learning machine, grafene, robotica, tecnologia per umani aumentati, sistemi sanitari predittivi/preventivi, e, non per ultimo, l'intelligenza artificiale saranno la spinta verso il post-umano.

In merito, ricordiamo che l'Interferenza dell'Elemento Aria del 1980-2000 all'interno della Triplicità di Terra, portò alla formulazione della prima *"Dichiarazione Transumanista"* avvenuta nel 1998 da parte di un gruppo di autori internazionali. In quel periodo la tecnologia informatica e robotica era solo all'inizio e il movimento non ebbe grande espansione ma con l'avvento delle nuove tecnologie è molto probabile che le idee di unire l'uomo alla macchina possano tornare alla ribalta. Una visione che pone gli esseri umani al "centro" dell'universo morale sostenendo che non esistano forze sovrannaturali che guidino l'umanità.

Il transumanesimo, in base alle dichiarazione degli autori fondatori, si ispira alla visione umanista del XIII secolo.

Rinascimento 2.0

nuovo fermento culturale su larga scala in virtù anche dei flussi migratori previsti nei prossimi decenni. Verranno sostituiti dei paradigmi con altri paradigmi.

Religione.

L'avanzare del probabile transumanesimo che nega l'esistenza di un'entità sovrannaturale, di movimenti evangelici e pentecostali (chiesa al femminile in cui la donna ha un ruolo importante) nel serbatoio cattolico dell'America latina (Sinodo dell'Amazzonia 2019), rappresentano una minaccia per la Chiesa Cattolica. Il Concilio Vaticano II nella dichiarazione *"Nostra Aetate"* ha affermato chiaramente che la Chiesa Cattolica deve uscire dalla sua visione storica e andare alla ricerca delle "sementi del Regno" che stanno nascoste nelle altre religioni.

Il viaggio apostolico di Francesco I, tenutosi tra Cile e Perù, il quinto ad avere luogo in America Latina, non è un caso. Come Giovanni Paolo II a suo tempo fece della sua patria l'indirizzo strategico di riferimento sino alla fine del comunismo, ugualmente il papa argentino sta facendo con il suo continente di nascita. Il continente latinoamericano da un trentennio sta affrontando un processo di decattolicizzazione rapido messo in evidenza dal Sinodo dell'Amazzonia (2019).

L'altro fronte sarà rappresentato dall'Islam. Secondo le proiezioni demografiche dell'OMS (Organizzazione Mondiale della Sanità), l'incremento della popolazione islamica è destinata entro il 2050 a far diventare l'Islam la prima religione globale. Molto probabile sarà anche l'aumento progressivo dei processi di secolarizzazione così come nuovi cambiamenti tra la Chiesa d'oriente e d'occidente. Nel precedente Ciclo d'Aria si verificarono importanti cambiamenti che crearono degli importanti rinnovamenti anche in termini di equilibri politici. E' molto probabile che la religione subirà diverse modifiche quanto nuove identità dogmatiche. Ci sarà da registrare anche un ritorno della visione pagana rinnovata che si farà strada nella fede e nel credo delle persone contaminando le religioni monoteiste, dando il via a un nuovo processo di domande sui grandi temi esistenziali dell'uomo.

Cambiamento demografico.
Le previsioni e le proiezioni dell'OMS portano entro il 2100 a una popolazione di 10 miliardi di individui, l'esplosione demografica in Nigeria, l'India supererà la Cina, popolazione islamica in aumento in Europa. Viene indicata la Francia come il primo stato con un presidente musulmano. Il cambiamento demografico produce cambiamento sociale e culturale. L'arrivo della "Generazione Alpha" nel 2020 caratterizzata dai tre segni: Capricorno, Acquario e Pesci sarà la generazione, secondo gli studiosi del settore, la più tecnologica di sempre e che, astrologicamente parlando, rappresenterebbe la generazione del "Nuovo Spirito del Tempo": lo incarnerà completamente.

Cina.
Gli economisti vedono nell'Asia il futuro centro delle dinamiche commerciali superando quella Americana anche come valuta di riserva. La Cina è diventata il centro di produzione mondiale, riveste un ruolo fondamentale nel motore dell'economia globale, è tra i principali consumatori delle più importanti materie prime, è avvenuta una repentina rilocalizzazione delle industrie caratterizzate da un più basso costo della manodopera. La disponibilità di un vasto esercito di lavoratori e a buon mercato nel sistema internazionale della produzione e del commercio ha intaccato il potere contrattuale dei lavoratori nei Paesi sviluppati e in quelli in via di sviluppo.
Nel precedente Ciclo d'Aria, la Via della Seta, aprì il continente europeo al flusso cinese. La Cina, oggi, sta già penetrando nuovamente nel tessuto europeo grazie anche all'enorme flusso di nuovi capitali d'investimento per dar vita alla 'Nuova Via della Seta'. Sta acquistando scali marittimi in

tutta Europa oltre a costruire diverse vie terrestri che possano collegare l'oriente all'occidente. Nel Ciclo precedente L'Europa andò in Cina. Nel nuovo Ciclo, la Cina ricambierà la 'visita'.

Crisi economica.

Nel precedente Ciclo d'Aria si decretò la nascita della prima banca in senso moderno, avvenuta in Italia nel 1407 a Genova: la Banca di San Giorgio. Fu la prima ad occuparsi della gestione del debito pubblico, definita da Machiavelli *"uno stato dentro lo stato"*. Nel nuovo Ciclo d'Aria del 2020-2218 si assisterà con molta probabilità a un fenomeno collegato al passato con le banche e alla crisi economica che investì il settore delle precedenti forme bancarie che crollarono perché i Re di Francia e di Inghilterra non restituirono le somme ricevute in prestito nella guerra dei 100 anni. Ci sono molti economisti odierni che affermano che si sta procedendo verso una crisi maggiore rispetto a quella del 2008 con il fallimento della Lehman Brothers. La crisi potrebbe favorire una nuova forma di sviluppo bancario o forme simili di sostegno alla nuova economia futura. La crisi potrebbe innescare un processo di un'economia basata sul "benessere" e non sul "profitto" dove le aziende investono nella categoria dei "benefit" introducendo nuovi modi per creare valori etici e sociali, con misure di qualità. Il profitto personale non potrà più reggere rispetto al bene collettivo. Se ciò era sostenibile nel Ciclo di Terra, non lo potrà essere nel Ciclo d'Aria. La crisi economica del precedente Ciclo del 1226-1424 generò un riassesto economico, una nuova riorganizzazione che potrebbe ripresentarsi attraverso la nascita di nuovi modelli socio-economici che potranno beneficiarne sia la società che il pianeta.

Pandemia.

In passato, la crisi economica delle prime Banche, la crisi agricola con le sue carestie, l'aumento demografico, la scarsa igiene favorirono l'insorgere della peste nera. Fu il secondo episodio dopo la "peste di Giustiniano" avvenuta nel 541 e.c. nella 3^ fase del Ciclo d'Aria. E' probabile che l'aumento demografico già nel 2050, l'aumento dei flussi migratori, una crisi economica, un cambiamento climatico possa produrre il sorgere di un terzo episodio di pandemia di peste nera che è completamente diversa e unica nel panorama batteriologico. Nel XIII° e

XIV° secolo contribuì ai cambiamenti geografici, politici, sociali, culturali su vasta scala. L'evento sembra avere una natura di portata globale e non locale come l'episodio avvenuto nel 1894-1906 in India che è rimasto confinato in quell'area rispetto alla diffusione su ampia scala del XIII secolo. Nel 1365 ci fu l'Interferenza dell'Elemento Acqua (Scorpione) nel Ciclo d'Aria creando ulteriori squilibri nel Ciclo. Assistiamo, proprio in questo periodo, ad una fase di forte espansione della "morte nera".

Quindi è probabile che un ritorno pandemico possa avere una diffusione su vasta scala. Ancora non esiste cura per la "peste nera" ed è la candidata a ripresentarsi ancora una volta con il Ciclo d'Aria. Quando si manifestò la prima volta nel Ciclo 392-571 (Aria), non ci furono "Interferenze". Si verificò la congiunzione in Gemelli, segno collegato agli organi respiratori. Si ricorda che il batterio *Yersinia pestis*, che provoca la malattia, ha tre modalità di contagio che si possono presentare insieme o isolatamente:

- è detta *bubbonica* se attacca il sistema linfatico;
- è detta *setticemica* se attacca l'apparato circolatorio;
- è detta *polmonare* se attacca l'apparato respiratorio.

Molto probabilmente fu quest'ultima che si propagò a grande velocità in quanto è trasmissibile per via aerea. Le ricerche storiche, e le proiezioni matematiche, segnalano che ci furono 100 milioni di morti nell'area compresa tra l'Europa e l'intero Mediterraneo. Fu la più grande pandemia mai registrata della Storia umana.

Astrologia.

E' molto probabile che anche l'astrologia sarà interessata dal vento del cambiamento e del rinnovamento così come avvenne nell'ultimo Ciclo d'Aria. Il Rinascimento garantì un nuovo status alla disciplina anche in virtù della riscoperta degli autori classici del passato. Un fervore di scambi, nuove visioni, riscoperta di autori e della cultura araba che non si ripeterono nei secoli successivi.

Barbault, vede nella congiunzione Saturno-Nettuno in Ariete del 2026 come un periodo favorevole per l'intera disciplina.

L'astrologo francese in "Omaggio a Urania"[1] si esprime così: *"[...] E allora come non pensare alle sorti della stessa astrologia, ispirate da qualche buon evento anticipatore? [...] Ora, proprio in questo passaggio ciclico del sestile in arrivo, quando il seme si fa pianta, la prospettiva del riconoscimento dell'Arte di Urania non merita forse un po di considerazione? E inoltre, per quanto sia ancora messa male e malgrado il disastro delle previsioni fallimentari fatte pubblicamente da incompetenti, l'astrologia mondiale [...] non può infine che contribuire al riconoscimento atteso. È mia ferma convinzione che questa terza analisi previsionale delle successive congiunzioni Saturno-Nettuno non dovrebbe mancare di dare lustro all'aureola di Urania [...]".*

Se viene colta l'occasione che si presenta con il Ciclo d'Aria, l'astrologia potrebbe avere un nuovo ruolo significativo e la giusta collocazione in futuro ma solo se si saprà rinnovarsi e presentarsi con nuove vesti.

Cambiamento climatico.

Non si prevede un riscaldamento globale ma un abbassamento delle temperature globali. La probabilità dell'arrivo di una PEG (Piccola Era Glaciale) è ritenuta molto alta da un settore della scienza. Nel XIII° secolo ebbe inizio lo stesso fenomeno che contribuì non solo alla decadenza economica e agricola ma anche alla nascita della peste nera. Fu l'inizio della PEG che ebbe in suo picco con il "minimo di Maunder" nel 1600. Prima di questo evento, si verificò un altro evento conosciuto come il 'periodo caldo del Medioevo" (temperature estremamente calde) che si prolungò nei primi decenni del Ciclo d'Aria per poi decadere velocemente preparando l'arrivo della PEG.

Fin qui una breve sintesi, seguiranno delle pubblicazioni (oltre a Universis 2020-2218: Evento Rinascimento 2.0) per ogni argomento fin qui trattato in modo da allargare l'analisi astrosociostorica. Verranno evidenziate correlazioni e probabili previsioni riguardante il Ciclo d'Aria dal 2020 al 2218 sulla logica della *"Connessioni del Flusso Temporale"*.

Come nel 1226-1424 il primo Rinascimento riscopriva le fonti Antiche, oggi nel 2020-2218 dobbiamo riscoprire ancora una volta le stesse fonti studiando con occhi diversi ciò che i Padri dell'astrologia scrissero sugli Elementi e la Geometria e procedere a una nuova riformulazione.

Universis conserva i legami con la Tradizione e il passato, unisce concetti divergenti, rinnova la concezione del Tempo da duale (lineare-circolare) a unità (sferico). Fa uso di argomenti vecchi e nuovi, opera in termini di sintesi interdisciplinare, si basa su geometria e matematica come all'inizio dei Tempi, rinnova il legame con la Tradizione Antica.

La Triplicità d'Aria è sicuramente uno dei periodi più stimolanti per la storia umana, è portatrice di grandi cambiamenti epocali su vasta scala che già nel prossimo decennio potremo osservare questo mutamento in corso.

Andrè Barbault in "Piccola antologia" scrive: *"[...] Dopo la prossima svolta storica del 2020 arriva quella del 2026, questa iscritta per contro come generatrice del miglior tornante del secolo, in virtù di una semplice congiunzione Saturno-Nettuno, tuttavia eccezionalmente incorniciata dai sestili di un trigono Urano-Plutone, mentre Giove li amplifica con le sue fasi ascendenti. Ma soprattutto l'avere già delineato [...] del 2080 quando si allineano massicciamente i quattro pianeti giganti nella triplice congiunzione Giove-Saturno-Urano in opposizione a Nettuno. Si tratta, nè più nè meno, della più critica configurazione di tutto il XXI secolo [...]".*

Con il Ciclo d'Aria, che porterà *'Il nuovo Spirito del Tempo con l'Età della Mente'*, assisteremo anche allo sviluppo di una forma di pensiero geometrico-spaziale capace di indagare in maniera differente il Tempo e lo Spazio. Ciò sarà possibile tramite lo sviluppo della tecnologia olografica e tridimensionale che modificherà l'apparato cognitivo umano in termini di ragionamento, di pensiero su ampia scala e nei campi più diversificati. La nuova struttura mentale favorirà la comprensione di nuove forme per concepire la realtà e anche l'idea di un "Tempo Sferico" che Universis mette in evidenza nel suo modello a più livelli.

---

[1] fonte: https://docplayer.it/111240859-Omaggio-a-urania-andre-barbault.html
[2] Piccola antologia, A. Barbault, CreateSpace, 2015

2.15 Universis Post Scriptum. Appunti, pensieri, riflessioni.

'Universis Post Scriptum. Appunti, pensieri, riflessioni'[1] è la continuazione di questo libro e allarga alcune tematiche che si è preferito trattare separatamente.

Nella pubblicazione del *Post Scriptum* viene riportata la dinamica della conversione del Tempo Lineare in Tempo Circolare, e viceversa, utilizzando le proprietà geometriche. Ci permetterà di comprendere anche in forma visiva, le differenze temporali, il concetto di *'velocità'* del Tempo, gli aspetti cognitivi che prendono vita considerando due osservatori temporali collocati all'interno di una visione Lineare e Circolare del Tempo.

Per poter introdurre questi argomenti in Universis, ci collegheremo alla visione Tradizionale dei Cicli Storici, visione veicolata dal simbolismo delle forme Antiche della conoscenza grazie agli studi dello scrittore e filosofo francese René Guénon (1886-1951) e del ricercatore indipendente Gaston Georgél.

Dai due autori, prenderemo solo alcune tematiche utili ai fini dell'esposizione e alla comprensione di Universis.

Il viaggio inizierà con l'autore Peter Turchin, scienziato russo-americano specializzato in popolazione biologica e sostenitore della *'Cliodinamica'* che è un'area di ricerca multidisciplinare incentrata sulla modellizzazione matematica delle dinamiche storiche.

Cercheremo di comprendere il suo significato e il suo ruolo nel contesto dei Cicli Temporali nonché i contributi che potrà offrire.

Per contro, come abbiamo visto nei capitoli precedenti, il modello Universis, identifica una *Chronosphaera* composta da quattro *Chronozone*, ossia: Fuoco, Terra, Aria e Acqua. Gli Elementi vengono collocati sull'*Axis Universis* dal quale prende vita la Ciclicità.

Abbiamo anche visto che tale dinamica circolare crea una risonanza storica con lo stesso Elemento del Ciclo precedente: Fuoco con Fuoco, Terra con Terra e via così per gli altri.

In questo modo, Universis crea una mappatura della Qualità del Tempo che è stato definito *'Codice'* caratterizzato da uno specifico Spirito del Tempo che tende a influenzare un arco temporale di 200(i) anni per il singolo Elemento e di 800(i) anni per ritornare allo stesso Elemento. Le previsioni del futuro si basano su uno schema che ha la sua origine nel passato e che avrà grandi probabilità di ripresentarsi successivamente quando si verrà a creare una risonanza che è stata chiamata *'Connessione del Flusso Temporale'*.

Questo protocollo d'indagine è stato applicato in *'Universis 2020-2218: evento Rinascimento 2.0'*[2] in cui si son correlati tre Cicli d'Aria di tre periodi storici per poter evidenziare una nuova fase propizia per un cambiamento epocale con il prossimo Ciclo d'Aria che inizierà il 21 dicembre 2020.

Clio, nella mitologia greca, era considerata la Musa del canto epico e della Storia. Veniva rappresentata con una pergamena srotolata in mano o seduta accanto a una cassa di libri.

Nel Post Scriptum si cercherà anche di porre le prime basi per formulare una *Clioversis*[3], ossia, una nuova visione storica basata sulla Tradizione dei Cicli ma presentata in chiave moderna.

L'Astrologia Mondiale 2.0 ha tre rami di sviluppo:

- **Universis:** protocollo di ricerca astrosociostorica;

- **Unichronos:** protocollo di datazione astrologica (pubblicazione a colori);

- **Clioversis:** la Ciclologia, recuperando la Scienza Sacra della Struttura del Tempo rivista nella prospettiva moderna.

La seconda parte del Post Scriptum, invece, è dedicata alla raccolta di appunti, pensieri, riflessioni che sono nati durante la fase di studio e di ricerca. Vengono presentati in ordine sparso e libero, con raffigurazioni e disegni utili a dar vita ad alcuni concetti che hanno una natura simbolica.

Si consiglia la lettura per poter avere una visione ancor più articolata di Universis.

---

[1] Universis Post Scriptum. Appunti, pensieri, riflessioni Argo, KDP, 2020
[2] Universis 2020-2218: evento Rinascimento 2.0, Argo, KDP, 2020
[3] Clioversis: combinazione di Clio, la Musa della Storia e di Universis.

Conclusioni.

Cibernetica: vasto programma di ricerca interdisciplinare che abbraccia competenze di più settori scientifici o di più discipline di studio, rivolto allo studio unitario degli organismi viventi e, più in generale, di sistemi, sia naturali che artificiali.
Cibernetica e Universis, cosa li lega?
La Cibernetica ci insegna che la fusione delle conoscenze interdisciplinare produce nuove informazioni che non sarebbero accessibili se non venissero messe in relazioni con altre discipline.
Universis è una sintesi, composta dalle conoscenze di diversi ambiti che, unificate in chiave astrologica, permettono di elaborare una nuova concezione della realtà. Vengono prese informazioni per allestire una nuova visione della dinamica celeste-terrestre nello studio dell'*astrosociostoria*.
I migliori risultati, i salti qualitativi nell'ambito di qualsiasi disciplina, si verificano quando esse rimangono aperte a ciò che le circonda, acquisendo informazioni e dati che non sarebbero accessibili se si rimanesse nell'ambito del proprio campo d'indagine.
Possiamo avere delle evoluzioni all'interno di una disciplina ma le possiamo avere fino a un certo punto perché si arriverà a un momento in cui ogni possibile crescita non potrà avvenire. Si creerebbe un loop interno in cui vengono ripresi gli stessi argomenti ma senza aggiungere nulla di nuovo. Una disciplina auto-referente non ha margini di crescita, è un sistema chiuso che non si rinnova ma ristagna, al massimo, perfeziona il sapere acquisito, organizzandolo, definendolo, strutturandolo al meglio.
L'approccio multidisciplinare garantisce l'entrata di nuove risorse informative, permette una rivisitazione delle idee, permette una nuova sintesi per creare nuove forme di pensiero.
Universis attinge da diverse discipline e, facendolo, gli permette di evidenziare nuove prospettive di realtà creando uno spostamento nel focus mentale con cui si osservano gli eventi astrostorici. E' inutile ricordare quanto l'osservatore incida sull'oggetto osservato, il suo focus mentale è lì dove egli crea la sua realtà.
E' come vedere un'immagine sfocata in cui solo alcuni punti sono messi a fuoco:

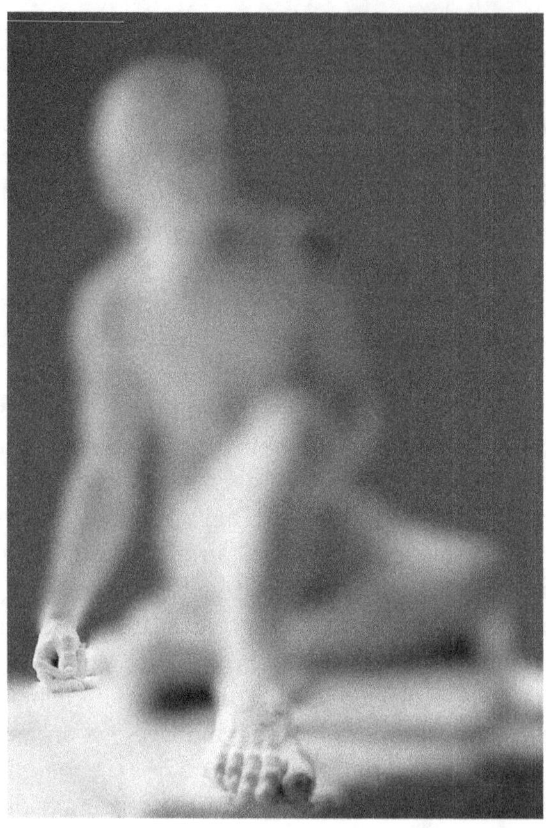

Si intuisce che c'è una forma, un'immagine ma non si comprende che cosa sia se non solo in parte.

Compito di qualsiasi indagine è produrre conoscenza, conquistare territori dall'ignoto e renderlo noto.

Universis è una proposta di ricerca che cerca di rispondere alle domande sul *come, quando, dove e perché* si verifica un evento. Per farlo, usa il Ciclo degli Elementi che permette di creare nuove informazioni, nuove relazioni, nuove connessioni temporali. Per ritornare all'esempio di prima, è come se la nostra visione si ampliasse, nuovi punti focali si aprono davanti a noi.

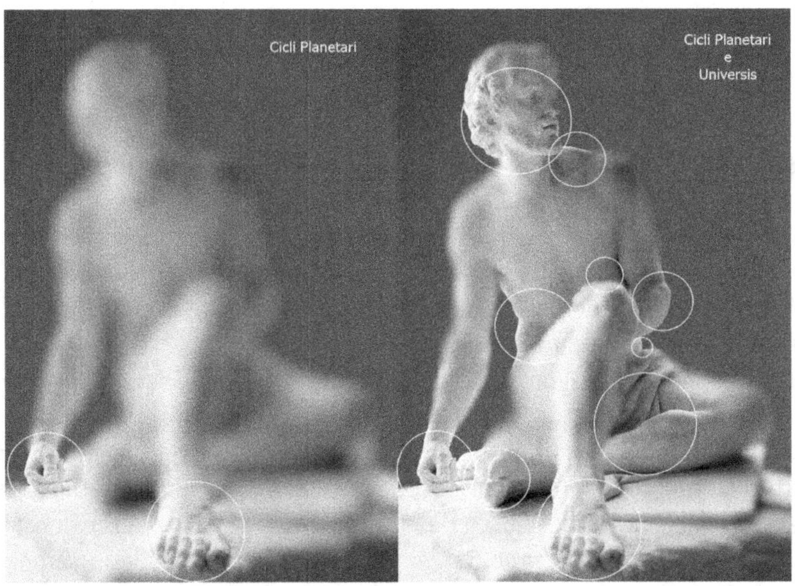

L'oggetto di indagine rimane ancora ignoto nella sua complessità, tuttavia si aprono nuove finestre di osservazione che ci offrono un allargamento in termini di conoscenza.

La possibilità di evolvere di una disciplina risiede nella sua capacità di modificare il proprio sistema di credenze. I suoi schemi di pensiero, nel Tempo, tendono ad essere ripetitivi e si cristallizzano.

A partire dal Rinascimento, si sviluppa l'idea dello spazio geometrico come entità unitaria, strutturata e logicamente coerente.

In quest'ottica, possiamo dire che il grafico di un tema astrale sia in realtà una rappresentazione bidimensionale di una realtà tridimensionale. Con tale appiattamento, si perdono alcune importanti proporzioni. La congiunzione, ad esempio, non è altro che una proiezione geometrica su piani diversi che tende ad assumere un senso esteso e nello stesso tempo 'stratificato' se collocato in una dimensione diversa. Come è stato visto nei capitoli precedenti, Universis recupera la proiezione per ricondurla nella sua dimensione originaria, in questo caso, *Sferica*.

Porsi una serie di domande è un metodo utile per definire la cause di un problema e trovare una soluzione. Si tratta di uno dei pilastri del problem solving per:

- risolvere un problema;
- trovare una soluzione;
- valutare il potenziale di un'idea.

E' stato individuato un <u>problema</u>, ossia:
- assenza di uno schema globale, una macro struttura di partenza;
- assenza di un quadro di riferimento in cui inserire i Cicli Planetari;
- impossibilità di stabilire un punto di partenza temporale significativo;
- impossibilità di risalire a concatenazioni troppo distanti nel Tempo;
- difficoltà a caratterizzare un periodo storico con i suoi eventi storici.

E' stata identificata una possibile <u>soluzione</u>:
- un modello semplice, unificato della struttura astrosociostorica;
- possibilità di analizzare interi periodi storici con un inizio e una fine. Si possono analizzare interi periodi storici per Elemento di 200(i) anni e per Ciclo di Elemento 800(i) anni e suddividere i singoli periodi per 20(i) anni;
- facilità nell'entrare nel flusso del Tempo storico e considerare un arco temporale più esteso avendo dei punti di riferimento ben identificabili;
- identificare un'Anima storica, uno Spirito del Tempo che guida le vicende umane attraverso determinate Qualità temporali;
- operare salti nel Tempo lineare e individuare connessioni Temporali distanti e non collegati tra loro ma appartenenti al flusso Ciclico;
- offrire ai Cicli Planetari un quadro macro di riferimento;
- unificare la visione Micro dei Cicli Planetari con la visione Macro del Tempo storico;
- dotarsi di un'unità di Tempo prettamente astrologica: l'Unichronos.

Universis risponde ai seguenti interrogativi così come facevano i filosofi e oratori dell'Antichità quando strutturavano le loro argomentazioni per rispondere a domande precise rappresentate da:
- **COSA**: ossia, definisce un problema come è stato definito in precedenza per offrire una possibile soluzione alternativa.
- **COME**: attraverso una struttura geometrica, basata sul Ciclo degli Elementi, si ricerca come si è svolto, sviluppato un evento storico. Analisi su un piano Macro del Tempo storico attraverso il modello Universis con l'ausilio del piano Micro dei Cicli Planetari.
- **QUANDO**: è utile identificare uno o più periodi storici, per comprendere in quale momento di Tempo è avvenuto o avverrà un evento storico. Quando è importante non solo lo sviluppo cronologico di un evento ma anche le connessioni temporali non cronologiche.

- **DOVE**: si verifica, in quale Tempo e in quale Spazio astrologico. Possibilità di identificare una sequenza temporale basata sulla corrispondenza dei Cicli degli Elementi. Possibilità di identificare "dove" un evento ha avuto inizio, il suo momento zero. Un evento può nascere in un Elemento ma manifestarsi nel successivo o avere una correlazione con l'Elemento stesso nel momento in cui si attiverà lo stesso Ciclo Elementale successivo.

- **PERCHE'**: è avvenuto o accadrà o potrebbe accadere un evento storico. Usare il modello per capire perché è successo in quel momento e non in un altro. Comprendere cosa genera una situazione storica.

La domanda finale che ci possiamo fare a questo punto è: possiamo rappresentare ciò che conosciamo (o che crediamo di conoscere)?

Il significato etimologico di conoscenza è *"comincio ad accorgermi"*. Tutto questo richiama inevitabilmente alla coscienza individuale, la cui etimologia significa essere *"consapevole di ciò che avviene"*. Posta in questi termini, la coscienza ci porta l'idea di aver compiuto un percorso, un viaggio per giungere a una meta: Universis, che ha richiesto e che richiede uno *spostamento mentale*.

Abbiamo visto l'importanza del pensiero complesso, del pensiero geometrico e spaziale, che produce un focus mentale, quindi *coscienza*, che produce una rappresentazione, quindi, una *conoscenza*, ossia, *"comincio ad accorgermi"* di una differente prospettiva storica che potrebbe essere utilizzata nella ricerca.

Capitolo dopo capitolo si è incominciato ad apprendere e ad avere consapevolezza del percorso che ci ha condotto verso Universis.

Coscienza-conoscenza, un binomio che ci ha condotti verso una strada diversa e forse, imprevedibile nella rappresentazione astrologica delle vicende storiche.

Ritornando alla domanda iniziale, ossia, se possiamo rappresentare ciò che conosciamo, allora Universis non è solo un modello concettuale ma è anche una mappa mentale.

Se un modello concettuale è uno strumento grafico, figurativo che permette di rappresentare la conoscenza, la mappa mentale è una rappresentazione grafica del pensiero, è strumento di conoscenza.

A volte si parte da modelli concettuali per arrivare a mappe mentali e viceversa ci insegna la scienza cognitiva. Nel secondo caso parleremo di *"stream of consciousness"*, ossia, di flusso di coscienza. Il modello Universis richiede una comprensione sia come *modello concettuale* sia come *mappa mentale*.

Modello e mappa aiutano a comprendere come si opera e come ci si muove in questa nuova visione storica per "cominciare ad accorgersi" delle nuove informazioni, delle interconnessioni e delle relazioni che intercorrono tra i Cicli della Triplicità che sono molteplici e di diversa natura, sia in termini di Spazio che di Tempo. Aspetti, questi, che ampliano sensibilmente il modo di utilizzare una rappresentazione astrologica e storica.

Tuttavia, un modello non basta se non è sostenuto da una nuova mappatura mentale. E' come dire che l'astrologia sia pessima o mediocre o geniale dimenticandoci di chi la fa, ossia dell'astrologo. Non è l'astrologia ad essere mediocre se non funziona, è l'astrologo ad esserlo che non è in grado di decifrare i simboli del Cielo. E' lui ad essere mediocre, cieco, chiuso nelle sue nozioni e non l'astrologia. L'astrologia è caduta in discredito non perché sia priva di fondamento ma perché l'astrologo è incapace di comprendere la profondità metafisica, filosofica, spirituale che anima il sapere del Cielo e, quindi, di trasmetterlo e di condividerlo.

E' la sua mente che è incapace di decodificare, di *"cominciare ad accorgersi"* del senso e del significato che si cela dietro le configurazioni celesti, in grado solo di strappare qualche sporadico segreto del Cosmo. Sono i limiti della natura umana fino a quando non vengono spostati un po più avanti.

La stessa cosa può verificarsi in Universis: non va compreso solo il modello ma occorre avere un nuovo focus mentale, una nuova mappatura concettuale, un nuovo modo di vedere le cose.

Il limite, da questo punto di vista, è più mentale che strutturale: vediamo e comprendiamo solo ciò che sappiamo e conosciamo. Il nuovo viene interpretato per analogia in base a ciò che è stato già acquisito, la nuova informazione viene contaminata e distorta perdendo il suo valore iniziale.

Il 2020 aprirà il nuovo Ciclo d'Aria, un periodo di 200(i) anni in cui la mente e la stessa coscienza individuale saranno sottoposti a ondate continue di nuove informazioni che non potranno essere raggruppate con i vecchi metodi. Occorreranno, invece, nuove modalità di integrazione che spesso entreranno in conflitto o in contrasto con la visione precedente. Anche l'astrologia è chiamata a rivedere se stessa, anzi, per meglio dire, è l'astrologia che chiama l'astrologo/a delle prossime generazioni ad ampliare se stesso per accogliere un po di più in termini di conoscenza celeste.

Una Chronozona, quella del 2020 in poi, strettamente collegata al 1226, periodo del Rinascimento. Potremo, allora assistere, sicuramente, al Rinascimento 2.0

André Barbault in "I Cicli Planetari"[1] scrive: *"[...] Se vi è una verità sull'era dell'Acquario, la nuova civiltà che ne deve risultare non può che allinearsi con la psicologia del segno. Ne derivano due versioni diverse: l'una di natura uraniana [...] di ispirazione prometeica, orientata verso la questua dell'inedito, serva della modernità e del progresso e che non pensa a re-spingere le frontiere dell'impossibile. L'altra, di natura saturnina, volta verso la vita interiore e alla ricerca di una spiritualità liberatrice [...]"*. L'autore sottolinea come questo tipo di individuo-visione possa divenire l'essenza di una *"matematica superiore alleata al canto dell'anima"* che potrebbe condurre *"il ritorno dell'uomo alla ricerca di se stesso e della sua psiche"*.

Universis non rappresenta solo un modello di rappresentazione astrologica, rappresenta anche un'evoluzione del modo di pensare che richiede una disponibilità geometrica-spaziale dell'astrologo.

Howard Gardner è docente di Cognitivismo e Pedagogia alla Facoltà di Scienze dell'Educazione all'Università di Harvard, dove è anche professore associato di Psicologia. E' noto nel campo dell'educazione per la sua teoria delle intelligenze multiple (I.M.), ha ricevuto moltissimi riconoscimenti e moltissime lauree ad honorem. Autore di 18 libri e di parecchie centinaia di articoli, si è interrogato su quali intelligenze o meglio "mentalità" saranno utili per il futuro. Nei suoi lavori, sottolinea come le nuove generazioni si dovranno confrontare con i grandi cambiamenti, che stiamo vivendo già ora e che contraddistingueranno sempre più in futuro. L'accelerazione della globalizzazione, la crescente mole di informazioni, l'esplosione delle potenzialità della scienza e della tecnica richiederanno nuove forme di apprendimento e nuovi modi di pensare per affrontare le nuove sfide, sia individuali che collettive.

Leggendo le sue opere, si potrà comprendere perché si è partiti dal primo capitolo con Universis inteso come *modello di informazioni*, perché si parla del *pensiero geometrico-spaziale* e del *pensiero complesso*.

L'astrologia è fatta di astrologi ma, quest'ultimi, sono prima di tutto individui e, come tali, utilizzano capacità e risorse personali, ognuno ha una sua struttura mentale. Ognuno è sottoposto a dei limiti quanto a delle potenzialità nel momento in cui si confronta con un campo del sapere. Prima di ricoprire un qualsiasi ruolo professionale, siamo individui e ci si deve confrontare con se stessi. Quello che siamo, lo trasferiamo nella professione che si è scelta. Prima di cambiare la visione dell'astrologo, occorre cambiare la sua visione individuale. Non ci potrà essere nessun cambiamento astrologico se prima non avviene un cambiamento di mentalità di chi fa astrologia.

Nel libro le "Cinque chiavi del futuro"[2] Gardner spiega quali abilità cognitive aiuteranno a far fronte alla massa enorme di informazioni con cui ci troveremo ad interagire nei prossimi anni.

Nello specifico, secondo l'autore, sono cinque le intelligenze o chiavi necessarie per aprire le porte del futuro:

1 - **l'intelligenza disciplinare:** la padronanza delle maggiori teorie e interpretazioni del mondo di altre discipline per migliorare le proprie capacità e conoscenze nel proprio campo di studio e applicarle con abilità. L'autore auspica che ci sia una conoscenza base fondata sulla storia, la matematica, la scienza e una tra le varie forme d'arte affinché la mente possa essere educata all'approccio prospettico affinché possa imparare a pensare oltre i confini della propria disciplina. In passato, gli astrologi estendevano le loro conoscenze oltre il loro campo di studio: erano medici, filosofi, storici, cartografi, alchimisti, scienziati. Oggi, la figura dell'astrologo, rimane relegata in pochi campi: abbiamo la consulenza di natura psicologica, di coach, di empowerment ma non di vero scambio interdisciplinare che permetterebbe di utilizzare prospettive diverse nell'analisi astrologica. I progressi non possono essere conseguiti *"[...] senza aver affinato, almeno in parte, il pensiero scientifico, matematico, professionale e umanistico [...] per stare consapevolmente nel mondo [...]"*.

2 - **l'intelligenza sintetica:** la capacità di integrare idee e conoscenze di diverse aree disciplinari in un insieme coerente, combinandole *"[...] in modi che abbiano un senso sia per l'autore della sintesi sia per altri [...]"*. Per Gardner, la capacità di sintesi sarà fondamentale in quanto la *"[...] capacità di tessere un insieme coerente di informazioni provenienti dalle fonti più diverse rappresenta una risorsa vitale. Si dice che la massa delle conoscenze accumulate si raddoppi ogni due o tre anni [...]"*, sarà fonda-

mentale operare una sintesi interdisciplinare con qualifiche professionali diverse non solo a livello individuale ma anche come forme di cooperazione. L'autore fa l'esempio dei "skunk works", ossia dei gruppi d'assalto in cui ai *"[...] membri viene garantita una notevole libertà d'azione partendo dal presupposto che ciascuno di essi non si limiterà a stare nella propria nicchia ma cercherà di stabilire i collegamenti più audaci [...]"* nella formulazione di una sintesi tra le varie conoscenze, così come fa un biochimico che associa la conoscenza della chimica con quelle della biologia. L'ostacolo principale alla sintesi interdisciplinare? Il conservatorismo per l'autore in quanto *"[...] può essere utile a chi insegna una singola disciplina. Ma pone gravi impedimenti a chi voglia stimolare il pensiero interdisciplinare, la realizzazione di sintesi efficaci e, ancor più, di creazioni originali [...]"*. Ma anche le menti più dotate, le più preparate, le più erudite che conoscono sempre più in profondità la loro materia di studio in un contesto sempre più ristretto, in ogni singola sottigliezza e differenza interna in termini di conoscenza perde, alla fine, la sua capacità di sintesi, di collegamento con altre discipline vivendo una sorta di isolamento intellettuale. E' un autentico maestro, un esperto nella propria disciplina ma diventa incapace di stabilire relazioni significative: il suo sapere ostacola quello che Gardner definisce *"l'incisiva esplorazione del sapere"* di altre discipline per cogliere gli elementi utili da trasferire nel suo campo di studio. Di fatto, rimane bloccato nel suo campo oltre che ad ostacolare i tentativi di altri che operano progetti di sintesi. Sono coloro che impediscono i salti interdisciplinari. Per l'autore, infatti *"[...] occorre saper integrare testi, schemi e concetti che di solito sono presi in esame separatamente [...] esiste un'arte di integrare, di amalgamare. Persone capaci di generare più rappresentazioni di una stessa idea o concetto perverranno molto più facilmente a una sintesi efficace rispetto a coloro che si limitano a una sola rappresentazione di quel concetto [...]"*. Universis, in quest'ottica, si può definire un salto interdisciplinare: fornisce un nuovo modo per concepire e rappresentare la Storia, offre una nuova strada, nuove domande e una trasformazione profonda del collegamento tra gli eventi celesti e gli eventi terrestri. Questo, presuppone, una trasformazione, una rimodellazione e un riorientamento mentale prima individuale e poi come astrologo.

3 - **l'intelligenza creativa:** la capacità di affrontare la soluzione di problemi nuovi, il confine con l'intelligenza sintetica, vista in precedenza, è mol-

to sottile anche se *"[...] il fine di chi elabora una sintesi è quello di fissare nella forma più utile ciò che è già stato stabilito. Il fine del creativo è quello, invece, di estendere la conoscenza, di scompigliare i contorni, di guidare un insieme di pratiche in nuove e impreviste direzioni. Colui che aspira alla sintesi cerca l'ordine, l'equilibrio; colui che aspira alla creazione è mosso dall'incertezza, dalla sfida continua, dal disequilibrio [...]"*.

4 - **l'intelligenza rispettosa**: la consapevolezza delle differenze tra uomini e culture diverse accogliendo *"[...] con favore le diversità che esistono tra i singoli individui [...] e si sforza di capire i 'diversi' e di operare efficacemente con loro [...]"*. Una forma di intelligenza che diventerà fondamentale per unificare gli sforzi di un singolo individuo nel gruppo per evitare di *"[...] cadere in atteggiamenti stereotipati e caricaturali. Io ho l'obbligo di cercare di comprendere gli altri sul loro terreno, di compiere un salto immaginativo quando è necessario, di accordare loro fiducia e, per quanto possibile, di far causa comune con loro [...] tale atteggiamento non significa che io debba rinunciare alle mie convinzioni e neppure che io accetti o giustifichi tutto quello che mi viene proposto. Ma ho l'obbligo di compiere sforzi in questa direzione, senza dare semplicemente per scontato che quello che un tempo credevo sulla base di impressioni sporadiche corrisponda necessariamente al vero [...]"*.

5 - **l'intelligenza etica**: la consapevole accettazione della propria responsabilità personale e collettiva lavorando *"[...] per un fine che trascende l'interesse egoistico e [...] che si possa operare per il miglioramento di tutti [...]"*. Si passa dal benessere che non sia solo individuale ma che sia anche un benessere e beneficio per la collettività, utile per tutti.

Nei prossimi anni, con il Ciclo d'Aria, possiamo ipotizzare, con grande probabilità, che la conoscenza continuerà a crescere: neurotecnologie, tecnologie genetiche, nanotecnologie, intelligenza artificiale, simulazioni della mente umana andranno ad aggiungersi al nostro patrimonio di conoscenze scientifiche e umanistiche. Il flusso delle informazioni ci sommergerà se non saremo in grado di operare in direzione della sintesi inter e multi-disciplinare, ossia all'interconnessione, allo sviluppo di argomenti in comune e alla ridefinizione dell'impostazione concettuale anche astrologica.

E' in arrivo una nuova generazione che è stata chiamata *Alpha* dai vari studiosi di settore. Una generazione che sarà la più informata e tecnologica di sempre, la prima che interagirà con l'intelligenza artificiale, la prima che opererà su alti livelli di pensiero astratto. Non a caso, una generazione che nascerà sotto la congiunzione Giove-Saturno con l'inizio della Triplicità d'Aria in Acquario che assorbirà completamente il Nuovo Spirito del Tempo. Una generazione che sarà composta da tre segni: Capricorno, Acquario e Pesci. Gli ultimi tre segni dello zodiaco in virtù della congiunzione che si prolungherà per alcuni mesi e che interesserà i nativi di questi segni. Ci sarà una nuova generazione di astrologi e di astrologhe che avranno una struttura mentale completamente diversa rispetto alle generazioni precedenti, in grado di interagire con le forme geometriche del pensiero. Universis forse richiederà decenni per poter offrire il suo contributo perché il limite attuale non è il modello ma la struttura mentale. La generazione Alpha, uraniana o saturnina che sia, riuscirà sicuramente ad elaborare una versione avanzata e superiore di Universis, portandola a compimento e nell'integrazione completa con le fonti del passato con spirito prometeico, per dirla alla Barbault ma con un occhio attento anche alla propria crescita interiore e spirituale.

La Teoria della congiunzione Giove-Saturno non si applica solo alle vicende storiche e collettive ma anche a livello individuale.

Giacomo Albano in "Macrocosmo e Microcosmo in Astrologia"[1] ne da ampia dimostrazione analizzando il tema natale di Albert Einstein, mettendolo in rapporto con lo Spirito del Tempo del periodo storico in cui ha vissuto il grande scienziato. L'autore ha messo in risalto come la rivoluzione scientifica prodotta da Einstein fosse in linea con le varie configurazioni di Giove-Saturno. Una lettura interessante per comprendere anche come collocarci, singolarmente, nel flusso del Tempo per comprendere al meglio la nostra crescita interiore per diventare individui migliori.

"[...] Quando gli uomini riacquisteranno un po' di umiltà e impareranno a tornare alla terra con amore e gratitudine, forse riscopriranno anche il fascino di questa scienza antichissima, che era già vecchia di secoli quando le Piramidi erano state erette nella valle del Nilo, e quando Platone e Aristotele costruivano i loro grandiosi sistemi di filosofia. Abbiamo smarrito una forma di sapere elementare, ma autentico, di cui i nostri nonni – benché illetterati – erano ancora gli scrupolosi depositari, sostituendola integralmente con la visione del mondo basata sulla fiducia incondizionata nella tecnoscienza. Ma siamo sicuri di aver realizzato un progresso, allorché abbiamo gettato nel cestino della carta straccia una sapienza an-

tichissima, che ha contribuito alla millenaria coesione spirituale della nostra civiltà? [...]" scrive Francesco Lamendola nel suo articolo "I cronocratori astrologici in rapporto ai cicli della vita umana"[4].

Abbiamo avuto la prima astrologia mondiale con gli autori arabi, abbiamo avuto una nuova visione con lo studio dei Cicli Planetari di Barbault con quella che è stata definita astrologia mondiale 1.0 per distinguerla da quella delle origini. Potremo avere una versione 2.0 con Universis: un'evoluzione delle idee che l'hanno preceduta, una amalgama che si produce nel solco della Tradizione senza contraddirla ma rafforzandola e dandole nuovo vigore. Un giorno, avremo sicuramente un'Astrologia Mondiale 3.0 allorché la nostra visione e consapevolezza sarà ancora più allargata. Non solo vedremo più parti della nostra realtà ma impareremo a metterle in relazione e l'immagine sfocata che vedevamo all'inizio, sarà forse rivelata

e, con essa, vedremo Archimede di Siracusa, ammirando la bellezza estetica dell'opera di Simon Louis Bouquet del 1752, visibile oggi solo al Museo de la Louvre a Parigi, in Francia, Europa, Terra, Sistema Solare, Universo. Dal Microcosmo al Macrocosmo, come in Universis.

[1] I Cicli Planetari, A. Barbault, Ed. Capone, 2016
[2] Cinque chiavi del futuro, H. Gardner, Feltrinelli, 2014
[3] Macrocosmo e Microcosmo in Astrologia, G. Albano, Lulu, 2013
[4] fonte: articolo online https://www.ariannaeditrice.it/articolo.php?id_articolo=24977

Appendici

APPENDICE 1 - Glossario Universis.

Aerasphaera:
modello di Livello 5 dedicato alla ricerca dei grandi Cicli Cosmici basati sui
Cicli degli Elementi. Identifica un arco temporale di 25.600(i) anni.

Anima Universalis:
è l'unificazione delle quattro nature dello Spirito del Tempo che prende
vita dai Quattro Elementi. E' l'identificazione del Quinto Elemento che
oltre ad avere un'essenza *separata* (ha una sua identità) è anche
un'essenza *unificante* (in quanto aggrega gli Elementi). La sua
rappresentazione geometrica prende vita nel Livello 3 (forma
bidimensionale) e nel Livello 4 (forma tridimensionale).

Astrologia Mondiale 2.0:
sta ad indicare l'evoluzione storica della disciplina nel corso del Tempo. La
collocazione dei nuovi concetti in un contesto 2.0 significa anche poterli
sganciare dai significati precedenti oltre a favorirne dei nuovi applicabili
esclusivamente a questo livello. L'Astrologia Mondiale 2.0 è composta da
Universis, Unichronos e *Clioversis*.

Astrostoria:
approccio che abbina la correlazione tra gli eventi celesti e gli eventi
umani.

Astrosociostoria:
approccio multidisciplinare nella correlazione tra gli eventi celesti e gli
eventi umani. Si avvale di ogni ramo della conoscenza di ogni ramo del
sapere utile ai fini dell'analisi astrologica. Permette l'approccio chiamato
storia dell'evento complementare all'*evento storico* dell'Astrologia
Mondiale 1.0

Axis Universis:
è l'asse in cui vengono rappresentati i Cicli degli Elementi in un continuum
temporale unificando una sequenza. Rappresenta l'asse centrale in cui
vengono agganciati tutti i Cicli Temporali degli Elementi di tutte le
epoche. E' visibile nel Livello 4: nella *Chronosphaera*.

Clioversis:
ramo di ricerca e di studio della Ciclologia con l'intento di recuperare la
Scienza Sacra della Struttura del Tempo. La Tradizione Antica, del Tempo

Ciclico e dei Cicli Cosmici, viene rivisitata in chiave moderna attraverso il modello della *Chronosphaera* e dell'*Aerasphaera*.

Codice del Tempo:

è il concetto con cui si intende evidenziare una struttura temporale che ha una sua qualità, una sua identità, un su inizio e una sua fine basato su un modello che viene identificato come *Tempo Sferico* che unifica il Tempo Ciclico con il Tempo Lineare.

Chronicon:

per *eventi certi* che si sono verificati in passato e che hanno una datazione, più o meno, identificabile. Riporta gli eventi storici passati, collegabili da Ciclo a Ciclo senza un'analisi e senza una valutazione dei fatti storici ma che sono caratterizzati da una spiegazione basata sulle modalità (cardinale, fisso e mobile) che racchiudono archi temporali ben definiti con un inizio e una fine. L'uso del termine di Chronicon permette di identificare la Qualità del Tempo degli eventi passati oltre alla semplice datazione.

Chronologicon:

per gli *eventi probabili* che si potranno verificare in futuro. Il Chronologicon ha una funzionalità differente in quanto è un sistema di tracciamento temporale probabilistico di un evento e della sua dinamica di sviluppo futuro. Il Chronologicon è collegato al concetto di *'Connessione del Flusso Temporale'* che permette, per estensione, di individuare e di tracciare probabili percorsi nelle diverse linee temporali future di un evento passato.

Chronosphaera:

modello di Livello 4. E' possibile concepirlo come una specie di libro che contiene diverse pagine: quelle del Tempo che viene strutturato attraverso i Cicli degli Elementi. Opera in un ambiente tridimensionale, composto da Chronozone temporali. L'Asse portate è l'Axis Universis. Si possono analizzare gli eventi storici passati, presenti e le probabili tendenze nonché linee temporali future. E' il modello che verrà utilizzato per l'animazione grafica interattiva utilizzando l'apporto tecnologico disponibile per rappresentarlo nelle sue diverse funzioni operative utili per lo studio astrostorico.

Chronostoria:

per differenziarsi dalla *Storia* comunemente intesa. Quando si utilizza il termine Chronostoria significa che si sta operando in contesto Universis con un significato ben definito e circoscritto in questo ambiente concettuale. Parlare di Storia (eventi lineari) e di Chronostoria (eventi sferici-circolari) significa un approccio differente degli eventi temporali.

Chronozona (in Universis):
identifica delle zone, aree, all'interno della Chronosphaera.

Chronozona (in Unichronos):
permette di identificare la datazione dei Cicli che prendono vita dalla suddivisione della Chronosphaera in Chronozone. Da origine al calendario astrologico.

Chronozona (in animazione grafica interattiva):
coordinate di navigazione all'interno del modello che permettono una visione Macro e Micro del Tempo. Troviamo al suo interno i Cicli degli Elementi e i Cicli Planetari.

Connessione del Flusso Temporale:
per indicare *un percorso ma non un ordine* degli eventi del passato e dal passato al futuro. Fa riferimento per la ricerca dello stesso Elemento della Triplicità che si ripete ogni 800(i) anni.

Condizione del Flusso Temporale:
per indicare *un percorso con un ordine* degli eventi del passato e dal passato al futuro. Fa riferimento alla sequenza della Triplicità che si susseguono ogni 200(i) anni.

Datazione astrologica Universis:
viene rappresentata da Unichronos che struttura i Cicli degli Elementi. Viene unificata l'unità di misura Lineare e Circolare del Tempo con una data che permette di visualizzare una coordinata temporale astrologica.

Interferenze Temporali:
si verificano quando all'interno di un Ciclo di Triplicità si inserisce un ventennio dell'Elemento successivo e al passaggio da una Triplicità all'altra.

n(i): numeri immaginari.

n(r): numeri reali.

Path dependence:
vedi 'Condizione del Flusso Temporale'.

Phat dependence:
vedi 'Connessione del Flusso Temporale'.

Storia dell'Evento:

usato nei Cicli degli Elementi è complementare all'*'evento storico'* che viene analizzato attraverso il Ciclo Planetario. Viene considerato nella visione astrosociostorica (vedi voce).

Spirito del Tempo:

è il senso della realtà socio-culturale in cui l'individuo si può riconoscere in un particolare momento storico di cui fa parte insieme alla collettività.

Ha quattro manifestazioni:

- il Ciclo Fuoco come l'"Età Esplorativa";
- il Ciclo Terra come l'"Età Materiale";
- il Ciclo Aria come l'"Età Mentale";
- il Ciclo Acqua come l'"Età Spirituale".

Lo Spirito del Tempo ha una sua identità, una sua natura specifica, una sua qualità del Tempo, un suo inizio e una sua fine. L'unificazione dei delle quattro tipologie origina l'Anima Universalis (evoluzione del concetto Antico dell'Anima Mundi).

Tempo immaginario:

usare il Tempo Immaginario significa provare a sostituire alla variabile temporale, un numero immaginario, con l'idea che possa scaturirne qualcosa di interessante per le grandezze reali a cui, alla fine, si è interessati. E' in analogia con la superficie della Terra (=Sfera). Avendo a che fare con il Tempo Immaginario, si può ipotizzare che lo spazio-tempo sia finito e che non abbia alcuna singolarità, un punto d'inizio, che ne determini un confine o un bordo. Con il Tempo Immaginario ci si muove sulla superficie di una sfera.

Tempo Sferico:

è l'unificazione del Tempo Lineare con il Tempo Ciclico in cui l'unità di misura temporale è la Sfera che diventa la rappresentazione di un Tempo geometrizzato. In questo Tempo, non esiste un passato, un presente e un futuro, esiste un 'adesso' separato dal precedente e dal successivo. Il Tempo Sferico è unitario, collega il 'prima' con il 'dopo'. Il concetto del Tempo 'presente' tridimensionale visto come una linea curva è, appunto, Sferico, dove il presente è la totalità del passato e del futuro. Questo Tempo geometrizzato si differenza dell'insieme dei singoli momenti che nel Tempo Lineare si rappresentano come una linea retta. Il Tempo Sferico in Universis, non è né lineare né circolare, è curvo, è un Tempo Unificato, è un Tempo a intervalli fatto di incroci ma è composto dalla loro unità e non dalla loro separazione. Prende vita nella Chronosphaera (vedi voce). Il Ciclo delle Triplicità permette di evidenziare questa connessione su scala temporale e il modello utilizzato permette di rappresentare e di visualizzare questo concetto astratto in un'unica immagine invece che esprimerla attraverso il linguaggio.

Triplicità:
composta dagli Elementi Fuoco, Terra, Aria e Acqua.

t(i):
tempo immaginario.

t(r):
tempo reale.

Unichronos:
datazione astrologica basata sul modello Universis (DU=Datazione Universis). Unificazione del Tempo Ciclico e del Tempo Lineare in un'unica data. E' una concezione del Tempo su base Sferica. Vedi pubblicazioni dell'Autore.

Universis: rappresentazione geometrica della dinamica temporale nello studio della correlazione tra eventi celesti ed eventi storici. Le sue diramazioni sono Unichronos e Clioversis. Si avvale di un modello che si sviluppa in livelli:

Livello 1: struttura base.

Livello 2: Ciclo degli Elementi.

Livello 3: Sinusoide e Cerchio.

Livello 4: Chronosphaera.

Livello 5: Aerasphaera.

Universis si basa sulla Teoria della congiunzione Giove-Saturno della Tradizione araba.

APPENDICE 2 – Il Quinto Elemento.

Nei capitoli 1.19 *"Universis: Livello 5"* e 1.17.3 le *"Interferenze temporali"* è stato accennato il Quinto Elemento.

Prima di trattarlo in chiave Universis, occorre prima fare una deviazione verso il mondo delle scienze fisiche e della filosofia. Vedremo successivamente come si applicheranno questi argomenti nel contesto del modello dei Cicli degli Elementi.

Uno degli sforzi della fisica moderna è quello di trovare una nuova teoria unificata che includa la relatività generale e la meccanica quantistica, ossia, unificarla con una *Teoria del Tutto* che i fisici chiamano *Teoria-M*.

Il presupposto base è l'identificazione di una nuova forza oltre alle quattro già conosciute[1].

Oggi non sono ancora note le interazioni della materia oscura e dell'energia oscura. Al momento non esiste consenso in merito alla loro proprietà dopo l'avvenuta scoperta da parte della ventiduenne Amelia Fraser-McKelvie, studentessa di ingegneria aerospaziale dell'Università Monash di Melbourne. Pubblicò i suoi risultati nel 2011 nella prestigiosa rivista *"Monthly Notices of the Royal Astronomical Society"*.[2]

Gli scienziati inseguivano la soluzione di questo rompicapo da decenni, lei ci riuscì in sole tre settimane.

L'energia oscura è una ipotetica forma di energia non direttamente rilevabile diffusa omogeneamente nello spazio, che potrebbe giustificare, tramite una grande pressione negativa, l'espansione accelerata dell'Universo e altre evidenze sperimentali.

L'esatta natura dell'energia oscura è tuttora oggetto di ricerca. Si sa che dovrebbe possedere omogeneità, avere una densità non elevata e non interagire fortemente con alcuna delle forze fondamentali, eccetto la 'gravità'.

Andando in questa direzione, gli ultimi studi astronomici, ci mostrano una cosa inaspettata, ossia, la materia e l'energia che conosciamo sarebbero solo una piccola parte della massa e dell'energia totale che costituisce l'Universo.

Le nuove forme di materia e di energia che si stanno scoprendo e che per il momento sono avvolte nel mistero (vedi la figura 1), probabilmente faranno cambiare completamente il nostro modo di comprendere l'Universo e le cose attorno a noi.

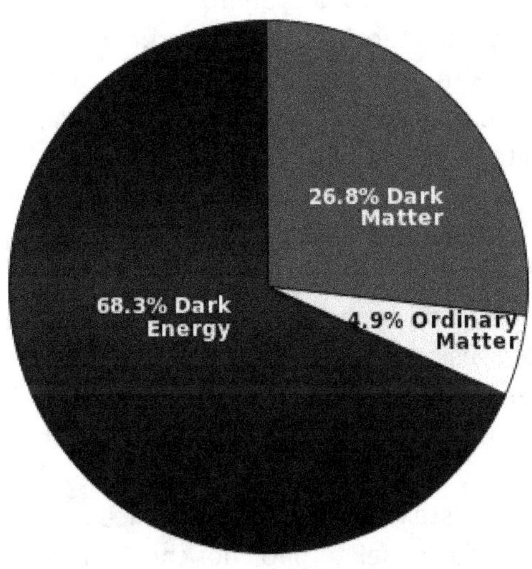

(fig. 1 Wikipedia)

Gli scienziati suppongono l'esistenza di un'entità, una forma particolare di energia cosmica, con proprietà alquanto insolite che hanno chiamato *"quintessenza"*, che ricorda il Quinto Elemento già usato da Aristotele ma che non è l'Etere. Si teorizza una forza denominata *"anti-gravità"* che diventerebbe la quinta forza fisica e che porterebbe alla creazione della Teoria Quantistica della Gravità creando i presupposti per la Teoria M.[3]
Oggi, tuttavia, non esiste un simile apparato concettuale e matematico ma esistono diverse linee di studio.
Questa tanto agognata e misteriosa forza dell'anti-gravità non è stata ancora individuata ma i fisici quantistici hanno postulato l'esistenza del "gravitone" scrive l'autore Fausto Intilla, inventore e divulgatore scientifico nel libro *"Antigravità"*.[4]
La ricerca XXI° secolo affronta dunque un'importante sfida: la sua formulazione teorica e avere evidenze sperimentali, il che significherebbe

337

riscrivere la meccanica quantistica e la relatività generale per renderle compatibili con la nuova quinta forza della fisica.

Questa sfida è riconosciuta da molti come la più importante, viene descritta anche come la ricerca del *"Santo Graal"* della fisica moderna.

Cosa comporterebbe una teoria di questa natura?

Comporterebbe una nuova concettualizzazione del mondo fisico, un nuovo paradigma scientifico, in cui Spazio e Tempo non sono più pensati come un contenitore del mondo e come un flusso nel corso del quale avviene il cambiamento, bensì diventano aspetti fenomenologici macroscopici di un'entità fondamentale: il campo gravitazionale quantistico.

Significherebbe che tutti i fenomeni noti appaiono come manifestazione di un'unica entità fisica, all'interno di uno *"spazio curvo"* che non contiene più la variabile *"Tempo"*.

Significherebbe un'ulteriore modifica profonda della struttura della realtà e, in modo ancor più speculativo, la creazione di cunicoli spazio-temporali (ponti di Einstein–Rosen o più semplicemente wormholes) che permetterebbero i viaggi nel tempo, nonché il sistema di propulsione Warp Drive per viaggi nello spazio a velocità superluminali (FTL – Faster Than Light) ci ricorda l'autore Fausto Intilla.

La ricerca del Santo Graal della fisica prosegue e gli scienziati sono sulle tracce della *"quintessenza"*, la quinta forza della fisica che unirebbe le quattro conosciute.

La *"quintessenza"* ci conduce all'Etere di Aristotele.

Al Tempo del filosofo greco, la concezione di Empedocle che vi fossero Quattro Elementi fondamentali era stata generalmente accettata.

Aristotele, tuttavia, oltre a questi, postulava un *Quinto Elemento* che chiamò Etere: l'Essenza del Mondo Celeste.

Quest'Elemento, secondo Aristotele, è incomposto, ingenerato, eterno, inalterabile, invisibile e privo di peso. Esso esiste nelle sue forme più pure nelle regioni celesti, ma si decompone nelle regioni al di qua della Luna.

La sua purezza tende a degradare via via che si procede nella materia.

La concezione aristotelica dell'Universo è gerarchica. [5]

L'Etere, secondo il filosofo, si muove per sua natura in circolo. Infatti, egli gli attribuiva il moto <u>circolare</u> che, entrando poi in contatto con gli altri Quattro Elementi finiva per corrompersi diventando <u>rettilineo</u>.

Egli asseriva che tutto ciò che si muove dev'essere messo in moto da qualcos'altro e propose un *"primo motore"*.

Egli lo descrive come, trascendente, eterno e privo di dimensione, dice che esso dà luogo al moto circolare e che questo è il più perfetto tra i tipi di moto, dato che non ha né principio né fine.

Il modello gerarchico dell'Universo di Aristotele ebbe una profonda influenza sugli studiosi medioevali, che lo modificarono per adattarlo alla teologia cristiana. In seguito, la natura dell'Etere continuò a essere discussa da stoici, neoplatonici, filosofi islamici e quindi dagli scolastici medioevali, che in opposizione al meccanicismo democriteo, il quale ammetteva l'esistenza del vuoto, lo intendevano come il mezzo universale che riempiva lo spazio, attraverso cui tutto si propagava e che tutto connetteva in Unità.

Questa sostanza compone sia gli astri sia le sfere mobili che li trasportano: nel primo caso l'Etere è più denso e luminoso, nel secondo è invece più rarefatto e diafano.

Analoghi concetti vennero espressi nel secondo Rinascimento da Luca Pacioli, neoplatonico del XVI secolo, per il quale l'Etere coinvolge anche le strutture matematiche e geometriche dell'Universo. Secondo Pacioli, che si rifaceva in tal modo a Platone, il Cielo, ossia il Quinto Elemento, aveva la forma di un dodecaedro, struttura perfetta secondo lo studioso[6].

L'Etere, dunque, era per la Tradizione Antica, un nastro trasportatore e circondava tutte le cose.

Questo ci riporta al bosone di Higgs, quello che è stato presentato come la *'particella di Dio'*.

Ora, il bosone di Higgs, che ruolo ha in tutto questo? Il suo ruolo è quello di 'trasportare' tutte le altre quattro forze fisiche. Possiamo definirlo come un *'nastro trasportatore'*.

Il fisico B. Greene nel suo libro "La trama del cosmo. Spazio, tempo, realtà"[7], lo chiama l'*'oceano di Higgs'*. Afferma che riempie tutto lo spazio, ci circonda, si infila in tutto ciò che è materia e che fa pensare all'*'Etere'* dei filosofi greci che la identificavano come la Quintessenza. Secondo Aristotele, si andava a sommare agli altri Quattro Elementi già noti. Greene afferma che tra qualche anno saremo in grado di sapere se questo Etere moderno esiste davvero. La conferma della sua esistenza, afferma l'autore, ci fornirebbe la prova diretta del fatto che in un'epoca remota i vari aspetti dell'Universo, che oggi ci appaiono distinti e separati, erano parti di un Tutto unificato dalla simmetria. Confermerebbe la forza dell'idea stessa di simmetria per la comprensione del mondo.

Ora, tutti questi argomenti che vanno dalla fisica alla filosofia, che legame hanno con Universis in un contesto astrologico?

Il modello geometrico di Universis evidenzia la presenza del Quinto Elemento. La quinta Sfera, evidenziata al Livello 5, può essere tranquillamente paragonata all''oceano di Higgs': riempie tutto lo spazio geometrico in cui sono presenti i Quattro Elementi che prendono vita dalle congiunzioni Cicliche di Giove-Saturno.

Il Livello 5 evidenzia i diversi Cicli degli Elementi rappresentandoli in un cerchio (in un contesto bidimensionale) o in una sfera (in un contesto tridimensionale).

Se il quinto Cerchio-Elemento (geometricamente parlando) contiene gli altri, possiamo dedurre che le sue proprietà e caratteristiche derivano dall'unione degli Elementi di cui è composto generando così una nuova identità che occorrerebbe formulare.

Ossia, per meglio dire, il Quinto Elemento che emergerebbe attraverso la rappresentazione di Universis, ha una natura che allo stesso tempo è sia espressione dell'unità dei Quattro Elementi quando un'identità a sé stante gerarchicamente superiore che ha altre proprietà e caratteristiche. Aristotele, quando analizza la natura dell'Etere, esplicita la sua idea parlando di *"forma pura"* nel livello più alto e di *"forma che si decompone"* a livelli più bassi. Queste affermazioni prendono vita in modo con la rappresentazione geometrica del Livello 5.

La definizione di Etere offerta da Aristotele aiuta a comprendere le caratteristiche del Quinto Elemento che tenderebbe ad emergere nel momento in cui si utilizza un modello-struttura adeguata per renderlo manifesto. Ciò che era invisibile, diventa visibile e, con esso, anche le nuove relazioni e connessioni che si creano tra gli Elementi. Sembravano unità separate, singole, indipendenti ma si scopre che fanno parte di un insieme unitario all'interno di una scala maggiore rapportata a una struttura gerarchica.

Ritorniamo per un attimo nel contesto della scienza fisica.

E' stato detto che si sta cercando sia la materia che l'energia oscura, che la scienza afferma che vediamo solo un frammento dell'Universo e che manca della *"materia"*, che si sta cercando una quinta forza (il gravitone), che si sta cercando di formulare una teoria unificata (la Teoria M) con l'inevitabile conseguenza di riformulare la relatività generale e la meccanica quantistica per renderle compatibili con la nuova forza. Nel momento in cui si dovesse realizzare tutto questo, l'intera concezione della nostra realtà cambierebbe, si assisterebbe ad una nuova rivoluzione scientifica.

Quali altre conseguenze comporterebbe la presenza di un Quinto Elemento astrologico?

Produrrebbe una riformulazione teorica che interesserebbero i Quattro Elementi ma non i Segni dello Zodiaco che rimangono separati in virtù del fatto che il Quinto Elemento opererebbe su un livello superiore connesso più agli Elementi che non ai Segni.

Abbiamo già visto nel capitolo 1.10 *"Fuoco, Terra, Aria, Acqua e la suddivisione Ternaria"* che ogni Elemento ha al suo interno, in tre momenti diversi, caratteristiche della modalità Cardinale, Fissa e Mobile che modificano la sua espressione durante il Ciclo. Inoltre, va ricordato, nel momento in cui si parla di Segni Zodiacali, quanto sia diverso, ad esempio, il Fuoco dell'Ariete rispetto a quello del Leone o del Sagittario. Quindi, ogni Elemento ha già in sé caratteristiche che modificano la sua espressione, in questo caso, nelle vicende storiche che si colorano di questa tonalità.

Facciamo un ulteriore passo in avanti.

Nel capitolo 1.17.3 le *"Interferenze Temporali"* abbiamo visto che all'interno di ogni Ciclo di un Elemento si verifica sempre una congiunzione Giove-Saturno dell'Elemento del Ciclo successivo. Le abbiamo chiamate, appunto, 'Interferenze'.

Nell'ottica del Quinto Elemento, questa Interferenza potrebbe essere letta come espressione e manifestazione del Quinto Elemento che penetra nel tessuto temporale, modificandolo.

Facciamo un esempio pratico.

Nel Ciclo di Terra, iniziato nel 1842 e conclusosi nel 2020, si è verificata nel 1980 la congiunzione Giove-Saturno nell'Elemento Aria che durò fino al 2000. In precedenza, l'abbiamo definita come Interferenza di un Elemento durante un Ciclo, in questo caso dell'Aria nella Terra. Occorre anche tenere presente che la forza di una Interferenza è minore rispetto alla forza di un Ciclo.

Ma possiamo definire questa *'Aria'* con le sue reali caratteristiche nel momento in cui interagisce con un periodo storico sotto l'influenza Ciclica della *'Terra'*? Possiamo vedere questa Interferenza come evento singolo e distinto o come fusione e unione di due Elementi che vengono snaturati nelle loro caratteristiche creando, così, delle nuove proprietà d'espressione? Alla fine non sono né Aria né Terra, sono qualcos'altro e questo qualcos'altro potrebbe essere l'espressione della natura del Quinto Elemento che, come abbiamo visto, li contiene tutti.

In questo caso, occorrerebbe, di volta in volta, identificare la natura del Quinto Elemento dopo averlo definito concettualmente nella sua identità 'pura'. Il Fenomeno delle Interferenze è tutto da indagare.

La ripresa della Teoria degli Elementi, sembra avere una costante Ciclica che periodicamente ritorna e desta nuovo interesse.

E' interessante notare che è strettamente collegata ai Cicli dell'Aria:

- Antichità, la formulazione di Aristotele Ciclo Aria del 402-223 a.e.c.
- Medioevo, Ciclo Aria del 392-570 e.c.
- Rinascimento, Ciclo Aria del 1226-1424 e.c.
- Oggi (?), prossimo ciclo Aria del 2020-2218 e.c.

In ottica Universis, se i Quattro Elementi danno vita a una specifica qualità temporale che prende vita con lo **Spirito del Tempo**, con il Quinto Elemento avremo l'identificazione dell' **Anima Universalis.**

Gli Antichi la chiamavano "Anima Mundi" frutto di una concezione umana ancora limitata da una visione che potremmo definire 'geocentrica'. L'uomo del futuro, viceversa, avrà una visione cosmica di se stesso potendosi identificare con la realtà dell'Anima Universalis abbandonando i confini di una visione mentale limitata e 'geocentrica'.

Per la scienza fisica trovare la quinta forza rappresenterebbe trovare il Santo Graal, forse, anche per l'astrologia che, come diceva André Barbault, si appresta nei prossimi anni a subire un vigoroso cambiamento.

"[...] Dal momento che la via sperimentale non ci può aiutare, la gravità quantistica è insolitamente speculativa. Ciononostante, essa è di spirito fondamentalmente conservatore: prende la teoria attualmente consolidata e si limita a spingerla fino alle sue estreme conseguenze logiche. Nei suoi aspetti essenziali ha per obiettivo quello di fondere tre teorie: la relatività ristretta, la teoria einsteiniana della gravitazione e la meccanica quantistica, e nient'altro. Una tale sintesi non è stata ancora

completamente realizzata, ma nel tentativo di raggiungerla si è già potuto apprendere molto. Lo sviluppo di una valida teoria della gravità quantistica offre, inoltre, la sola strada che si conosca verso la conoscenza dell'origine dell'universo. [...]" scrive Bryce S. DeWitt in "La Gravità Quantistica", articolo apparso sulla rivista Scientific American, ed. Italiana, n. 186, anno XVII, 1984.[8]

La fisica, oggi, sta cercando la sua Quinta Forza per unificare tutte le teorie. Chissà se l'astrologia potrà farlo anche lei unificando i Quattro Elementi in un Quinto, tutt'ora invisibile così come lo è per la scienza la sua quinta forza, il 'gravitone'.

Gli Antichi ipotizzavano l'Etere, gli uomini del futuro potrebbero identificarlo e scoprire che gli Antichi avevano, ancora una volta, avuto ragione.

Il Ciclo d'Aria ci porterà l'Età della Mente e, con essa, anche il pensiero spaziale-geometrico, l'unico che sia in grado di formulare concezioni teoriche su scala globale operando sintesi unitarie.

---

[1] Le quattro forze principali conosciute in fisica sono la forza gravitazionale, la forza elettromagnetica, la forza nucleare debole, la forza nucleare forte.

[2] sito https://academic.oup.com/mnras

[3] In fisica teorica la teoria M (dall'inglese M-theory) è una possibile teoria del tutto. Il significato della lettera "M", che accompagna il nome della teoria, è stato oggetto di discussioni alla cui base è l'indecisione su di esso del suo stesso promotore, il fisico teorico Edward Witten. In origine, la lettera "M" stava per membrana (abbreviato in "brana"), termine designato per generalizzare le stringhe della teoria delle stringhe. Il fisico optò per un generico "teoria M" perché era il più scettico tra i suoi colleghi riguardo alla natura di tali membrane. Witten lasciò così il significato della "M" alla libera interpretazione del lettore, che poteva scegliere fra "magia", "mistero", "matrice" o (teoria) "madre". Fonte: Wikipedia

[4] Antigravità. Dalla gravità repulsiva ai propulsori a curvatura spazio-temporale, Fausto Intilla, Aracne, 2015

[5][6] fonte Wikipedia

[7] La trama del cosmo. Spazio, tempo, realtà, Brian Greene, Einaudi, 2014

[8] fonte http://www.mednat.org/new_scienza/fisica_quantistica_gravita.pdf

APPENDICE 3 – Il Tempo Immaginario.

Il termine *"immaginario"*, usato in senso tecnico e non metaforico, si riferisce al concetto matematico (formulato per la prima volta sul finire del XVI° secolo) di *"numero immaginario"*, ovvero di radice quadrata di un numero negativo.

Il concetto è un semplice strumento matematico, una costruzione astratta, utile sia per portare avanti calcoli altrimenti impossibili sia da utilizzare come base per altre costruzioni matematiche, ancora più astratte.

Usare il *Tempo Immaginario* significa provare a sostituire alla variabile temporale di una teoria e in particolare nelle sue equazioni, un numero immaginario, con l'idea che possa scaturire qualcosa di interessante per le grandezze reali a cui, alla fine, si è interessati.

E' proprio quello che lo scienziato S. Hawking, ha usato per supportare matematicamente la sua ipotesi sulla condizione iniziale di un Universo "senza bordo".

Stephen Hawking, al convegno sul *Rinascimento della relatività generale e della cosmologia*[1], presso la Scuola Internazionale di Superiore di Studi Avanzati a Trieste nel 1992, aveva lasciato la seguente affermazione: *"[...] La teoria quantistica necessariamente impone quelli che sono chiamati numeri immaginari. Così si può avere un intervallo di tempo immaginario fra due eventi, invece dei normali intervalli di tempo reali. La direzione immaginaria del tempo forma un angolo retto con l'ordinaria direzione reale. Proprio come le direzioni spaziali. Ciò significa che il tempo immaginario si comporta come la quarta dimensione dello spazio. Nello spazio e nel tempo immaginari l'universo può essere chiuso su se stesso senza limiti né confini. Proprio come la superficie della Terra [...]."*

Grazie al *Tempo Immaginario* il Big Bang non sarebbe altro che un punto di un Universo curvo, analogamente al polo nord terrestre, ma con due dimensioni aggiuntive. Combinando la relatività generale e il principio di indeterminazione, lo Spazio e il Tempo possono essere considerati *finiti* ma *illimitati.*

L'analogia con la superficie della Terra (=Sfera) è illuminante in quanto, avendo a che fare con il Tempo Immaginario, si può ipotizzare che lo spazio-tempo sia finito e che non abbia alcuna singolarità, un punto d'inizio, che ne determini un confine o un bordo.

S. Hawking ha reso famoso il concetto nel suo libro *"Dal big bang ai buchi neri"*, best seller di divulgazione scientifica.

Dunque, il concetto di *Tempo Immaginario* è un'astrazione matematica che permette di relazionare due eventi casualmente non connessi o non connessi temporalmente (vedi capitolo 2.12 Connessioni del flusso Temporale).

Tuttavia, anche il modello ipotizzato da Hawking è un modello che potrà essere verificato solo quando si disporrà di una teoria unificata della scienza come abbiamo visto nel capitolo 1.4 Teoria e Modelli nella Scienza. Essa è l'obiettivo finale dei ricercatori che si sono prefissati di raggiungerlo con la Teoria-M, ossia, la teoria del Tutto, ritenuto il Santo Graal della scienza moderna.

Il *Tempo Immaginario* si sviluppa, quindi, in una diversa direzione rispetto al Tempo classico (quello che noi sperimentiamo), come se fosse una dimensione spaziale: in esso è possibile muoversi avanti e indietro nel Tempo così come si può fare nello Spazio.

Il *Tempo Immaginario* è usato anche in cosmologia, serve in alcuni modelli teorici dell'Universo.

Ma cos'è il Tempo e cos'è l'approccio euclideo utilizzato da Hawking per concettualizzare la sua teoria?

Secondo l'approccio euclideo, la Storia dell'Universo in un *Tempo Immaginario* è una superficie curva a quattro dimensioni, come la superficie della Terra (Sfera), ma con in più altre due dimensioni.

Nella versione classica, il Tempo procede in modo lineare come fosse, appunto una freccia che punta verso una direzione: in avanti. Ma nella nuova concezione moderna si è teorizzato il *Tempo Immaginario* in cui ci si muove nella superficie di una <u>sfera</u>.

Il Tempo sorge da un polo "immaginario" (il Nord) raggiunge l'equatore e si chiude in un polo "immaginario" (il Sud) attraverso linee contingenti.

Stephen Hawking aveva un sogno: unire due teorie molto diverse tra loro come la teoria della relatività generale e la fisica quantistica proponendo la teoria incentrata sul concetto di *"assenza di confini"* che prende vita dal concetto del *Tempo Immaginario* attraverso lo studio dei Buchi Neri introducendo il "caso" e l'"ignoto" in un Universo ben ordinato.

Se visualizziamo il Tempo classico come una linea orizzontale tra un passato (a sinistra) e un futuro (a destra) in cui la Freccia del Tempo va dal passato al futuro, possiamo visualizzare il *Tempo Immaginario* come una linea che scende perpendicolarmente a quella principale. Nella figura possiamo vedere la sua rappresentazione (fig. 1):

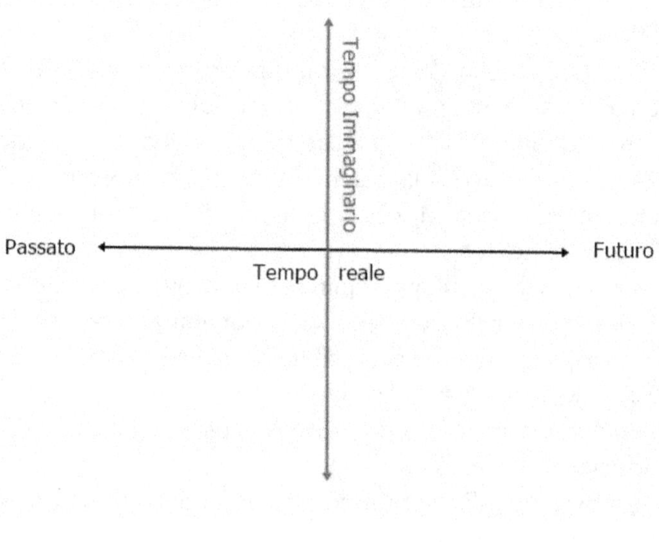

[fig. 1]

Il *Tempo Immaginario* si sviluppa quindi in una diversa direzione rispetto al Tempo classico, come se fosse una dimensione spaziale: in esso è possibile muoversi avanti e indietro come si può fare nello spazio.
Nella lettura de "Dal Big Bang ai buchi neri"[2], Stephen Hawking scrive:
"[...] Il tempo immaginario è indistinguibile dalle direzioni nello spazio. Se si può andare verso nord, si può fare dietro-front e dirigersi verso sud; nello stesso modo, se si può procedere in avanti nel tempo immaginario, si dovrebbe poter fare dietro-front e procedere a ritroso. Ciò significa che non può esserci alcuna differenza importante fra le direzioni in avanti e all'indietro del tempo immaginario. D'altra parte, quando si considera il tempo "reale", si trova una differenza grandissima fra le direzioni in avanti e all'indietro, come ognuno di noi sa anche troppo bene. Da dove ha avuto origine questa differenza fra il passato e il futuro? Perché

ricordiamo il passato ma non il futuro? Le leggi della scienza non distinguono fra passato e futuro. [...] L'aumento col tempo del disordine o dell'entropia è un esempio della cosiddetta freccia del tempo, qualcosa che distingue il passato dal futuro, dando al tempo una direzione ben precisa. Esistono almeno tre frecce del tempo diverse. Innanzitutto c'è la freccia del tempo termodinamica: la direzione del tempo in cui aumenta il disordine o l'entropia. Poi c'è la freccia del tempo psicologica: la direzione in cui noi sentiamo che passa il tempo, la direzione in cui ricordiamo il passato ma non il futuro. Infine c'è la freccia del tempo cosmologica: la direzione del tempo in cui l'universo si sta espandendo anziché contraendo. Orbene, nessuna condizione al contorno per l'universo può spiegare perché tutt'e tre le frecce puntino nella stessa direzione, e inoltre perché debba esistere in generale una freccia del tempo ben definita. La freccia psicologica è determinata dalla freccia termodinamica, e queste due frecce puntano sempre necessariamente nella stessa direzione. Se si suppone la condizione dell'inesistenza di confini per l'universo, devono esistere una freccia del tempo termodinamica e una cosmologica ben definite, ma esse non punteranno nella stessa direzione per l'intera storia dell'universo. Solo però quando esse puntano nella stessa direzione le condizioni sono idonee allo sviluppo di esseri intelligenti in grado di porsi la domanda: Perché il disordine aumenta nella stessa direzione del tempo in cui l'universo si espande? [...]".

Nella trasmissione 'Star Talk'[3] condotta da Neil deGrasse Tyson, il fisico affermò:

"Io ho scelto di adottare un approccio euclideo in materia di gravità quantistica – spiegava Hawking *– per descrivere l'inizio dell'Universo. Qui, il tempo reale ordinario è rimpiazzato da un tempo immaginario, che si comporta come una quarta direzione dello spazio".* Ma cosa dice l'approccio euclideo? *"Secondo l'approccio euclideo, la storia dell'universo in un tempo immaginario è una superficie curva a quattro dimensioni, come la superficie della Terra, ma con in più altre due dimensioni, lo spazio-tempo euclideo è una superficie chiusa senza limiti, come la superficie della Terra."*

Il Tempo Immaginario consiste nel rappresentare il Tempo con un numero complesso: parte reale e parte immaginario che in Universis assume la forma di *reale* con (r) e *immaginario* con (i) per la datazione degli eventi.

Ritornando alla fisica, utilizzando il Tempo Immaginario è possibile eliminare le singolarità previste dalla relatività generale, ci consente di costruire una teoria consistente ed elegante sulla natura dell'Universo.

Utilizzando un Tempo Immaginario la distinzione fra Tempo e Spazio scompare completamente, il Big Bang non sarebbe altro che un punto di un Universo curvo, analogamente al polo nord della Terra solo con due dimensioni aggiuntive.

La rappresentazione nella fig. 2 ci aiuta a capire il lavoro dello scienziato. La sua idea fu quella di immaginare l'evoluzione dell'Universo su sezioni orizzontali di una sfera come il globo terrestre: i paralleli costituirebbero i bordi dell'espansione spaziale dell'Universo mentre lungo i meridiani scorrerebbe il Tempo Immaginario, indistinguibile dalle direzioni dello spazio. Il Big-bang corrisponderebbe così al Polo Nord, da cui scendendo si raggiungerebbe l'espansione massima assunta all'altezza dell'equatore, fino alla successiva contrazione verso il Polo Sud dove avverrebbe il Big-Crunch. Non esisterebbero dunque confini né all'inizio né alla fine dell'Universo, così come non esistono di fatto confini spaziali ai poli terrestri. L'Universo sarebbe in tal caso completamente autonomo, autosufficiente e tutto racchiuso in se stesso, senza confini e senza margini, senza inizio e senza fine così come vengono raffigurati gli eventi in Universis nella Chronosphaera.

La teoria quantistica necessariamente impone quelli che sono chiamati numeri immaginari. Così si può avere un intervallo di Tempo Immaginario fra due eventi, invece dei normali intervalli di tempo reali. Nello Spazio e nel Tempo Immaginari l'Universo può essere chiuso su se stesso senza limiti né confini. Proprio come la superficie della Terra.

E' stato detto che la proposta di Hawking consente di concettualizzare un Universo non più di forma conica col vertice a punta rappresentante il Big Bang, ma permette di immaginare un cono con il vertice arrotondato che non coincide più con alcun inizio.

Per raffigurare una tale situazione, Hawking suggerisce di pensare ad uno <u>Spazio-Tempo Sferico</u> [fig. 2] come la superficie della Terra, supponendo che il Tempo Immaginario siano i gradi di latitudine e/o longitudine.

Tutti i meridiani si incontreranno ai poli (nord o sud) per cui in quei punti il Tempo si ferma, nel senso che un aumento del Tempo Immaginario ossia della longitudine, ci lascia comunque nello stesso punto.

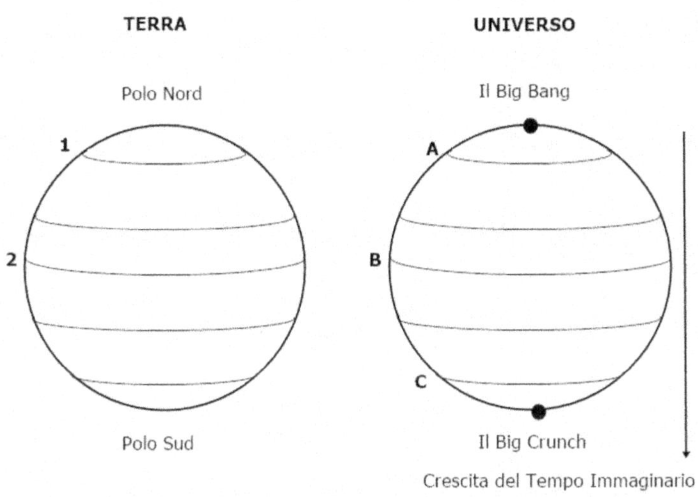

1 = linea di latitudine
2 = equatore
A = sezione di crescita dell'universo con il tempo immaginario
B = massima espansione
C = sezione di contrazione dell'universo con il tempo immaginario

[fig. 2]

Il tempo reale è il presente, il Tempo Immaginario è l'idea che scorre tra un passato e un presente dove il passato è ciò che non è più e il futuro ciò che non è ancora ed entrambi sono quindi ciò che non sono.

Tutti questi concetti e nozioni vengono espressi nei suoi libri come *"La natura dello spazio e del tempo"*[4] scritto insieme a Roger Penrose, *"La grande storia del tempo"*[5] e *"Il grande disegno"*[6] scritto insieme a Leonard Mlodinow, in *"Buchi neri e universi neonati e altri saggi"*[7].

Vedremo, poi, il concetto di Big Bounce che fa ulteriori passi in avanti rispetto alle idee di Stephen Hawking.

Universis fa ampiamente uso di questi concetti, traducendoli in chiave astrologica per poter descrivere le varie caratteristiche dei 5 Livelli. Permette di costruire un apparato teorico basato su nozioni acquisite dalla fisica che descrivono la nostra realtà e il nostro Universo, nozioni comunemente accettate dalla comunità scientifica nei loro modelli di ricerca. Universis concettualizza un Tempo Sferico che prende vita nella Chronosphaera.

[1] https://www.scienzainrete.it/articolo/stephen-hawking-%E2%80%99intervista/pietro-greco/2018-03-15-0
[2] Dal Big Bang ai buchi neri. Breve storia del tempo, Stephen Hawking, BUR, 2015
[3] sito https://www.startalkradio.net/?sfid=22493&_sf_s=hawking
[4] La natura dello spazio e del tempo, S. Hawking e R. Penrose, BUR, 2017
[5] La grande storia del tempo. Guida ai misteri del cosmo, S. Hawking e L. Mlodinow, BUR, 2015
[6] Il grande disegno, S. Hawking e L. Mlodinow, Mondadori, 2017
[7] Buchi neri e universi neonati e altri saggi, S. Hawking, BUR, 2000

APPENDICE 4 – Il Big Bounce.

Dopo le considerazioni sul Big Bang, passiamo al Big Bounce che è un ulteriore passo avanti nonché un ulteriore sviluppo della visione cosmologica moderna.

Nel capitolo 1.1 'Universis: un modello di Informazioni' è stata accennata la *Teoria della Gravità Quantistica a Loop* in merito ad alcune riflessioni di carattere generale.

Il modello Loop, oltre ad analizzare la fisica a livello micro, è utile anche alla comprensione macro, quella dell'Universo offrendoci una nuova visione: quella di un *"Universo Ciclico"* [fig.1]:

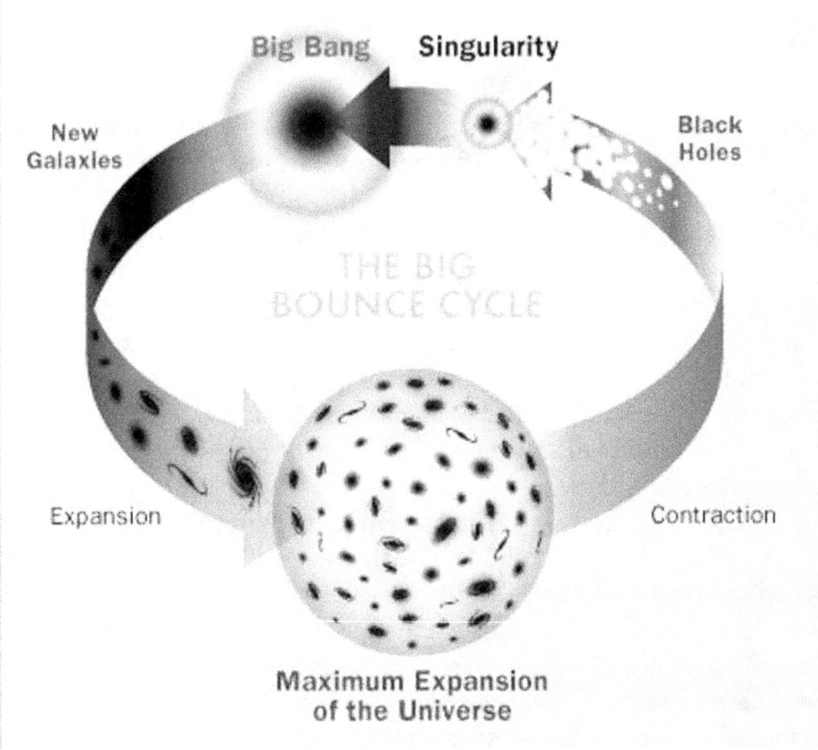

[fig. 1]

La teoria non solo offre un'immagine matematica precisa del Spazio e del Tempo, ma consente soluzioni matematiche a problemi di vecchia data relativi ai buchi neri e al Big Bang. Sorprendentemente, infatti, prevede che il Big Bang sia stato originato da un *"Big Bounce"*, non come caso isolato ma in un continuum temporale, dove il crollo di un Universo precedente, che si trovava in una fase di collasso gravitazionale, ha permesso la creazione del nostro. Così, in un Ciclo eterno (vedi fig. 1) di Big Bang che si traduce in ripetizioni di Universi che esistono per il numero di x Tempo.

Nel corso degli ultimi anni, i fisici hanno dichiarato che se, e con un grande "se" dato che non abbiamo ancora evidenze sperimentali, la *Teoria della Gravità Quantistica a Loop* si dimostrerà corretta allora il Big Bang dovrebbe essere stato originato da un vero e proprio Big Bounce e non da un Big Crunch finale, ossia, da un semplice collasso finale senza nuovi inizi in cui tutto avrà fine che è la posizione attuale della scienza con la Teoria Inflazionistica.

Questo riflette la concezione del Tempo Lineare rispetto a una concezione di un Tempo Ciclico che viene avanzato dalla Teoria della Gravità Quantistica.

La teoria del Big Bounce è coerente con il principio di conservazione della materia e dell'energia, per il quale in natura nulla si crea e nulla si distrugge, ma tutto si trasforma. La teoria del Big Bounce e in generale la teoria dell'Universo oscillante o pulsante (come sequenza infinita di esplosioni e di successivi collassi gravitazionali) implica l'ipotesi che l'Universo sia del tutto autosufficiente: *un eterno divenire della realtà fisica (energia-materia) che non ha mai avuto origine e non avrà mai fine* (fonte: wikipedia).

Interessante, per questa tematica, la lettura di Martin Bojowald in "Prima del Big Bang. Storia completa dell'Universo"[1] per approfondire l'argomento.

Carlo Rovelli in "La realtà non è come ci appare"[2] riporta che *"[...] la gravità quantistica mette un limite all'infinito e "cura" le singolarità della relatività generale [...]"*. Ci sono equazioni che descrivono questi eventi nel momento in cui la teoria viene applicata all'espansione dell'Universo.

Carlo Rovelli è anche un divulgatore scientifico, la lettura dei suoi libri è consigliabile in quanto riesce a trattare argomenti complessi con il linguaggio comune e non scientifico che permette una facile comprensioni di argomenti, altrimenti, ostici.

Bisogna ricordare che la Teoria della Gravità Quantistica dei Loop cerca di unificare la meccanica quantistica e la relatività generale attraverso un nuovo modello teorico. Insieme alla Teoria delle Stringhe, è candidata ad edificare la Teoria-M, ossia la teoria unificata delle scienze fisiche su cui i ricercatori stanno indagando da diversi anni.

"[...] lo spazio non è infinitamente divisibile, non ci sono infiniti punti, non ci sono infinite cose da sommare. La struttura granulare e discreta dello spazio risolve le difficoltà della teoria quantistica dei campi eliminando gli infiniti che la affliggono [...]"[3] scrive Rovelli.

Abbiamo in questo modo una prospettiva differente del cosmo in quanto *"[...] l'infinita compressione dell'Universo in un singolo punto infinitamente piccolo, prevista al bing bang dalla relatività generale, scompare quando si tiene conto della gravità quantistica [...]"*.[4]

Per riassumere, ci troviamo davanti a un tipo di *"cosmologia quantica a ciclo continuo"*, il Tempo non è più Lineare ma Ciclico. La questione delle nostre origini è una delle più spinose della fisica, con poche risposte e diverse speculazioni, la Gravità Quantistica a Loop è interessante, ma non si tratta ancora di una vera e propria teoria.

Tuttavia, c'è da dire che la teoria della relatività generale non è in grado di descrivere ciò che accadde prima del Big Bang, l'Universo sarebbe nato praticamente dal nulla e, esplodendo, avrebbe creato non solo l'energia e la materia ma anche lo Spazio e il Tempo.

La Teoria della Gravita Quantistica a Loop è in grado di arrivare al momento prima del Big Bang, affermando che esiste un Ciclo infinito dove un Universo collassa verso un punto molto piccolo per poi esplodere in un Big Bang che, a sua volta, collassa per poi esplodere secondo un processo Ciclico, o a "loop" appunto, che va avanti per sempre. Abbiamo un Universo Ciclico.

Attraverso questa visione quantistica, si può comprendere meglio il modello della Chronosphaera con i sui Cicli degli Elementi senza fine.

---

[1] Prima del Big Bang. Storia completa dell'Universo, M. Bojowald, Bompiani, 2011
[2][3][4] La realtà non è come ci appare, C. Rovelli, Cortina Raffaello, 2014

APPENDICE 5 – Cicli degli Elementi.

-1197 Bilancia -------- ***ARIA*** (239 ANNI)
-959   Scorpione ----- ***ACQUA*** (180 ANNI)
-780   Sagittario ------- *****FUOCO***** (200 ANNI)
-581   Vergine --------- ***TERRA*** (180 ANNI)
-402   Bilancia --------- ***ARIA*** (179 ANNI) – 795 ANNI
-224   Scorpione ------- ***ACQUA*** (237 ANNI) – 735 ANNI DALL'ULTIMO CICLO
  14   Sagittario -------- *****FUOCO***** (238 ANNI) – 794 ANNI DALL'ULTIMO CICLO
 253   Capricorno ------ ***TERRA*** (239 ANNI) – 834 ANNI DALL'ULTIMO CICLO
 392   Bilancia --------- ***ARIA*** (178 ANNI) – 794 ANNI DALL'ULTIMO CICLO
 571   Scorpione ------ ***ACQUA*** (237 ANNI) – 795 ANNI DALL'ULTIMO CICLO
 809   Sagittario ------- *****FUOCO***** (237 ANNI) – 795 ANNI DALL'ULTIMO CICLO
1047   Capricorno ----- ***TERRA*** (178 ANNI) – 794 ANNI DALL'ULTIMO CICLO
1226   Acquario -------- ***ARIA*** (198 ANNI) – 834 ANNI DALL'ULTIMO CICLO
1425   Scorpione ------ ***ACQUA*** (177 ANNI) – 854 ANNI DALL'ULTIMO CICLO
1603   Sagittario -------- *****FUOCO***** (178 ANNI) - 794 ANNI DALL'ULTIMO CICLO
1842   Capricorno ------- ***TERRA*** (178 ANNI) – 795 ANNI DALL'ULTIMO CICLO
2020   Acquario --------- ***ARIA*** (198 ANNI) – 794 ANNI DALL'ULTIMO CICLO
2219   Scorpione ------ ***ACQUA*** (237 ANNI) – 794 ANNI DALL'ULTIMO CICLO
2457   Sagittario ------- *****FUOCO***** – 854 ANNI DALL'ULTIMO CICLO

Totale anni 12.055 : 15 datazioni = media 803, 666 anni per Ciclo
(viene considerata la data di ogni inizio del Ciclo. Se si dovesse considerare l'inizio del Ciclo precedente e la fine del Ciclo successivo, abbiamo un periodo di 1000(i) anni).

APPENDICE 6 – Ciclo Urano-Nettuno con Universis.

Utilizzando il Livello 2 di Universis, possiamo rappresentare, nella pagina successiva, il Ciclo delle congiunzioni Urano-Nettuno pari a 170(i) anni, quasi quanto la durata di una Triplicità.

Questo ci permette di evidenziare anche lo Spirito del Tempo che colorerà l'espressione dei due pianeti che andrà interpretato e messo in connessione con il Ciclo degli Elementi.

La combinazione del Ciclo Planetario con la Triplicità ci chiarirà ancor di più la Qualità del Tempo.

Il Ciclo Planetario potrebbe rafforzare, indebolire, deviare, rallentare il Ciclo dell'Elemento attivo. Gerarchicamente è l'Elemento ad essere superiore al Pianeta, che svilupperà le sue dinamiche seguendo una direzione creata dall'Elemento. E' il Ciclo Planetario che si relaziona primariamente con l'Elemento il quale influirà sul Ciclo Planetario come quadro generale di riferimento.

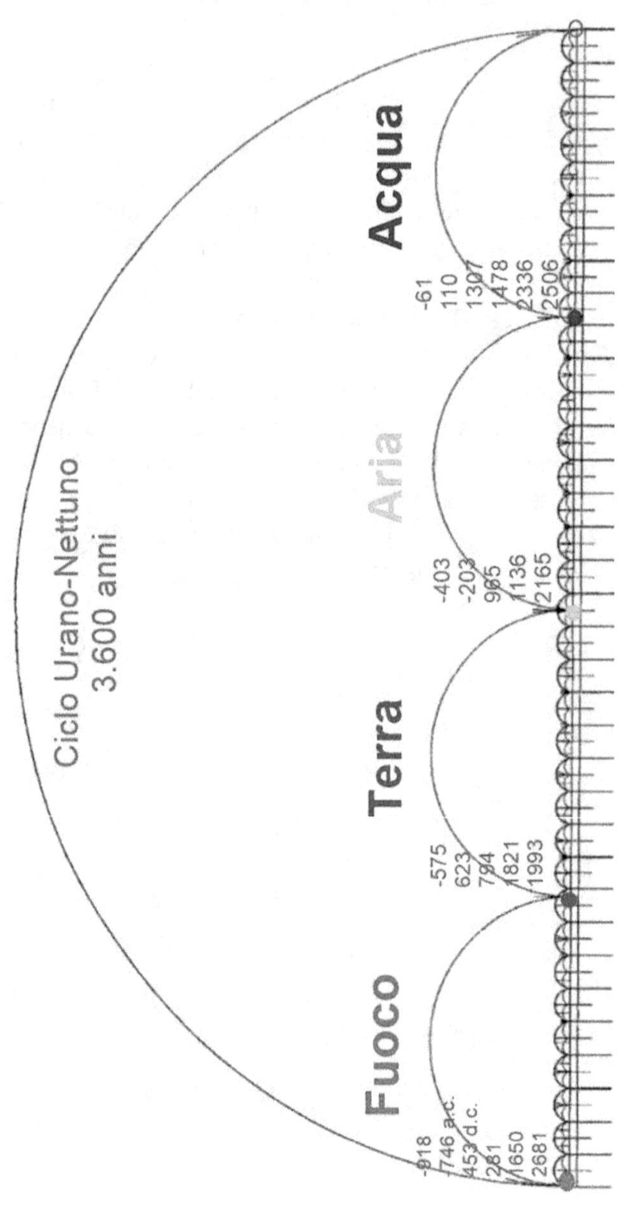

Ciclo Urano-Nettuno
3.600 anni
Fuoco
Terra
Aria
Acqua
-918
746 a.c.
453 d.c.
281
1650
2681
-575
623
794
1821
1993
-403
-203
965
1136
2165
-61
110
1307
1478
2336
2506

APPENDICE 7 - Sintesi eventi storici del Ciclo d'Aria.

L'Aria è lo Spirito del Tempo dell'Età Mentale che tende a favorire i passaggi delle epoche storiche in virtù nella nascita di una nuova visione del mondo.

1197 a.e.c. - 958 a.e.c. Dominio del Ciclo: Bilancia

402 a.e.c. - 223 a.e.c. Dominio del Ciclo: Bilancia

- Alessandro Magno;
- inizio *Ellenismo*, diffusione della cultura Greca. Genera mutamenti culturali trasformando, anche in modo sostanziale, la cultura, l'economia, la società e le istituzioni politiche greche. Politicamente la conseguenza più importante della rivoluzione alessandrina fu il cambiamento da un dominio politico della città-stato a quello delle grandi monarchie, fortemente accentrate intorno alla figura divinizzata del sovrano. L'Ellenismo è un momento storico in cui l'uomo "esce" dalla ristrettezza culturale radicata nei propri confini territoriali e nelle tradizioni incontrando un mondo di cultura e diversità nel quale la felicità non comprende solamente la soddisfazione personale dell'individuo bensì una collocazione nel mondo come cittadini del mondo in una visione cosmopolita. La religiosità pagana, ormai confusa con molteplici culti provenienti dall'oriente, non fornisce più all'uomo le risposte che cerca. Questi interrogativi trovano ora risposta nella filosofia che assume un carattere individualista e pragmatico. Il modello da seguire non è più il guerriero, l'eroe aristocratico ma il filosofo, punto di riferimento contro le sofferenze che rivela come la felicità non sia un traguardo raggiungibile con il piacere dei sensi, la ricchezza, il potere ed il successo ma con l'autarchia, ossia, con l'autosufficienza spirituale del sapiente che deve 'bastare a se stesso' per risentire il meno possibile del bisogno delle cose e del mondo.
- inizio Impero Cinese, prima dinastia imperiale Qin (221 a.e.c.)

392 e.c. - 570 e.c. Dominio del Ciclo: Bilancia

- fine Impero Romano (395 e.c.) diviso in Oriente e Occidente
- passaggio dall'*Età Antica* al *Medioevo* (data convenzione 476 e.c.)

- nascita Impero Romano d'Oriente (395) che continuò ad esistere per oltre un millennio, con capitale Costantinopoli. In quanto incentrato sulla città di Costantinopoli, gli storici moderni lo chiamano Impero bizantino, anche per distinguerlo dall'Impero romano classico, incentrato sulla città di Roma. La caduta dell'Impero avvenne nel 1453.

1226 - 1424 Dominio del Ciclo: Acquario
- inizio caduta Impero Romano d'Oriente: l'impero, dopo una lunga crisi, la sua distruzione da parte di Federico Barbarossa con la 3^ e 4^ crociata nel 1204 e la sua restaurazione nel 1261, cessò definitivamente di esistere nel 1453.
- inizio Impero Ottomano (inizio 1299 fine nel Ciclo Terra 1922): fu uno dei più estesi e duraturi della storia, un impero multietnico, multiculturale e multi-linguistico. Fu al centro dei rapporti tra Oriente e Occidente per circa cinque secoli.
- 1323 *"Summa Logicae"* di Guglielmo Ockham. Negazione del ruolo di mediazione fra Dio e l'uomo che la Chiesa si era attribuita. Ockham è convinto dell'indipendenza tra fede e ragione e porta alle estreme conseguenze quella linea di pensiero che aveva già perseguito Giovanni Duns Scoto, ovvero le verità di fede non sono per nulla evidenti e la ragione non le può indagare. Solo la fede, dono gratuito di Dio, può illuminarle, ma se tra Dio e il mondo non possiamo porre alcun legame, se non la pura volontà di Dio, ne consegue che l'unica conoscenza è la conoscenza dell'individuo. La conoscenza non è universale ma è nell'individuo. Ne consegue che anche l'essere umano è del tutto libero, e solo questa libertà può fondare la moralità dell'uomo, i cui meriti o demeriti non possono in alcun modo influenzare la libertà di Dio. La salvezza dell'uomo non è quindi frutto della predestinazione, né delle opere dell'uomo, è soltanto la volontà di Dio che determina, in modo del tutto inconoscibile, il destino del singolo essere umano. Questa posizione di Ockham, che riprende e porta alle estreme conseguenze la concezione volontaristica già propria di Duns Scoto, anticipa per alcuni aspetti la riforma protestante di Martin Lutero. Conseguenza del pensiero di Ockham, infatti, è la negazione del ruolo di mediazione fra Dio e l'uomo che la Chiesa si era attribuita. [Wikipedia]
- 1347 e.c. circa, arrivo della peste nera, la seconda pandemia peggiore dell'umanità dopo quella del Ciclo d'Aria precedente del 392 e.c.

- Scisma d'Oriente: crisi dell'autorità papale che per quasi quarant'anni, dal 1378 al 1417, lacerò la Chiesa occidentale sulla scia dello scontro fra papi e antipapi per il controllo del soglio pontificio nello scontro tra la Chiesa Cattolica d'occidente e la Chiesa Ortodossa d'Oriente.

Seppure la maggioranza delle fonti pongano come anno decisivo il 1054, altri fanno risalire lo Scisma ad anni (ed eventi) diversi:

A) il 1204, anno del Sacco di Costantinopoli per opera dei Crociati latini;

B) il 1472, anno in cui la Chiesa d'Oriente rifiutò il Concilio di Firenze in occasione del sinodo indetto da Dionisio I, patriarca di Costantinopoli che decretò la rottura definitiva.

- Dalla 4 alla 9 crociata.

- Fine delle crociate .

- Marco Polo in Asia .

- Vespri siciliani.

- Fine Templari.

- Nascita Regno di Napoli.

- Introduzione dello 0 e numeri arabi.

- Nascita dei Comuni.

- Primo documento ufficiale riguardo alla *lettura di astrologia* (così si chiamava l'insegnamento della materia) presso l'Università di Bologna. Il docente, il *mathematicus*, era nientemeno che Bartolomeo da Parma, autore di importanti trattati di medicina.

- Nel 1334 l'astrologia diventa un insegnamento ufficialmente salariato dalla municipalità e la cattedra universitaria viene considerata tra le più importanti, per la straordinaria rilevanza che assume per gli studi medici.

- Nascita stati moderni, delle monarchie.

-**Umanesimo:** la fase preparatoria del Rinascimento, specialmente nel suo aspetto filologico, è solitamente designata col nome di Umanesimo, termine che deriva dal latino *"humanae litterae"* (letteratura filosofica dell'Antichità classica). Petrarca e Boccaccio avevano ricercato nell'Antichità le motivazioni per calmare le loro inquietudini religiose e morali. L'Umanesimo caratterizza la fine del Trecento e la prima metà del Quattrocento, ma continua ad esistere successivamente. Diviene progressivamente una vera e propria rivoluzione di pensiero, che travolge ogni aspetto della società.

- **Primo Rinascimento** *(ultimi decenni del 1300 inizio 1400)* un'età di cambiamento, maturò un nuovo modo di concepire il mondo e se stessi.

Il singolo individuo sarebbe stato ormai visto come un soggetto unico in tutto il creato, in grado di autodeterminarsi e di coltivare le proprie doti, con le quali poteva vincere la Fortuna (nel senso latino, "sorte") e dominare la natura modificandola. Celebre è l'affermazione attinta dal mondo classico *homo faber ipsius fortunae* ("l'uomo è artefice della propria sorte"). La valorizzazione di tutte le potenzialità umane è alla base della dignità dell'individuo. L'aspetto più vistoso dell'età del Rinascimento è il ritorno dell'Antico, del mondo classico, della lingua e della civiltà della Grecia e di Roma. A prima vista un paradosso: il rinnovamento radicale della cultura viene avviato come riesumazione di un passato lontano. Per gradi, il Rinascimento dell'Antichità classica diventa rivoluzione, una grande 'rivoluzione culturale' che investe tutto il pensiero filosofico e scientifico, le arti e l'architettura, la politica e il diritto, la vita religiosa, mentre il mito dell'Antico si estende e si trasforma. Il ritorno agli Antichi genererà il senso della pluralità delle visioni del mondo, della loro parzialità e, quindi della necessità di stabilire dei rapporti: le *comparationes* (fra Cicerone e Quintiliano, fra Platone e Aristotele). Ne nasceranno diverse linee interpretative.
(fonte http://www.treccani.it/enciclopedia/rinascimento/)
- 1417 ritrovamento del *De Rerum Natura* di Lucrezio in merito a Democrito che ebbe un effetto profondo sul Rinascimento italiano ed europeo influenzando autori che vanno da Galileo a Keplero, da Bacone a Machiavelli.

2020 - 2218 Dominio del Ciclo: Acquario
pubblicazione in "Universis 2020-2218: Evento Rinascimento 2.0"

[fonti storiche tratte da Wikipedia]

APPENDICE 8 - Effemeridi Giove-Saturno dal 1197 a.e.c. al 2497 e.c

Fonte: astro.com

*****ARIA*****
Jup;Sat;30.10.-1197;j16h48m13.5098s;16.803753; 8h47m19.9632s;189°53'23.542 bilancia
Jup;Sat; 2. 6.-1177;j12h47m15.8993s;12.787750; 4h52m36.3152s; 68°08'05.0019" gemelli
Jup;Sat; 9. 1.-1157;j15h45m27.3772s;15.757605; 7h56m59.6437s;295°13'00.4795" capricorno
Jup;Sat;29. 8.-1137;j 1h13m09.3287s; 1.219258;17h31m10.2952s;194°26'11.8838" bilancia
Jup;Sat;13. 9.-1118;j 0h14m45.0815s; 0.245856;16h38m42.3602s; 80°43'16.3511 gemelli (3)
Jup;Sat; 4. 4.-1098;j18h48m48.7259s;18.813535;11h18m49.9053s;306°32'03.3895" acquario
Jup;Sat;16.11.-1078;j13h24m25.8176s;13.407172; 6h00m51.1537s;204°38'22.3128" bilancia
Jup;Sat;15. 7.-1058;j13h08m47.0102s;13.146392; 5h51m17.2872s; 88°48'35.5109" gemelli
Jup;Sat;30. 1.-1038;j 7h24m34.6034s; 7.409612; 0h13m06.3361s;312°16'33.2099" acquario
Jup;Sat;16. 9.-1018;j16h57m23.9937s;16.956665; 9h52m15.7544s;209°23'29.1520" bilancia
Jup;Sat;31. 5.-998;j; 4h52m44.0305s; 4.878897;21h53m33.2063s; 96°50'50.9911" cancro
Jup;Sat; 4. 5.-979;j;11h01m00.9338s;11.016926; 4h07m09.2162s;324°32'47.3152" acquario (3)
*****ACQUA*****
Jup;Sat; 6.12.-959;j;12h42m06.0509s;12.701681; 5h54m01.5153s;220°03'19. scorpione
Jup;Sat; 4. 9.-939;j; 9h03m38.1873s; 9.060608; 2h21m06.5785s;110°14'32.4509" cancro
Jup;Sat; 2. 3.-919;j; 1h09m12.3483s; 1.153430;18h32m09.3831s;331°36'06.0206" pesci
Jup;Sat; 8.10.-899;j;21h31m16.9093s;21.521364;15h00m01.4055s;225°08'24.8981" scorpione
Jup;Sat;23. 7.-879;j; 7h10m34.9479s; 7.176374; 0h44m53.1455s;118°34'00.8705" cancro (3)
Jup;Sat; 3. 7.-860;j;16h44m33.9171s;16.742755;10h24m11.6588s;344°16'38.6900" pesci
Jup;Sat;30.12.-840;j; 4h12m55.2700s; 4.215353;21h58m18.6211s;236°15'30.0330" scorpione
Jup;Sat;16.11.-820;j;23h25m35.3265s;23.426480;17h16m34.0235s;131°32'49.2482" leone (3)
Jup;Sat;11. 4.-800;j;21h34m38.9045s;21.577473;15h31m02.8908s;353°04'58.4414" pesci
******FUOCO******
Jup;Sat; 2.11.-780;j; 1h03m58.8800s; 1.066356;19h03m45.7610s;241°32'01 sagittario
Jup;Sat;12. 9.-760;j;19h18m40.5841s;19.311273;13h21m43.5055s;140°04'32.8066" leone
Jup;Sat;22. 2.-740;j; 8h33m18.3577s; 8.555099; 2h39m33.1977s; 1°14'58.7104" ariete
Jup;Sat;25. 1.-720;j; 4h11m45.3985s; 4.195944;22h21m16.9124s;252°45'49.6793" sagittario
Jup;Sat;30. 7.-700;j;23h39m29.7383s;23.658261;17h52m29.3554s;147°41'34.0216" leone
Jup;Sat;31. 5.-681;j;12h15m20.8277s;12.255785; 6h34m27.1805s; 15°34'10.7270" ariete
Jup;Sat;25.11.-661;j;15h55m15.4641s;15.920962;10h21m00.8083s;257°56'36.0930" sagittario
Jup;Sat; 1.11.-641;j; 9h51m43.6992s; 9.862139; 4h23m57.2620s;160°07'01.2387" vergine
Jup;Sat;11. 4.-621;j;17h18m27.9800s;17.307772;11h57m00.2117s; 23°55'38.3793" ariete
Jup;Sat;16. 2.-601;j;18h18m36.3923s;18.310109;13h03m35.2961s;268°58'50.4203" sagittario
*****TERRA*****
Jup;Sat;10. 9.-581;j;12h19m55.7926s;12.332165; 7h11m13.5763s;166°46'21. vergine
Jup;Sat;27. 7.-562;j;17h33m19.5683s;17.555436;12h30m24.3192s; 37°32'56.9402" toro (3)
Jup;Sat;14.12.-542;j; 3h30m41.9966s; 3.511666;22h34m01.3695s;273°50'36.7111" capricorno
Jup;Sat;17.12.-522;j; 5h36m50.1154s; 5.613921; 0h46m17.2691s;177°58'17.8798" vergine (3)
Jup;Sat;26. 5.-502;j; 6h03m16.3857s; 6.054552; 1h18m40.8675s; 45°53'26.4572" toro
Jup;Sat; 6. 3.-482;j; 6h27m49.0405s; 6.463622; 1h48m42.5726s;284°36'14.1549" capricorno
Jup;Sat; 9.10.-462;j;22h33m10.4040s;22.552890;17h59m43.4422s;183°51'42.4857" bilancia
Jup;Sat; 4. 4.-442;j;15h55m49.2389s;15.930344;11h27m43.4810s; 53°37'11.0671" toro
Jup;Sat;28.12.-423;j;15h26m05.0949s;15.434749;11h03m24.6782s;289°11'22.8883" capricorno
*****ARIA*****
Jup;Sat; 9. 8.-402;j;21h52m36.7139s;21.876865;17h35m36.1599s;189°06'56.9 bilancia

Jup;Sat; 6. 7.-383;j;10h02m07.6781s;10.035466; 5h49m42.0726s; 66°39'47.2667" gemelli
Jup;Sat;19. 3.-363;j;19h09m42.1142s;19.161698;15h02m00.0065s;299°50'19.6339" capricorno
Jup;Sat;31.10.-343;j; 3h57m28.4107s; 3.957892;23h54m42.9779s;199°23'05.6416" bilancia
Jup;Sat;16. 5.-323;j;22h48m15.6873s;22.804358;18h50m11.4815s; 74°03'11.2728" gemelli
Jup;Sat;10. 1.-303;j;18h02m27.6841s;18.041023;14h09m06.3397s;304°28'40.0113" acquario
Jup;Sat;29. 8.-283;j;20h05m03.1739s;20.084215;16h16m10.5304s;204°05'07.1616" bilancia
Jup;Sat;17. 8.-264;j;16h41m59.2925s;16.699803;12h57m09.3110s; 86°43'52.9332" gemelli
Jup;Sat; 3. 4.-244;j; 1h48m07.3285s; 1.802036;22h07m28.4518s;315°25'46.5607" acquario
*****ACQUA*****
Jup;Sat;17.11.-224;j; 8h58m48.9599s; 8.980267; 5h22m33.9908s;214°12'05. scorpione
Jup;Sat;26. 6.-204;j;19h48m44.4909s;19.812359;16h16m40.4216s; 94°20'22.0811" cancro
Jup;Sat;27. 1.-184;j;21h05m13.1354s;21.086982;17h36m57.2220s;320°34'33.3836" acquario
Jup;Sat;16. 9.-164;j; 5h30m46.3594s; 5.512878; 2h06m25.6639s;218°48'44.7880" scorpione
Jup;Sat;18.10.-145;j;15h42m38.4857s;15.710690;12h21m55.3653s;106°43'31.3735" cancro (3)
Jup;Sat;24. 4.-125;j;23h00m13.7528s;23.003820;19h43m13.1217s;332°13'53.2350" pesci
Jup;Sat; 6.12.-105;j; 0h51m53.2861s; 0.864802;21h38m47.7043s;229°10'24.0270" scorpione
Jup;Sat;11. 8. -85;j;21h29m27.9074s;21.491085;18h19m52.6929s;115°09'47.6312" cancro
Jup;Sat;20. 2. -65;j;13h38m26.2744s;13.640632;10h32m16.1659s;338°22'18.7351" pesci
Jup;Sat; 6.10. -45;j;16h04m04.5820s;16.067939;13h01m31.1140s;234°01'04.9425" scorpione
Jup;Sat;29. 6. -25;j;16h42m57.1030s;16.715862;13h43m50.8883s;123°17'16.3145" leone
Jup;Sat;29. 5. -6;j;11h37m50.7325s;11.630759; 8h42m03.2397s;350°55'52.8163" pesci (3)
*****FUOCO*****
Jup;Sat;26.12. 14;j;23h01m36.9933s;23.026943;20h09m13.7316s;244°52'35.8 sagittario
Jup;Sat; 5.10. 34;j; 8h26m41.0425s; 8.444734; 5h37m29.7417s;136°40'00.4395" leone
Jup;Sat;26. 3. 54;j; 6h31m32.8304s; 6.525786; 3h45m30.5725s;358°23'49.7945" pesci
Jup;Sat;29.10. 74;j;10h18m13.6582s;10.303794; 7h35m31.3676s;250°03'01.5253" sagittario
Jup;Sat;21. 8. 94;j;12h10m49.7781s;12.180494; 9h31m19.8688s;145°01'16.6744" leone
Jup;Sat;29. 1. 114;j;13h23m43.4876s;13.395413;10h47m19.5719s; 6°12'58.7048" ariete
Jup;Sat;20. 1. 134;j; 2h54m44.0888s; 2.912247; 0h21m30.1787s;261°17'08.2493" sagittario
Jup;Sat; 8. 7. 154;j; 3h18m39.4576s; 3.310960; 0h48m40.2203s;153°12'08.0574" vergine
Jup;Sat; 8. 5. 173;j;10h05m59.7497s;10.099930; 7h38m59.7122s; 20°16'58.3977" ariete
Jup;Sat;22.11. 193;j; 5h57m16.5525s; 5.954598; 3h33m31.9767s;266°34'37.6057" sagittario
Jup;Sat;11.10. 213;j;11h08m06.7635s;11.135212; 8h47m31.4266s;166°11'12.7849" vergine
Jup;Sat;20. 3. 233;j;17h20m32.1819s;17.342273;15h03m01.8562s; 28°31'00.9639" ariete
*****TERRA*****
Jup;Sat;13. 2. 253;j;16h09m56.2926s;16.165637;13h55m35.4186s;277°51'25 capricorno
Jup;Sat;27. 8. 273;j; 6h31m51.5784s; 6.530994; 4h20m46.1603s;173°31'14.9500" vergine
Jup;Sat;27. 6. 292;j;11h20m20.3756s;11.338993; 9h12m14.2623s; 42°42'35.2380" toro
Jup;Sat;13.12. 312;j;17h28m56.5480s;17.482374;15h24m07.8591s;282°59'03.4500" capricorno
Jup;Sat;28.11. 332;j; 4h56m03.8488s; 4.934402; 2h54m29.1878s;185°35'26.0374" bilancia (3)
Jup;Sat; 6. 5. 352;j;22h24m02.2392s;22.400622;20h25m36.5739s; 50°58'29.6789" toro
Jup;Sat; 6. 3. 372;j;15h08m07.5215s;15.135423;13h12m54.7029s;293°59'38.3448" capricorno
*****ARIA*****
Jup;Sat; 3.10. 392;j; 1h43m23.3564s; 1.723155;23h51m30.6389s;191°58'41.45 bilancia
Jup;Sat;28. 8. 411;j;22h49m03.6209s;22.817672;21h00m15.9050s; 64°08'18.3502" gemelli (3)
Jup;Sat;31.12. 431;j;18h34m42.5904s;18.578497;16h49m14.7685s;298°46'57.4182" capricorno
Jup;Sat;14. 1. 452;j; 8h54m48.9066s; 8.913585; 7h12m38.0055s;202°42'25.1610" bilancia (3)
Jup;Sat;20. 6. 471;j; 2h38m30.5988s; 2.641833; 0h59m30.6672s; 72°27'06.8501" gemelli
Jup;Sat;23. 3. 491;j; 9h03m14.9870s; 9.054163; 7h27m29.2600s;309°30'52.0307" acquario
Jup;Sat;30.10. 511;j; 9h32m39.4500s; 9.544292; 8h00m13.9177s;208°28'43.3893" bilancia
Jup;Sat;30. 4. 531;j; 6h01m22.1907s; 6.022831; 4h32m04.4598s; 79°59'48.7775" gemelli

Jup;Sat;14. 1. 551;j; 5h15m03.8601s; 5.251072; 3h48m55.9825s;314°04'19.7669" acquario
*****ACQUA*****
Jup;Sat;29. 8. 571;j;23h06m33.4795s;23.109300;21h43m44.2775s;213°31'2 scorpione
Jup;Sat;30. 7. 590;j;22h07m37.7733s;22.127159;20h47m50.8389s; 92°51'44.5388" cancro
Jup;Sat; 5. 4. 610;j;10h44m40.4530s;10.744570; 9h27m59.0483s;324°51'08.3522" acquario
Jup;Sat;18.11. 630;j;22h11m49.7344s;22.197148;20h58m18.8075s;223°44'05.8372" scorpione
Jup;Sat;10. 6. 650;j;21h19m40.1886s;21.327830;20h09m09.9337s;100°15'25.6255" cancro
Jup;Sat;27. 1. 670;j;17h23m03.5418s;17.384317;16h15m34.6569s;329°35'43.5953" pesci
Jup;Sat;17. 9. 690;j;12h41m06.9696s;12.685269;11h36m48.7562s;228°23'53.4279" scorpione
Jup;Sat;13. 9. 709;j;20h49m41.0481s;20.828069;19h48m10.5478s;112°52'50.1464" cancro (3)
Jup;Sat;21. 4. 729;j; 0h32m52.9017s; 0.548028;23h34m07.8509s;340°47'24.4538" pesci
Jup;Sat; 6.12. 749;j; 3h45m54.1668s; 3.765046; 2h50m03.2511s;238°37'46.6665" scorpione
Jup;Sat;23. 7. 769;j; 2h40m59.5445s; 2.683207; 1h47m54.3424s;120°38'32.3028" leone
Jup;Sat;14. 2. 789;j;22h58m17.4927s;22.971526;22h07m57.5116s;346°13'55.3442" pesci
*****FUOCO*****
Jup;Sat; 5.10. 809;j;11h43m19.4410s;11.722067;10h55m44.9469s;243°19'44 sagittario
Jup;Sat; 4. 6. 829;j;15h28m41.4754s;15.478188;14h43m35.3590s;128°31'53.6625" leone
Jup;Sat;15. 5. 848;j; 5h41m41.2634s; 5.694795; 4h58m58.1177s;358°13'29.2956" pesci
Jup;Sat;24.12. 868;j;19h41m22.6810s;19.689634;19h01m15.1084s;253°54'11.0419" sagittario
Jup;Sat; 8. 9. 888;j;18h03m48.4904s;18.063470;17h26m09.6772s;141°41'10.7487" leone
Jup;Sat;13. 3. 908;j;17h11m20.6661s;17.189074;16h35m58.4844s; 4°46'01.7706" ariete
Jup;Sat;25.10. 928;j;23h41m10.1359s;23.686149;23h07m56.8363s;258°53'26.3560" sagittario
Jup;Sat;28. 7. 948;j;12h59m37.3931s;12.993720;12h28m27.5920s;149°50'56.6506" leone
Jup;Sat;25. 6. 967;j;13h13m18.7008s;13.221861;12h44m07.1175s; 17°33'59.0176" ariete (3)
Jup;Sat;16. 1. 988;j;17h42m25.1654s;17.706990;17h15m22.1617s;269°55'15.9285" sagittario
Jup;Sat; 8.11.1007;j; 1h09m51.8802s; 1.164411; 0h44m40.9907s;163°04'45.8989" vergine (3)
Jup;Sat;20. 4.1027;j; 8h09m29.4694s; 8.158186; 7h45m51.0585s; 25°25'32.9585" ariete
*****TERRA*****
Jup;Sat;18.11.1047;j;22h03m51.3603s;22.064267;21h41m50.8413s;275°08'0 capricorno
Jup;Sat;19. 9.1067;j;14h44m40.1787s;14.744494;14h24m14.0174s;171°25'10.6409" vergine
Jup;Sat;26. 2.1087;j; 8h45m37.6096s; 8.760447; 8h26m43.9363s; 33°22'19.2883" toro
Jup;Sat; 9. 2.1107;j;22h12m51.7932s;22.214387;21h55m23.8434s;286°27'18.7524" capricorno
Jup;Sat; 7. 8.1127;j; 7h31m02.1697s; 7.517269; 7h14m45.1097s;179°18'33.8267" vergine
Jup;Sat; 4. 6.1146;j; 4h57m23.6386s; 4.956566; 4h42m11.7313s; 47°30'35.8626" toro
Jup;Sat;11.12.1166;j;20h46m32.6419s;20.775734;20h32m31.7792s;291°42'27.7492" capricorno
Jup;Sat; 8.11.1186;j; 8h46m33.5765s; 8.775993; 8h33m41.6531s;192°03'51.7492" bilancia
Jup;Sat;16. 4.1206;j;19h32m56.4832s;19.549023;19h21m05.5951s; 55°46'14.0191" toro
*****ARIA*****
Jup;Sat; 5. 3.1226;j; 4h32m49.7642s; 4.547157; 4h21m47.8828s;302°58'24.2464" acquario
Jup;Sat;21. 9.1246;j;21h19m50.1269s;21.330591;21h09m38.9142s;199°07'18.2511" bilancia
Jup;Sat;25. 7.1265;j;10h49m16.3279s;10.821202;10h39m51.5881s; 69°41'57.2255" gemelli
Jup;Sat;31.12.1285;j;21h37m24.6456s;21.623513;21h28m50.3342s;308°01'41.3552" acquario
Jup;Sat;25.12.1305;j;12h00m15.9821s;12.004439;11h52m26.2112s;210°49'27.3743" scorpione
Jup;Sat;20. 4.1306;j;13h06m15.6542s;13.104348;12h58m26.4136s;208°05'04.0244" bilancia (2)
Jup;Sat; 1. 6.1325;j;18h11m50.3254s;18.197313;18h04m32.9990s; 77°52'37.5870" gemelli
Jup;Sat;24. 3.1345;j;12h11m23.1781s;12.189772;12h04m38.9431s;319°01'23.8468" acquario
Jup;Sat;25.10.1365;j;11h50m38.7293s;11.844091;11h44m28.9055s;217°00'59.9321" scorpione
Jup;Sat; 9. 4.1385;j; 4h17m37.2152s; 4.293671; 4h11m59.9255s; 85°53'53.3677" gemelli
Jup;Sat;16. 1.1405;j;20h08m50.9300s;20.147481;20h03m44.2056s;323°46'14.0805" acquario
*****ACQUA*****
Jup;Sat;14. 2.1425;j;14h48m12.2533s;14.803404;14h43m29.1057s;22°18 scorpione (3)

Jup;Sat;14. 7.1444;j; 3h35m23.4648s; 3.589851; 3h31m03.1272s; 98°57'23.8787" cancro
Jup;Sat; 8. 4.1464;j; 8h08m00.8546s; 8.133571; 8h04m03.7272s;334°35'02.3386" pesci
Jup;Sat;18.11.1484;j;17h26m14.5679s;17.437380;17h22m41.7048s;233°10'31.7886" scorpione
Jup;Sat;25. 5.1504;j; 5h40m22.0136s; 5.672782; 5h37m10.3793s;106°25'08.8907" cancro
Jup;Sat;31. 1.1524;j; 6h18m19.1407s; 6.305317; 6h15m22.8402s;339°13'50.6349" pesci
Jup;Sat;18. 9.1544;j; 2h43m56.7442s; 2.732429; 2h41m16.5350s;238°05'06.7019" scorpione
Jup;Sat;25. 8.1563;j;17h58m01.0747s;17.966965;17h55m35.6503s;119°10'24.4550" cancro
Jup;Sat; 3. 5.1583;g; 0h37m07.3386s; 0.618705; 0h34m57.2828s;350°10'52.6771" pesci
FUOCO
Jup;Sat;18.12.1603;g; 6h56m17.1671s; 6.938102; 6h54m19.3156s;248°18'5   sagittario
Jup;Sat;16. 7.1623;g;22h44m00.3451s;22.733429;22h42m15.2386s;126°36'14.6153" leone
Jup;Sat;24. 2.1643;g;23h15m03.5474s;23.250985;23h14m09.1645s;355°06'43.8006" pesci
Jup;Sat;16.10.1663;g;23h49m43.1927s;23.828665;23h49m12.0163s;252°57'45.8364" sagittario
Jup;Sat;24.10.1682;g; 7h40m24.0302s; 7.673342; 7h40m11.7834s;139°08'33.8933" leone (3)
Jup;Sat;21. 5.1702;g;20h57m46.1139s;20.962809;20h57m38.6376s; 6°36'17.1261" ariete
Jup;Sat; 5. 1.1723;g;15h15m54.9950s;15.265276;15h15m45.2800s;263°19'04.3698" sagittario
Jup;Sat;30. 8.1742;g;20h52m39.3562s;20.877599;20h52m28.5150s;147°09'09.9281" leone
Jup;Sat;18. 3.1762;g;16h41m55.6668s;16.698796;16h41m41.5467s; 12°21'19.1740" ariete
Jup;Sat; 5.11.1782;g; 9h26m29.2907s; 9.441470; 9h26m12.9983s;268°06'58.6826" sagittario
Jup;Sat;17. 7.1802;g;22h48m39.5038s;22.810973;22h48m27.0737s;155°07'39.7602" vergine
Jup;Sat;19. 6.1821;g;17h14m07.3879s;17.235386;17h13m56.2576s; 24°38'58.4748" ariete
TERRA
Jup;Sat;26. 1.1842;g; 6h12m02.3870s; 6.200663; 6h11m56.7781s;278°54'20.3 capricorno
Jup;Sat;21.10.1861;g;12h26m02.9975s;12.434166;12h25m55.5879s;168°22'10.7471" vergine
Jup;Sat;18. 4.1881;g;13h37m58.6534s;13.632959;13h38m04.1227s; 31°35'56.5779" toro
Jup;Sat;28.11.1901;g;16h29m06.0302s;16.485008;16h29m06.2536s;283°59'49.3338" capricorno
Jup;Sat;10. 9.1921;g; 4h14m10.3322s; 4.236203; 4h13m47.9707s;176°35'31.6283" vergine
Jup;Sat; 8. 8.1940;g; 1h24m22.1302s; 1.406147; 1h23m57.5131s; 44°27'25.6874" toro (3)
Jup;Sat;19. 2.1961;g; 0h02m33.3683s; 0.042602; 0h01m59.7231s;295°12'02.6832" capricorno
Jup;Sat;31.12.1980;g;21h23m58.9343s;21.399704;21h23m07.5540s;189°29'55.9632" bilancia (3)
Jup;Sat;28. 5.2000;g;16h04m44.7976s;16.079110;16h03m40.8533s; 52°43'16.8167" toro
ARIA
Jup;Sat;21.12.2020;g;18h21m41.6340s;18.361565;18h20m23.0974s;300°29'09. acquario
Jup;Sat;31.10.2040;g;11h48m24.3809s;11.806772;11h46m34.1818s;197°55'47.0758" bilancia
Jup;Sat; 7. 4.2060;g;22h32m18.6087s;22.538502;22h29m55.0577s; 60°46'29.4908" gemelli
Jup;Sat;15. 3.2080;g; 1h34m03.8651s; 1.567740; 1h31m03.6709s;311°52'24.0455" acquario
Jup;Sat;18. 9.2100;g;22h35m33.5827s;22.592662;22h31m53.1128s;205°32'10.6586" bilancia
Jup;Sat;15. 7.2119;g;23h28m56.8739s;23.482465;23h24m38.7416s; 74°51'36.3300" gemelli
Jup;Sat;14. 1.2140;g;16h08m04.8327s;16.134676;16h03m07.3266s;317°04'48.3202" acquario
Jup;Sat;21.12.2159;g; 3h11m14.8526s; 3.187459; 3h05m36.5640s;217°58'46.9755" scorpione
Jup;Sat;28. 5.2179;g; 3h20m35.1787s; 3.343105; 3h14m14.7581s; 83°03'00.0085" gemelli
Jup;Sat; 7. 4.2199;g;22h41m59.0675s;22.699741;22h34m53.1645s;328°19'30.1259" acquario
ACQUA
Jup;Sat;31.10.2219;g;23h11m27.2580s;23.190905;23h03m31.6893s;224°41 scorpione
Jup;Sat; 7. 9.2238;g;16h46m41.9585s;16.778322;16h37m58.5551s; 96°37'58.7474" cancro (3)
Jup;Sat; 3. 2.2259;g; 3h02m00.5451s; 3.033485; 2h52m22.8798s;333°15'36.2829" pesci
Jup;Sat; 6. 2.2279;g;17h37m57.3652s;17.632601;17h27m23.9854s;235°58'35.0131" scorpione (3)
Jup;Sat;12. 7.2298;g;19h07m57.3804s;19.132606;18h56m27.5310s;104°44'16.8811" cancro
Jup;Sat;27. 4.2318;g; 6h45m26.3576s; 6.757322; 6h32m56.5873s;344°13'15.4097" pesci
Jup;Sat; 2.12.2338;g; 6h30m32.6706s; 6.509075; 6h16m57.9420s;242°00'58.5711" sagittario
Jup;Sat;23. 5.2358;g; 4h52m20.7698s; 4.872436; 4h37m42.2217s;112°32'19.9726" cancro

Jup;Sat;18. 2.2378;g;23h11m13.4001s;23.187056;22h55m27.7363s;348°57'02.3862" pesci
Jup;Sat; 2.10.2398;g;21h50m36.1052s;21.843363;21h33m37.7753s;247°25'04.9337" sagittario
Jup;Sat;24. 8.2417;g;16h25m33.5997s;16.426000;16h07m26.3700s;125°27'08.0463" leone
Jup;Sat;11. 5.2437;g; 9h31m54.0207s; 9.531672; 9h12m32.5476s;359°50'23.9239" pesci
*****FUOCO*****
Jup;Sat;24.12.2457;g;13h44m03.5455s;13.734318;13h23m21.8220s;257°52'37.sagittario
Jup;Sat; 6. 7.2477;g;20h10m10.8190s;20.169672;19h48m10.6533s;132°54'38.4915" leone
Jup;Sat; 4. 3.2497;g;13h39m11.5031s;13.653195;13h15m49.9956s; 4°34'47.0491" ariete

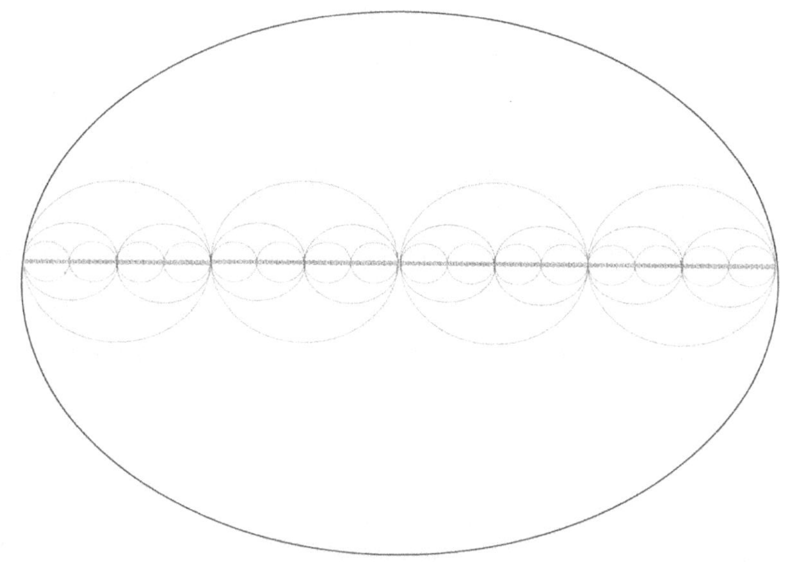

Bibliografia

- *La Teoria delle congiunzioni Giove-Saturno tra Tardo Antico e Alto Medioevo*, Stefano Buscherini, tesi di dottorato presso l'Università degli Studi di Bologna, online
- *Astrology of the World II: Revolutions & History*, Benjamin N. Dykes, Cazimi Press, 2014
- *Lo zodiaco della vita. La polemica dell'astrologia dal trecento al cinquecento*, Eugenio Garin, Universale Laterza, 1982
- *La Rivoluzione scientifica: i domini della conoscenza. Astrologia*, Brendan Dooley - Storia della Scienza, Treccani on line
- *La piccola introduzione alla scienza degli astri*, Albumasar, Agorà, 2018
- *Il linguaggio dei cieli, astri e simboli del rinascimento*, Germana Ernst e Guido Giglioni, Carrocci, 2012
- *Trattato tecnico di astrologia*, Renzo Baldini, Hoepli, 2011
- *La Freccia del Sagittario*, Renzo Baldini, Edito Pagnini e Martinelli, 2003
- *L'interpretazione del tema natale con l'astrologia classica*, Giacomo Albano, Lulu, 2015
- *Mircea Eliade e la tradizione. Tempo, mito, cicli cosmici*, Lara Saniakar, Il Cerchio, 2014
- *Astrologia Mondiale*, A. Barbault, Ed. Armenia, 1980
- *André Barbault parla. Piccola antologia*, André Barbault, Ed. Createspace, 2015
- *Al cuore delle configurazioni*, André Barbault, articolo sito autore 2004
- *Le interferenze cicliche*, André Barbault, articolo sito autore, 2004
- *Astrologia e previsioni dell'avvenire*, André Barbault, Ed. Armenia, 1995
- *L'astrologia e l'avvenire del mondo*, André Barbault, Xenia, 1996
- *L'evoluzione del processo ciclico*, André Barbault, articolo sito autore, 2004
- *Il pronostico sperimentale in Astrologia*, André Barbault, Mursia, 1979
- *Per una riabilitazione dell'astrologia*, André Barbault, articolo sito autore, 2008
- *Le Doriforie*, André Barbault, articolo sito autore, 2010
- *I cicli planetari nella storia mondiale*, André Barbault, Ed. Capone, 2016
- *Giove e Saturno*, André Barbault, Ed. Nuovi Orizzonti
- *La sovranità dei quattro elementi*, André Barbault, articolo sito autore, 1995

- Ultimo omaggio agli elementi, André Barbault, articolo sito autore,

- Astrologia del novecento, Marco Pesatori- A. Rovere, Ed. Frassinelli

- Manuale di Astrologia Mondiale, Giacomo Albano, Ed. Lulu, 2015

- Astrologia Mondiale, Palamidessi Tommaso, Ed. Arkeios

- Macrocosmo e microcosmo in astrologia, Giacomo Albano, Ed. Youcanprint

- L'astrologia e i quattro elementi, Stephen Arroyo, Ed Astrolabio, 1988

- Le immagini celesti Vol.1-2, Giacomo Albano, Ed. Amazon Media

- Quando il destino chiama: cronache dal futuro, Enzo Barillà, Ed. CreateSpace

- I Cicli del Divenire. Il modello planetario di sviluppo, Alexander Ruperti, Ed. Astrolabio

- Il mulino di Amleto. Saggio sul mito e sulla struttura del tempo, Giorgio de Santillana, Hertha von Dechend Adelphi

- Fato antico e fato moderno, Giorgio de Santillana, A. Passi, Adelphi

- Astrologia del Novecento, M. Pesatori e A.Rovere, Ed. Frasnelli Keitsch

- Le previsioni Astrologiche (Tetrabiblos), C.Tolomeo, EdFondazione Valla-Mondadori

- La Grande Congiunzione Giove-Saturno, Smiljana Gavrancic, articolo Convegno 2017

- Annotazioni sul carattere possibile del sapere astrologico tra Medioevo e Rinascimento, Donato Verardi, Philosophical Reading Online Journal of Philosophy, n. 1, 2015

- La storia astrologica universale, Graziella Federici Vescovini, Philosophical Readingg Online Journal of Philosophy, n. 1, 2015

- Astrologia cabalistica. La tradizione sacra dei sapienti ebrei, Joel C.Dobin, Ed. Mediterranee, 2001

- Verità e bellezza. Le ragioni dell'estetica nella scienza, S. Chandrasekar, Garzanti, 1987

- L'equazione di Dio. Eulero e la bellezza della matematica, David Stipp, Codice Edizioni, 2018

- L'ordine del mondo. Le simmetrie in fisica da Aristotele a Higgs, Vincenzo Barone, Bollati Boringhieri, 2013

- La matematica degli dèi e gli algoritmi degli uomini, Paolo Zellini, Adelphi, 2016

- La matematica della natura, V. Barone e G.Giorello, Il Mulino, 2016

- *Figure Geometriche e Definizioni, Gruppo di Ricerca Didattica, Centro Ricerche Ugo Morin, Dipartimento di Matematica Università di Roma La Sapienza, 2004, online*
- *Pensiero simulato e geometria dinamica, Laura Catastini, Dipartimento di Matematica, Università di Roma "Tor Vergata", Seminari di geometria dinamica, Edizioni Nuova Cultura, 2010, online*
- *Potenziare competenze geometriche, Silvana Poli, Carla Bertolli, Daniela Lucangeli, Erickson, 2014, online*
- *Geometrie senza limiti. I mondi non euclidei, Cristiano Galbiati, il Mulino, 2018*
- *Le 17 equazioni che hanno cambiato il mondo, Ian Stewart, Einaudi, 2018*
- *La bottega dello scienziato, A. Della Corte e L. Russo, Il Mulino, 2016*
- *Perchè la Geometria, Raffaella Manara, Convegno Mapse, Università Cattolica del Sacro Cuore Milano, 2017, online*
- *La rivoluzione dimenticata. Il pensiero greco e la scienza moderna, Lucio Russo, Feltrinelli, 2013*
- *Cinque chiavi per il futuro, Howard Gardner, Feltrinelli, 2017*
- *Il Problem Solving e il gioco nell'insegnamento della matematica: le costruzioni geometriche, D. Baldanza e L. Sanfilippo, tesi di laurea presso l'Università di Palermo, 2001, online*
- *Sulle origini delle costellazioni, A. Cresta, tesi di Laurea presso l'Università di Bologna2015, online*
- *L'Universo infante: l'era della cosmologia di precisione, Corrado Ruscica, Macro Edizioni, 2013*
- *Wagner Nietzsche e il mito sovrumanista, Locchi Giorgio, Akropolis, 1982*
- *Religio aeterna. Vol.2. Eternità, cicli cosmici, escatologia universale, Loris Viola*
- *Storia del pensiero filosofico nell'Ottocento e nel Novecento, A. Gargano, Istituto Italiano per gli Studi Filosofici, 2011*
- *Il tuo cervello è una macchina del tempo. Neuroscienze e fisica del tempo, Dean Buonomano, Bollati Boringheri, 2018*
- *La natura dello spazio e del tempo, Stephen Hawking e Roger Penrose, Rizzoli 2002*
- *La grande storia del tempo, Stephen Hawking e Leonard Mlodinow, Rizzoli 2012*

- *Il grande disegno, Stephen Hawking e Leonard Mlodinow, Mondadori 2011*
- *Buchi neri e universi neonati e altri saggi, Stephen Hawking, Rizzoli*
- *Che cos'è il tempo? Che cos'è lo spazio?, Carlo Rovelli, Di Renzo Editore, 2016*
- *Sette brevi lezioni di fisica, Carlo Rovelli, Adelphi, 2014*
- *L'ordine del tempo, Carlo Rovelli, Adelphi, 2017*
- *La realtà non è come ci appare, Carlo Rovelli, Ed. Raffaello, 2014*
- *Antigravità, Fausto Intilla, Aracne, 2015*
- *I misteri del tempo, Paul Davies, Mondadori, 1997*
- *La Gravità Quantistica, Bryce S. DeWitt, Scientific American, ed. Italiana, n. 186, anno XVII, 1984, online*
- *Il mito dell'eterno ritorno. Archetipi e ripetizioni, Mircea Eliade, Lindau, 2018*
- *Le proiezioni assonometriche, Cristina Candito, Ed. Alinea, 2003*
- *Il Saggiatore, Galileo Galilei*
- *Atlante illustrato di Filosofia, Ubaldo Nicola, Ed. Giunti*
- *Il mercante, in L'uomo medievale, A.J. Gurevic, Laterza, 2012*
- *Tempo della Chiesa e tempo del mercante, J. Le Goff, Einaudi, 2000*
- *La nascita del Purgatorio, J. Le Goff, Einaudi, 2014*
- *Lo sterco del diavolo.Il denaro nel medioevo,J. Le Goff, Einaudi, 2012*
- *La borsa e la vita. Dall'usuraio al banchiere, J. Le Goff, Laterza, 1987*
- *Giovanni Paolo II. La biografia, Andrea Riccardi, Editore San Paolo, 2011*

Sitografia:

- Astrologia cristiana fonte
http://www.cieloeterra.it/testi.ciruelo/ciruelo.html
- *Path Dependence, Stephen E. Margolis, S.J. Liebowitz, saggio online*
http://www.utdallas.edu/~liebowit/palgrave/palpd.html
- *Path Dependence and Interdependence Between Institutions and Development, David Fadiran and Mare Sarr, ERSA, 2016 online*
https://econrsa.org/2017/wp-content/uploads/working_paper_637.pdf
- *An Essay on The Existence and Causes of Path Dependence, Scott E Page, saggio online 2005 https://pdfs.semanticscholar.org*
- *Il linguaggio dei cieli. Appunti di Storia, Università di Verona online*
https://www.docsity.com/it/il-linguaggio-dei-cieli-1/628597/

- A definition of theory: research guidelines for different theory-building research methods in operations management, John G. Wacker, Journal of Operations Managemen, 1998, articolo online http://citeseerx.ist.psu.edu/viewdoc/download? doi=10.1.1.470.4555&rep=rep1&type=pdf
- L'evoluzione del Processo ciclico, A. Barbault, online http://www.enzobarilla.eu/barbault/la%20evoluzione%20del%20processo%20ciclico.pdf
- fonte http://www.enzobarilla.eu/articoli/la%20crisi%20mondiale%20del%202010.pdf
- Per una riabilitazione dell'Astrologia, A. Barbault, online http://www.enzobarilla.eu/barbault/per%20una%20riabilitazione%20della%20astrologia.pdf
- Omaggio a Urania https://docplayer.it/111240859-Omaggio-a-urania-andre-barbault.html

Pubblicazioni dell'Autore.

Astrologia Mondiale 2.0
<u>Libri Bianchi:</u>
2020 - Universis. Il Codice del Tempo
2020 - Universis Post Scriptum. Appunti, pensieri, riflessioni
2020 - Unichronos. La Datazione Astrologica in Universis
2020 - Universis 2020-2218: Evento Rinascimento 2.0
2020 - Universis. Compendium Rinascimento 2.0
2020 – Universis 2020-2218: Evento Economico (in pubblicazione)
<u>Libri Neri:</u>
2020 – Universis. La Costellazione del Cigno (in pubblicazione)

Astrologia:
2019 – Luna e Venere. Dalla simbiosi alla relazione

Saggistica:
2019 - Problem-space: analisi epistemologica, cognitiva, sociologica

Narrativa:
2018 – Red Room, Vol. I
2018 – Follia, Vol. I
2019 – Argo[n]
2020 - Mirror

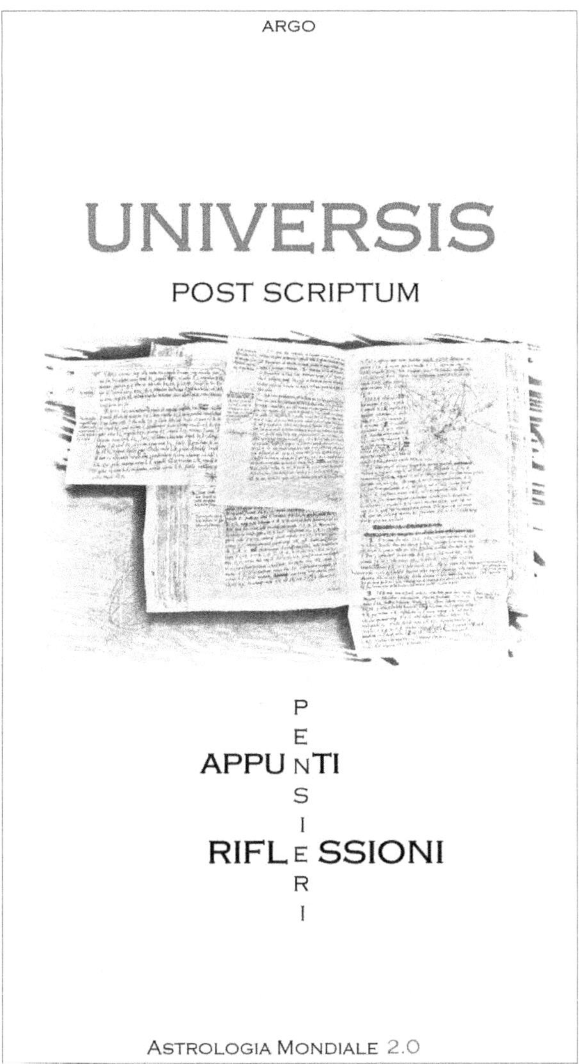
ARGO
UNIVERSIS
POST SCRIPTUM
P
E
APPU N TI
S
I
RIFL E SSIONI
R
I
ASTROLOGIA MONDIALE 2.0

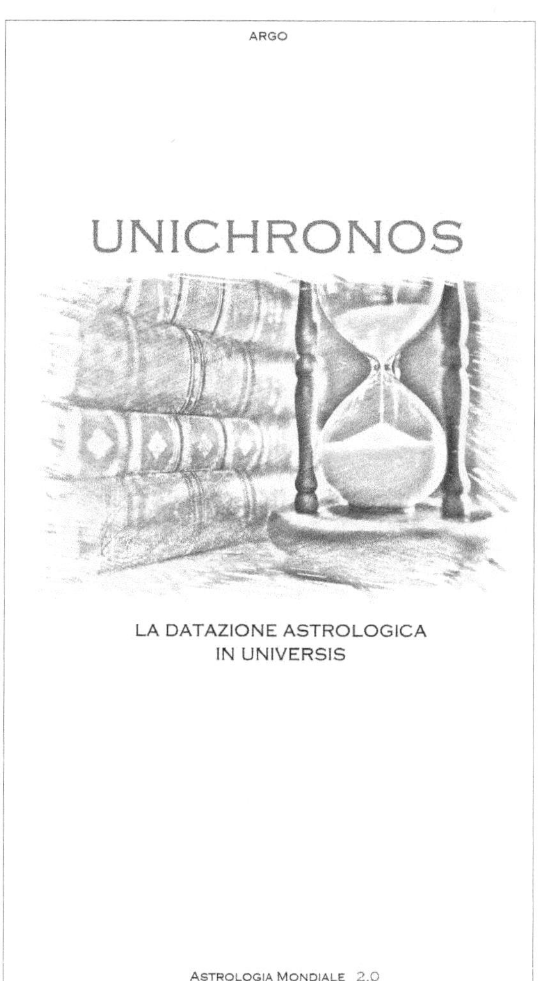
ARGO
UNICHRONOS
LA DATAZIONE ASTROLOGICA
IN UNIVERSIS
ASTROLOGIA MONDIALE 2.0

ARGO
UNIVERSIS
RINASCIMENTO 2.0
2020 - 2218
LIBRO I
ASTROLOGIA MONDIALE 2.0

ARGO
UNIVERSIS
COMPENDIUM
RINASCIMENTO 2.0
ASTROLOGIA MONDIALE 2.0

ARGO

UNIVERSIS

EVENTO ECONOMICO
2020 - 2218

LIBRO II

ASTROLOGIA MONDIALE 2.0

ARGO
UNIVERSIS
LA COSTELLAZIONE DEL CIGNO
LIBRO II
ASTROLOGIA MONDIALE 2.0

ARGO

PROBLEM

ANALISI
EPISTEMOLOGICA
COGNITIVA
SOCIOLOGICA

SPACE

SAGGIO

Luna-Venere. Dalla Simbiosi alla Relazione (2019)

Narrativa

ARGO
Follia
Vol. I

ARGO
Red Room
Vol. I

ARGO N

ARGO
Mirror
Frammenti Colorati

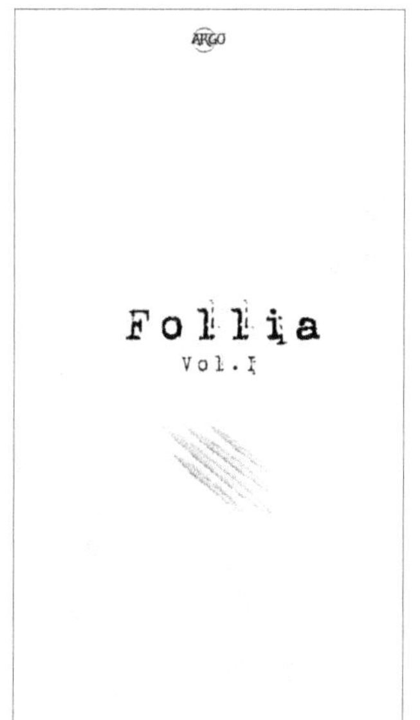

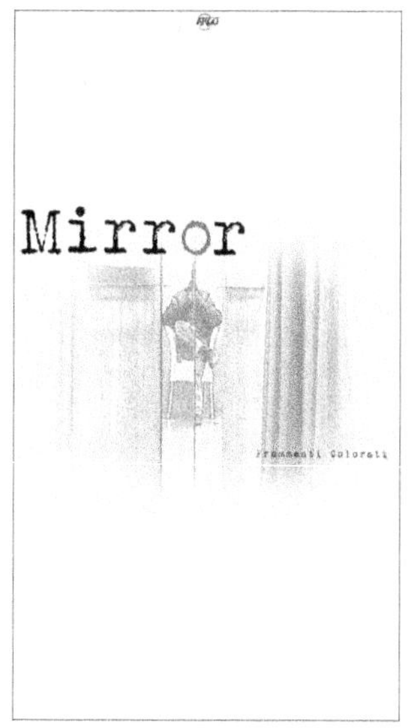